大型火电机组控制技术丛书

电厂分散控制系统

印 江 冯江涛 编著

U0393251

中国电力出版社
CHINA ELECTRIC POWER PRESS

内容提要 ✦ ✦ ✦ ✦ ✦ ✦ ✦ ✦ ✦ ✦ ✦

本书是《大型火电机组控制技术丛书》之一。内容主要包括 DCS 分散控制系统概论，DCS 的通信子系统，DCS 的过程控制子系统，分散控制系统的 HMI，分散控制系统的组态，分散控制系统的性能指标评价，分散控制系统的工程设计、安装调试和维护，分散控制系统的典型案例等。本书内容全面，实用性强。

本书适合于自动控制、热工过程自动化、热能动力、集控运行、计算机等专业的科学研究与工程技术人员工作时参考，也可作为高等院校相关专业学生的学习参考书。

✦ ✦ ✦ ✦ ✦ ✦ ✦ ✦ ✦ ✦ ✦ ✦ ✦ ✦

图书在版编目（CIP）数据

电厂分散控制系统/印江，冯江涛编著．—北京：中国电力出版社，2006.3（2020.1重印）

（大型火电机组控制技术丛书）

ISBN 978-7-5083-3691-6

Ⅰ．电… Ⅱ．①印…②冯… Ⅲ．火电厂－分散控制－控制系统 Ⅳ．TM621.6

中国版本图书馆 CIP 数据核字(2005)第 128414 号

中国电力出版社出版、发行

（北京市东城区北京站西街 19 号　100005　http://www.cepp.sgcc.com.cn）

三河市航远印刷有限公司印刷

各地新华书店经售

*

2006 年 3 月第一版　　2020 年 1 月北京第五次印刷

787 毫米×1092 毫米　16 开本　15.5 印张　382 千字

印数 8501—9500 册　定价 **59.00** 元

版 权 专 有　侵 权 必 究

本书如有印装质量问题，我社营销中心负责退换

《大型火电机组控制技术丛书》
编 委 会

顾　　问　李子连　金以慧　刘吉臻　熊淑燕

　　　　　林金栋

主　　编　张丽香　石　生

编　　委　（以姓氏笔画排序）

　　　　　王　琦　白建云　印　江　冯江涛

　　　　　杨晋萍　张丽香　降爱琴　郝秀芳

前　言

随着现代工业生产的迅猛发展和人民生活水平的日益提高，人们对供电质量的要求不断提高，电网负荷的峰谷差明显加大，用电结构也发生了很大的变化。为了适应机组调频和调峰的需要，要求大型火力发电机组均能实现自动发电控制（AGC）。

随着工程技术人员对分散控制系统（DCS）应用于火力发电厂生产过程控制策略研究与实践的不断深入和 DCS 软/硬件系统的不断升级换代，火电生产过程的数据采集系统、模拟量控制系统、程序控制系统、机炉安全监测保护系统、汽轮机电液调节与旁路控制系统以及部分电气系统逻辑控制等都由 DCS 组态实现，使锅炉、汽轮发电机组的主要设备和系统均处于 DCS 的统一监控管理之下。同时，还可以借助 DCS 这一控制平台，将先进控制理论和智能决策方法应用到火电生产过程控制系统中，解决常规控制方案无法应对的现场控制难题。

为了提高火电机组运行的自动化水平，我们结合国内、外机组控制系统的特点和近年来对大时滞、非线性、时变及强耦合生产过程控制策略研究与现场实践的成功经验编著了本套丛书。该丛书共有 5 个分册：《电厂分散控制系统》、《程序控制系统》、《数字电液调节与旁路控制系统》、《安全监测保护系统》、《模拟量控制系统》。主要读者对象为从事自动控制、热工过程自动化、热能动力、集控运行、计算机等专业的科学研究与工程技术人员和大学高年级学生。

组编和出版这套丛书是一次尝试。我们热忱欢迎选用本套丛书的科学研究工作者、现场技术人员、大专院校老师和学生提出批评和建议。

《大型火电机组控制技术丛书》编委会
2005 年 3 月

目　录

第 一 章

DCS分散控制系统概论

分散控制系统（Distributed Control System）是以微处理器为基础，全面融合计算机技术、测量控制技术、网络数字通信技术、显示与人机界面技术而成的现代控制系统。其主要特性在于分散控制和集中管理，即对生产过程进行集中监视、操作和管理，而控制任务则由不同的计算机控制装置去完成。因此也有人将 DCS 称为集散控制系统。

随着技术的发展，DCS 系统自 20 世纪 70 年代由美国霍尼威尔（Honeywell）公司推出TDC－2000 系统开始至今，30 余年间已经经历了四代。分散控制系统已经在工业生产过程控制中迅速普及，广泛用于电力、石化、冶金、建材、制药等各行业，成为过程控制系统的核心。分散控制系统的应用大幅度地提高了生产过程的安全性、经济性、稳定性和可靠性。

从电力行业看，我国电力行业在 20 世纪 80 年代末期随引进大型火电机组开始应用DCS，到今天 DCS 已成为电站控制的标准装备。大到 600MW 的主力单元机组，小到几十兆瓦的循环流化床热电联产机组，到处都有 DCS 在保障其安全运行。

第一节　分散控制系统的发展历程 ⇨

分散控制系统是生产过程监视、控制技术发展和计算机与网络技术应用的产物，但它更是在过程工业发展对新型控制系统的强烈需求下产生的。

过程工业的生产组织形式大致经历了从分散到集中的两个阶段。早期的过程控制系统采用分散控制方式。当时，控制装置安装在被控过程附近，而且每个控制回路都有一个单独的控制器。这些控制装置就地测量出过程变量的数值，并把它与给定值相比较而得到偏差值，然后按照一定的控制规律产生控制作用，通过执行机构去控制生产过程，运行人员分散在全厂的各处，分别管理着自己所负责的那一部分生产过程。这种分散控制方式适用于那些生产规模不太大、工艺过程不太复杂的企业。我国在单元制机组出现以前，母管制火电机组的运行控制方式就是这种分散控制方式的典型代表。现在，在大型单元机组中那些比较简单的过程控制领域中仍然使用它们，如轴封压力、燃油压力、高低压加热器水位、疏水箱水位的控制就常常采用这种类型的基地式调节器。

随着被控过程的生产规模和复杂程度不断增加，单靠那些相互独立的控制回路来保持整个生产过程的安全、稳定、经济和协调运行变得越来越困难了，因为这时的生产过程已经成为一个各部分相互关联的有机整体。随着生产过程的不断强化，这个有机整体中各个部分的相互作用和相互影响愈加强烈，如不能及时地协调和很好地处理各部分之间的关系，在几秒钟之内整个生产过程就可能瘫痪。因此，人们不得不探索新的控制方式——集中控制。集中控制的问题之一就是信息的远距离传输。要想在中央控制室内实现对整个生产过程的控制，就必须把反映过程变量的信号传送到中央控制室，同时还要把控制变量传送到现场的执行机构，因此，变送器、控制器和执行器是分离的，变送器和执行器安装在现场，控制器安装在中央控制室。集中控制方式的优点是运行人员在中央控制室获得整个生产过程中的有关信息，能够及时、有效地进行各部分之间的协调控制，这有利于安全经济运行。在电力行业，随着单元制机组的投产，采用了中央控制室集中控制方式。这一时期的集中控制主要采用模拟控制仪表，现在我国有些电厂仍然采用这种控制方式。生产规模的不断扩大，对操作人员监视和操作的要求也越来越高。与之相应，中央控制室的仪表数量越来越多，但过多的仪表令操作人员难以应付。控制系统开始采用电动单元组合仪表，后来采用组件组装式仪表以求改善控制系统性能和缩小操作盘台面积，但模拟控制仪表固有的性能难以胜任过程工业技术发展的需求。

20世纪50年代末，计算机开始进入过程控制领域。最初它用于生产过程的安全监视和操作指导，后来用于实现监督控制SCC（Supervisory Computer Control），这时计算机还没有直接用来控制生产过程。到了60年代初，计算机开始用于生产过程的直接数字控制DDC（Direct Digital Control）。由于当时的计算机造价很高，所以常常用一台计算机控制全厂所有的生产过程，这样，就造成了整个系统控制任务的集中。由于受当时硬件水平的限制，计算机的可靠性比较低，一旦计算机发生故障，全厂的生产就陷于瘫痪，因此，这种大规模集中式的直接数字控制系统的尝试基本上宣告失败。但人们从中认识到，直接数字控制系统确有许多模拟控制系统无法比拟的优点，只要解决了系统的可靠性问题，计算机用于闭环控制是大有希望的。

60年代中期，控制系统工程师分析了集中控制失败的原因，提出了分散控制系统的概念。他们设想像模拟控制系统那样，把控制功能分散在不同的计算机中完成，并且采用通信技术实现各部分之间的联系和协调。但遗憾的是，当时要实现这些设想还有许多困难，直到70年代，微处理器和固态存储器的出现，才使得这些想法付诸实践。

1975年Honeywell公司将计算机技术（Computer）、控制技术（Control）、通信技术（Communication）和显示技术（CRT）相结合，创造性地推出了TDC–2000分散控制系统。TDC–2000的推出，为其他的制造厂商指明了方向。

各类型厂商结合自身技术优势从不同方向介入DCS的研发和生产。以生产模拟电动仪表为主的仪表制造厂沿着Honeywell的研究方向，在常规控制方面进行了深入的研究，形成在常规控制方面见长的DCS系统。以生产继电器、开关等逻辑器件为主的制造厂在逻辑控制、顺序控制方面发挥了他们的特长，在可编程逻辑控制器的研究基础上向DCS发展，它们在逻辑控制方面有明显的优势。生产计算机、半导体和集成电路为主的制造厂则在数据通信、计算机技术等方面进行了深入的研究，并向DCS发展，它们在通信、显示、内存、运算速度、网络等方面发挥了特长。当时，DCS还在初创阶段，产品还是集散控制系统的雏形。但是，系统已经包括了DCS的三大组成部分，即分散过程控制装置、操作管理装置和数据通信系统。它也具有了DCS的基本特点，即集中管理、分散控制。

当时DCS产品的类型有：Honeywell公司的TDC–2000，Taylor公司的MOD3，Foxboro公司的SPECTRUM，横河公司的CENTUM，H&B公司的Controlnic 3，肯特公司的P4000等。

80年代中期，随着半导体技术、显示技术、控制技术、网络技术和软件技术等高新技术的发展，集散控制系统也得到了飞速的发展。第二代集散控制系统的主要特点是系统的功能扩大或者增强，例如，控制算法的扩充；常规控制与逻辑控制、批量控制相结合；过程操作管理范围的扩大，功能的增添；显示屏分辨率的提高；色彩的增加；多微处理器技术的应用等。而一个明显的变化是数据通信系统的发展，从主从式的星形网络通信转变为对等式的总线网络通信或环网通信。但是，各制造厂的通信系统各自为政，在不同制造厂集散控制系统间通信存在一定的困难。这个时期内，各制造厂的集散控制系统产品有了较大的改进，在各行各业的应用越来越多，人们对集散控制系统已经从知之甚少发展到不仅能应用而且能开发的能力。在第二代集散控制系统中，通信系统已采用局域网络，因此，系统的通信范围扩大，同时，数据的传送速率也大大提高。典型的集散控制系统产品有 Honeywell 公司的 TDC3000，Taylor 公司的 MOD300，Bailey 公司的 NETWORK – 90，西屋公司的 WDPF，ABB 公司的 MASTER，西门子公司的 TELEPERM Me 等。

进入 90 年代，集散控制系统进入了第三代。以美国 Foxboro 公司推出的 I/AS 系统为标志，它的主要改变是在局域网络方面，I/AS 系统采用了 10Mbit/s 的宽带网与 5Mbit/s 的载带网，符合国际标准组织 ISO 的 OSI 开放系统互联的参考模型。因此，在符合开放系统的各制造厂产品间可以相互连接、相互通信和进行数据交换，第三方的应用软件也能在系统中应用，从而使集散控制系统进入了更高的阶段。紧随其后，各 DCS 的制造厂也纷纷推出了各自的第三代 DCS 产品，如 Honeywell 公司带有 UCN 网的 TDC – 3000，西屋公司的 WDPF II，西门子公司的 TELEPERM XP，Bailey 公司的 INFI – 90 等。

从第三代集散控制系统的结构来看，由于系统网络通信功能的增强，各不同制造厂的产品能进行数据通信，因此，克服了第二代集散控制系统在应用过程中出现的自动化孤岛等困难。此外，从系统的软件和控制功能来看，系统所提供的控制功能也有了增强，通常，系统已不再是常规控制、逻辑控制与批量控制的综合，而增加了各种自适应或自整定的控制算法，用户可在对被控制对象的特性了解较少的情况下应用所提供的控制算法，由系统自动搜索或通过一定的运算获得较好的控制器参数。同时，由于第三方应用软件可方便地应用，也为用户提供了更广阔的应用场所。

至此，DCS 全面取代常规仪表控制和计算机监控，完成了一次自动控制技术革命。DCS 从幼稚走到成熟，确立自己技术主导和实用的地位，历经有 20 余年。多年来，DCS 广泛应用于石化、电力、冶金、建材等重工业领域，是这些工业领域新建和改建生产过程自动控制系统的当然选择，其工程技术的地位不可动摇。然而，由于 DCS 技术的成熟，制造、调试和服务的能力门槛降低，进入 DCS 制造业的公司林立导致生产能力的过剩，同时世界经济不景气 DCS 需求放缓、价格持续走低。在严酷的市场竞争环境中，一些有集团公司背景的 DCS 厂商依托集团行业背景进行市场细分以期赢得市场优势，ABB、西屋、西门子等公司的 DCS 系统在各自旗下电力设备制造公司的支持下在电力行业逐步胜出。而一些独立 DCS 厂商则选择了放弃，原来独立活跃于集散型控制系统国际技术舞台的著名公司如 Bailey 公司被 ABB 并购。进入 21 世纪，DCS 并购和技术重组浪潮更是一浪高过一浪，继 Bailey 被 ABB 并购之后，西屋过程控制公司和 Foxboro 等，分别重组到 Emerson 和 Invensys 等集团。这些集团很大的业务是传统的自动控制部件的生产制造，如传感器、执行机构和阀门。可以说，虽然 Bailey、西屋和 Foxboro 的技术实体还存在，其独立的品牌已经有些消亡了。如 Baily 和 ABB，曾推出了 N90、INFI、MOD300 及 Kent 等著名的集散型控制系统，在国际上还有众多的系统在使用，以往是激烈的竞争对手，如今却成了一家。

受信息技术（网络通信技术、计算机硬件技术、嵌入式系统技术、现场总线技术、各种组态软件技术、数据库技术等）发展的影响，以及用户对先进的控制功能与管理功能需求的增加，各 DCS 厂商（以 Honeywell、Emerson、Foxboro、横河、ABB 为代表）纷纷提升 DCS 系统的技术水平，并不断丰富其内容。可以说，以 Honeywell 公司最新推出的 Experion PKS（过程知识系统）、Emerson 公司的 PlantWeb（Emerson Process Management）、Foxboro 公司的 A2、横河公司的 R3（PRM－工厂资源管理系统）和 ABB 公司的 Industrial IT 系统为标志的新一代 DCS 已经形成。

第四代 DCS 的最主要标志是两个 "I" 开头的单词：Information（信息）和 Integration（集成）。信息化体现在各 DCS 系统已经不是一个以控制功能为主的控制系统，而是一个充分发挥信息管理功能的综合平台系统。DCS 提供了从现场到设备、从设备到车间、从车间到工厂、从工厂到企业集团整个信息通道。这些信息充分体现了全面性、准确性、实时性和系统性。

DCS 的集成性则体现在两个方面：功能的集成和产品的集成。过去的 DCS 厂商基本上是以自主开发为主，提供的系统也是自己的系统。当今的 DCS 厂商更强调的系统集成性和方案能力，DCS 中除保留传统 DCS 所实现的过程控制功能之外，还集成了 PLC（可编程逻辑控制器）、RTU（采集发送器）、FCS、各种多回路调节器、各种智能采集或控制单元等。此外，各 DCS 厂商不再把开发组态软件或制造各种硬件单元视为核心技术，而是纷纷把 DCS 的各个组成部分采用第三方集成方式或 OEM 方式。例如，多数 DCS 厂商自己不再开发组态软件平台，而转入采用兄弟公司（如 Foxboro 用 Wonderware 软件为基础）的通用组态软件平台，或其他公司提供的软件平台（Emerson 用 Intellution 的软件平台做基础）。此外，许多 DCS 厂家甚至 I/O 组件也采用 OEM 方式（Foxboro 采用 Eurothem 的 I/O 模块、横河的 R3 采用富士电机的 Processio 作为 I/O 单元基础、Honeywell 公司的 PKS 系统则采用罗克韦尔公司的 PLC 单元作为现场控制站。

目前，以上海新华、和利时、浙大中控为代表的国内 DCS 厂家经过 10 年的努力，各自推出自己的 DCS 系统：新华推出 XDPF－400 系统、和利时推出 MACS－Smartpro 第四代 DCS 系统、浙大中控推出 Webfield（ECS）系统。

第二节 分散控制系统的结构 ⇨

分散控制系统是纵向分层、横向分散的大型综合控制系统。它以多层计算机网络为依托，将分布在全厂范围内的各种控制设备和数据处理设备连接在一起，实现各部分的信息共享和协调工作，共同完成各种控制、管理及决策功能。

图 1－1 所示为一个分散控制系统的典型结构，系统中的所有设备按功能可划分为网络通信子系统、过程控制子系统和人机接口子系统。

一、网络通信子系统

分散控制系统的纵向分层结构将系统分成四个不同的层次，自下而上分别是：现场级、控制级、监控级和管理级。对应着这四层结构，分别由四层计算机网络即现场网络 Fnet（Field Network）、控制网络 Cnet（Control Network）、监控网络 Snet（Supervision Network）和管理网络 Mnet（Management Network）把相应的设备连接在一起。

现场网络 Fnet（Field Network）由类现场总线及远程 I/O 总线构成，位于被控生产过程附近用于连接远程 I/O 或现场总线仪表。

控制网络 Cnet（Control Network）由位于控制柜内部的柜内低速总线（Cnet－L）和位于控制柜与人机接口间的高速总线（Cnet－H）构成用于传递实时过程数据。

监控网络 Snet（Supervision Network）位于监控层，用于连接监控层工程师站、操作员站、历史记录站等人机接口站，传递以历史数据为主的过程监控数据。

管理网络 Mnet（Management Network）位于管理层，用于连接各类管理计算机。

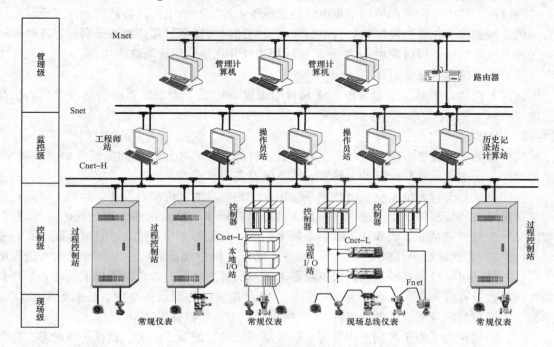

图 1－1　分散控制系统的典型结构

二、过程控制子系统

过程控制子系统是 DCS 系统中负责现场过程数据采集和过程控制的系统，由现场设备与过程控制站组成。

1. 现场设备

现场设备一般位于被控生产过程的附近。典型的现场设备是各类传感器、变送器和执行器，它们将生产过程中的各种物理量转换为电信号，送往过程控制站，或者将控制站输出的控制量转换成机械位移，带动调节机构，实现对生产过程的控制。

目前现场设备的信息传递有三种方式：一种是传统的 4～20mA（或者其他类型的模拟量信号）模拟量传输方式；另一种是现场总线的全数字量传输方式；还有一种是在 4～20mA 模拟量信号上，叠加上调制后的数字量信号的混合传输方式。现场信息以现场总线（Fnet）为基础的全数字传输是今后的发展方向。

按照传统观点，现场设备不属于分散控制系统的范畴，但随着现场总线技术的飞速发展，网络技术已经延伸到现场，微处理机已经进入变送器和执行器，现场信息已经成为整个系统信息中不可缺少的一部分。因此，我们将其并入分散控制系统体系结构中。

2. 过程控制站

过程控制站接收由现场设备，如传感器、变送器来的信号，按照一定的控制策略计算出所需的控制量，并送回到现场的执行器中去。过程控制站可以同时完成模拟量连续控制、开关量顺序控制功能，也可能仅完成其中的一种控制功能。

如果过程控制站仅接收由现场设备送来的信号，而不直接完成控制功能，则称其为数据采集站。数据采集站接收由现场设备送来的信号，对其进行一些必要的转换和处理之后送到分散型控制系统中的其他部分，主要是监控级设备中去，通过监控级设备传递给运行人员。

一般在电厂中，把过程控制站集中安装在位于主控室后的电子设备间中。许多新建电厂为降低工程造价，在将过程控制站有限分散布置的同时（即将过程控制站分别布置在靠近锅炉房和汽机房的电子设备间中），大量采用远程 I/O 并逐步采用现场总线仪表。

三、人机接口子系统（HMI）

DCS 人机接口子系统主要由监控级和管理级设备构成，是 DCS 系统信息展示和人机交互的平台。

1. 监控级

监控级的主要设备有操作员站、工程师站、计算站。其中操作员站安装在中央控制室，工程师站、历史记录站和计算站一般安装在电子设备间。

操作员站是运行人员与分散型控制系统相互交换信息的人机接口设备。运行人员通过操作员站来监视和控制整个生产过程。运行人员可以在操作员站上观察生产过程的运行情况，读出每一个过程变量的数值和状态，判断每个控制回路是否工作正常，并且可以随时进行手动/自动控制方式的切换，修改给定值，调整控制量，操作现场设备。以实现对生产过程的干预。另外还可以打印各种报表，拷贝屏幕上的画面和曲线等。为了实现以上功能，操作员站是由一台具有较强图形处理功能的微型机，以及相应的外部设备组成，一般配有 CRT 显示器、大屏幕显示装置（选件）、打印机、拷贝机、键盘、鼠标或球标。

工程师站是为了便于控制工程师对分散控制系统进行配置、组态、调试、维护等工作所设置的工作站。工程师站的另一个作用是对各种设计文件进行归类和管理，形成各种设计文件，例如，各种图纸、表格等。工程师工作站一般由高性能工作站配置一定数量的外部设备所组成，例如打印机、绘图机等。

历史记录站、计算站的主要任务是实现对生产过程的重要参数进行连续记录、监督和控制，例如机组运行优化和性能计算、先进控制策略的实现等。由于计算站的主要功能是完成复杂的数据处理和运算功能，因此，对它的要求主要是运算能力和运算速度。机组运行优化也可以由一套独立的控制计算机和优化软件构成，只是在机组控制网络上设一接口，利用优化软件的计算结果去改变控制系统的给定值或偏置。

2. 管理级

管理级包含的内容比较广泛，一般来说，它可能是一个发电厂的厂级管理计算机，可能是若干个机组的管理计算机。它所面向的使用者是厂长、经理、总工程师、值长等行政管理或运行管理人员。厂级管理系统的主要任务是监测企业各部分的运行情况，利用历史数据和实时数据预测可能发生的各种情况，从企业全局利益出发辅助企业管理人员进行决策，帮助企业实现其规划目标。

管理级属于厂级的，也可分成实时监控（SIS）和日常管理（MIS）两部分。实时监控是全厂各机组和公用辅助工艺系统的运行管理层，承担全厂性能监视、运行优化、全厂负荷分配和日常运行管理等任务，主要为值长服务。日常管理承担全厂的管理决策、计划管理、行政管理等任务，主要是为厂长和各管理部门服务。

第三节　典型DCS系统结构简介

为了对实际应用中的DCS系统从总体结构上进行了解，现选择了在火电厂自动控制系统中常见的ABB贝利公司的Symphony系统、艾默生—西屋公司的Ovation系统、西门子公司的TELEERM XP系统和上海新华控制技术（集团）有限公司的XDPS-400系统进行介绍。

一、Symphony 系统

Symphony系统是ABB贝利公司在INFI-90 Open系统基础上，推出的新一代DCS系统。系统总体结构如图1-2所示。

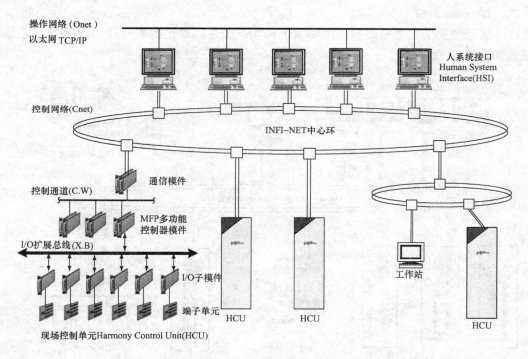

操作网络（Onet）
以太网 TCP/IP

人系统接口
Human System
Interface(HSI)

控制网络(Cnet)

INFI-NET中心环

通信模件

控制通道(C.W)

MFP多功能
控制器模件

I/O扩展总线(X.B)

工作站

I/O子模件

端子单元

HCU　　HCU　　HCU

现场控制单元Harmony Control Unit(HCU)

图1-2　Symphony 系统结构图

1. 网络子系统

Symphony的网络子系统是典型的分层分级结构。

（1）现场级：其现场级网络除了支持ABB的PLC及远程I/O网络外，还广泛支持Profibus、Fieldbus、HART等著名现场总线系统。

（2）控制级：由高速INFI-NET中心环网和置于控制柜内的控制通道（C.W）及扩展I/O总线（X.B）构成。

（3）监控及管理级：由标准的采用TCP/IP协议的以太网构成。

2. 过程控制子系统

Symphony的过程控制子系统由多个HCU（Harmony Control Unit）柜构成，柜内配有通信模件、多功能控制器主模件、I/O 子模件及其配套的端子单元和连接这些模件的柜内总线 C.W 及 X.B。在柜内总线系统的支持下，各模件协同配合以完成现场数据采集与控制工作。

3.HMI 子系统

Symphony 的 HMI 子系统由 HSI 和 Composer 两类设备构成。HSI 被称为人系统接口（Human System Interface），用于过程监视、操作、记录等功能。HSI 采用通用计算机和操作系统，有采用 DEC Open VMS 操作系统的工作站系统和采用 Windows 2000 操作系统的高性能 PC 机系统供用户选择。Composer 被称为系统工具，它采用通用计算机和操作系统并配以完整的专用组态工具担负软件组态、系统监视、系统维护等任务。

4.ICI 接口

ICI 被称为计算机接口（Network Computer Interface），在 Symphony 系统中，用于连接其他第三方计算机系统及设备。

二、Ovation 系统

Ovation 系统是艾默生—西屋公司继 WDPF Ⅱ 系统之后推出的新一代 DCS 系统，系统总体结构如图 1-3 所示。

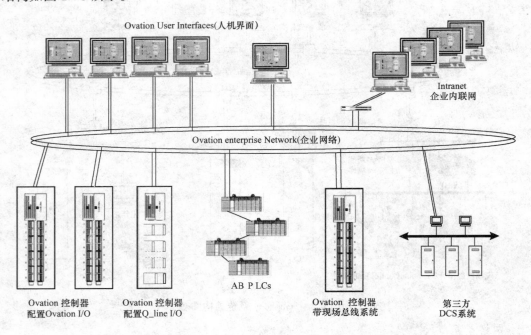

图 1-3 Ovation 系统结构图

1．网络子系统

（1）现场级：Ovation 现场级网络包括支持其远程 I/O 的网络系统、支持 PLC 的 MODBUS 网络和支持现场总线系统的网络等。

（2）控制级：Ovation 控制级包括高速的 Ovation enterprise Network（企业网）和控制柜内用于连接控制器与 I/O 子系统的柜内总线系统构成。

（3）监控与管理级：Ovation 系统最大的特点就是将监控与管理级融入 Ovation enterprise Network 中。由于网络采用了 100Mbit/s 级的冗余 FDDI 或工业快速以太网，极大地简化了网络系统结构。

2. 过程控制子系统

Ovation 过程控制子系统主要由置于其控制柜内的控制器系统、I/O 系统和柜内总线系统构成。控制器由 CPU 模件（采用 Intel 奔腾 CPU）、网络通信模件、I/O 通信模件构成。所有模件基于标准的 PCI 总线。I/O 子系统由极具特色的 I/O 模块底座、I/O 模块及与之配套的电子特征模件构成。为了保证系统兼容性，Ovation 控制器还支持 WDPF Ⅱ 系统中的主流 I/O 模件。

3. HMI 子系统

Ovation HMI 子系统主要由操作员站 OPR、工程师站 ENG 和历史记录站 HSR 构成。操作员站 OPR（Operator Processing Unit）是供生产过程的操作人员操作用的人机接口站，工程师站 ENG（Engineer Station）是工程师用于系统组态、维护用的人机接口站。历史记录站 HSR（Historical Store Unit）是用于数据存储的人机接口站，主要供生产管理人员进行数据分析、统计和报表打印等。

三、TELEERM XP 系统

TELEERM XP 系统是西门子公司推出的 DCS 系统，系统总体结构如图 1-4 所示。

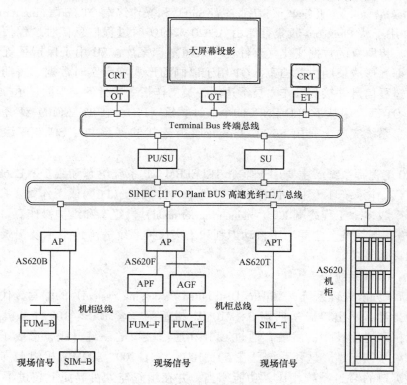

图 1-4　TELEERM XP 系统结构图

1. 网络子系统

（1）现场级：作为 Profibus 的主要支持者，TELEERM XP 是最早支持 Profibus 现场总线的系统之一。

（2）控制级：由高速工厂总线系统（SINEC plant bus）和位于柜内的机柜总线构成。

SINEC plant bus 采用的标准工业以太网结构有采用同轴电缆的 SINEC HI 和采用光纤的 SINEC HIFO 两种形式供用户选择。

（3）监控级：由终端总线（SINEC Terminal bus）构成。用于 MMI 系统的处理/服务单元（PU/SU）与终端的连接，终端总线同样采用标准工业以太网结构。

2．过程控制子系统

TELEERM XP 的过程控制子系统称为 AS620 自动控制系统，用以完成数据采集、过程控制和保护功能。AS620 根据电站不同主系统对 AS620 自动控制系统的不同性能要求，AS620 有三个型号。

（1）AS620B 基本型：能完成电站主辅系统的常规控制任务。

（2）AS620F 故障安全型：采用高可靠系统结构，用于与安全有关的保护任务。

（3）AS620T 汽轮机型：用于快速的汽轮机控制。

3．HMI 子系统

TELEERM XP 的 HMI 子系统由 OM650 过程控制和信息系统、ES680 工程师系统、DS670 诊断系统构成。

（1）OM650 过程控制和信息系统。用于生产过程监视、控制和数据记录。OM650 由处理单元 PU（processing unit）、服务单元 SU（server unit）和操作终端 OT（operating terminals）三种设备构成。PU 用于从 Plant bus 收集存储由 AS620 来的实时过程信息，对过程信息进行必要的处理和计算，将所有的数据变化（事件）存入短期档案库。SU 用于保持系统所有的数据描述，记录数据和形成长期数据档案。OT 用于以画面形式展示实时数据、短期、长期数据以提供完整的过程信息并接受操作人员下达的各类操作指令进行各类画面显示操作和过程控制。PU、SU、OT 都采用基于 SCO UNIX 的个人计算机（PC）。在 TELEERM XP 系统中 OM650 过程控制和信息系统实质上是由 SINEC Terminal bus 连接的多套 PU、SU、OT 组成的网络系统。

（2）ES680 工程师系统。主要用于整个 TELEERM XP 系统组态和维护。ES680 工程师系统运行在 UNIX 操作系统环境中，计算机可以是个人计算机（PC）或工作站。ES680 工程师系统通常有一个或多个工程终端 ET（engineering terminal）供组态和维护操作。

（3）DS670 诊断系统。主要用于自动识别和采集仪控系统故障，指示及记录故障，对故障进行统计和评估等功能。

四、XDPS - 400 系统

XDPS 是新华分散处理系统（XinHua Distributed Processing System）的缩写，代表了新华的产品系列。1988 年，从出口巴基斯坦 3 × 210MW 机组第一套 DAS - 100 计算机监控系统开始，随着计算机和通信技术的发展，通过 CPU 和通信接口的系统升级，形成了 XDPS - 400 分散型控制系统系列产品。这套系统已在 50、100、125、200、300MW 机组上广泛应用。与目前国内已经进口的 DCS 系统相比，功能相当，并在组态与人机界面上超过了进口 DCS 系统，是我国电站 300MW 火电机组上应用的第一个中国品牌的 DCS 系统。XDPS - 400 系统结构如图 1 - 5 所示。

1．网络子系统

XDPS - 400 采用了通行的分层分级网络结构体系。在网络中大量采用标准工业以太网技术。

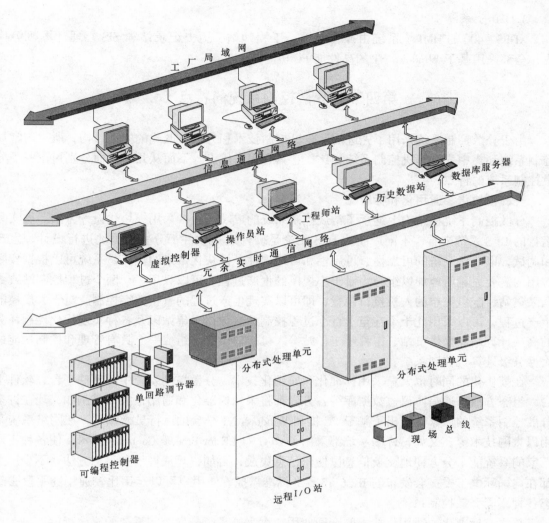

图 1-5　XDPS-400 系统结构图

（1）现场级：XDPS-400 现场级网络包括支持其远程 I/O 的网络系统、支持 PLC 的 MODBUS 网络和支持现场总线系统的网络等。

（2）控制级：XDPS-400 控制级网络包括冗余实时通信网络和控制器柜内总线系统构成。在最新推出的 XDPS-400＋系统中，上述两种网络均采用了标准的工业以太网技术。冗余实时通信网络通过网络交换机实现了光纤环网。

（3）监控级：采用交换式快速以太网技术，用于 HMI 站间数据交换。

（4）管理级：随着一体化和集成化技术的发展，XDPS-400＋系统进一步向厂级信息系统延伸，部署了工厂局域网以支持的 SIS 系统。

2．过程控制子系统

XDPS-400 的过程控制系统被称为分布式处理单元 DPU（Distributed Processing Unit），用于完成数据采集、过程控制和保护功能。DPU 包括主控制器、I/O 站系统和连接二者的柜内总线系统或远程 I/O 总线。

3. HMI 子系统

XDPS－400 的 HMI 子系统由操作员站、工程师站、历史记录站和 SIS 管理计算机等构成，全部采用基于 Windows NT 的高性能 PC 机。

第四节　分散控制系统的特点 ⇨

由于分散控制系统采用了先进的计算机控制技术和分级分散式的体系结构，所以与常规控制系统和集中式计算机控制系统相比，它具有很多优点。下面从几个侧面分别讨论一下分散控制系统的特点。

一、模块化、通用化和标准化

分散控制系统在结构上继承了常规控制系统的成功经验，采用模块化设计方法。从实际运行的 DCS 系统来看，不同厂商的 DCS 无论是硬件还是软件都分别按模块进行设计、生产和调试，以确保系统的可靠性、可用性和可维护性。模块化带来的优点是系统可以根据实际应用的需要去灵活地加以组合。对于小规模的生产过程，可以只用一、两个过程控制站或数据采集站，配以简单的人机接口装置，即可以实现生产过程的直接数字控制。对于大规模的生产过程，可以采用几十个甚至上百个过程控制站或数据采集站以及各种实现优化控制任务的高层计算站和操作员站、工程师工作站等人机接口设备，组成一个具有管理和控制功能的大型分级计算机控制系统。

在模块化的同时也大量采用标准化和通用化技术。分散控制系统中的硬件平台、软件平台、组态方式、通信协议、数据库等各方面都将采用标准化和通用化技术。例如，现在许多分散控制系统的厂家都推出了基于 PC 机和 Windows NT 平台的运行员操作站，在网络系统采用以太网技术等；又如，许多系统都采用了 OPC（OLE for Process Control）技术，使各种不同厂家的系统能十分方便地交换信息以便于信息集成；再如，算法模块和组态方法，不少厂家都在向国际电工委员会发布的 IEC61131－3 标准靠拢，使用户可以运用比较通用的手段去组态各种不同分散控制系统。

总之，标准化、通用化技术的全面使用，大大提高了分散控制系统的开放程度，显著地减少了系统的制造、开发、调试和维护成本，为用户提供了更广阔的选择余地，同时也为分散控制系统开辟了更广泛的应用前景。

二、控制能力

常规控制系统的控制功能是用硬件实现的，因而要改变系统的控制功能，就要改变硬件本身，或者改变硬件之间的连接关系。在分散控制系统中，控制功能主要是由软件实现的，因此它具有高度的灵活性和完善的控制能力。它不仅能够实现常规控制系统的各种控制功能，而且还能完成各种复杂的优化控制算法和各种逻辑推理及逻辑判断。它不但保持了数字控制系统的全部优点，而且还解决了集中式计算机控制系统由于功能过于集中所造成的可靠性过低的问题。因此，它的控制能力是常规控制系统所不可比拟的。

三、人机联系手段

分散控制系统具有比常规控制系统更先进的人机联系手段，其中最重要的一点，就是采用了 CRT 图形显示和键盘操作。人机联系按照信息的流向分为"人→过程"联系和"过程→人"联系。

在常规控制系统中，"人→过程"联系是通过各种操作器、定值器、开关和按钮等设备实现的，运行人员通过这些设备调整和控制生产过程；"过程→人"联系是通过各种显示仪表、记录仪表、报警装置、信号灯等设备实现的，运行人员通过它们了解生产过程的运行情况。所有这些传统的人机联系设备都是安装在控制盘或者控制台上的。当生产过程的规模比较大、复杂程度比较高时，这些设备的数量会迅速增加，甚至达到令人无法应付的程度。例如，一台300MW的发电机组，如果采用常规控制系统，其控制盘的长度竟达10m以上。在如此庞大的监视和操作面中要迅速、准确地找到需要监视和操作的对象是比较困难的，也容易出错。这种情况反映了常规控制系统的人机联系手段的双向分散这一弱点。

在分散控制系统中，由于采用了CRT显示和键盘操作技术，人机联系手段得到了根本的改善。"过程→人"的信息直接显示在CRT屏幕上，运行人员可以随时调用他所关心的显示画面来了解生产过程中的情况，同时，运行人员还可以通过键盘输入各种操作命令，对生产过程进行干预。由此可见，在分散控制系统中所有的过程信息都被"浓缩"在CRT屏幕上，所有的操作过程也都"集中"在键盘上。因此，分散控制系统的人机联系手段是双向集中的。除上述特点之外，分散控制系统还具有人机联系一致性比较好的特点，因为键盘操作使许多操作过程得到统一，而遵循统一的操作规律是防止误操作的有力措施。

四、可靠性

分散控制系统的可靠性比以往任何一种控制系统的可靠性都要高，这主要反映在以下几方面：

（1）由于系统采用模块化结构，每个过程控制站仅控制少数几个控制回路，个别回路或单元故障不会影响全局，而且元器件的高度集成化和严格的筛选有效地保证了控制系统的可靠性。

（2）分散控制系统广泛地采用了各种冗余技术，例如，对电源、通信系统、过程控制站等都采用了冗余技术。尽管常规控制系统也可以采用某些冗余措施，但由于其故障判断和系统切换都不易处理，所以常规控制系统的冗余往往只限于变送器或操作器。分散控制系统由于采用了计算机技术，因此上述问题很容易得到解决。原则上说，分散控制系统中的任何一个组成部分都可以采用冗余措施，这样就为设计出高可靠性的系统创造了条件。

（3）分散控制系统采用软件模块组态方法形成各种控制方案，取消了常规系统中各种模件之间的连接导线，因此，大大地减少了由连接导线和连接端子所造成的故障。

五、可维修性

可维修性反映了系统部件发生故障后对其进行维修的难易程度。可维修性差的系统需要较长维修时间和较高的维修费用。常规控制系统的可维修性最差。由于它的部件种类繁多，稳定性较差，又缺少必要的诊断功能，所以维修工作十分困难。集中式计算机控制系统的可维修性比常规控制系统要好些，但由于它有一个庞大的、相互关联十分密切的硬件和软件系统，所以也要求维修人员具有较高的技术水平。分散控制系统的可维修性明显优于上述两类系统。它采用少数几种统一设计的标准模件，每一种模件包含的硬件比较简单。因为整个系统的控制功能不是由一台计算机包揽，而是由许多微处理机分别完成的，每台微处理机只担负着少量的控制任务，因此对它的要求并不很高。另外，分散控制系统采用了比较完善的在线故障诊断技术，大多数系统的故障诊断定位准确度都可以达到模件级。通过各种人机接口设备，运行员或工程师能够迅速发现系统设备故障的性质和地点，并且可以在不中断被控过程的情况下更换故障模件。

六、安装费用

控制系统的安装费用主要包括电缆、导线的安装敷设费用和控制室、电子设备室的建筑费用。常规控制系统的安装费用比较高，这是因为由变送器、传感器和执行器到控制系统机柜之间需要很长的电缆，各种模件之间也要通过导线的连接组成不同的控制方案。另外，各种机柜和控制盘、台也要占用大量的建筑空间。在分散控制系统中，控制方案的实现主要靠软件功能块的连接，因此大大地减少了模件之间的接线。另外，过程控制站可以采用地理分散的方式安装在被控过程的附近，这样就大大地减少变送器、传感器和执行器与控制系统之间的连接电缆，不仅节省了导线、电缆的安装敷设费用，而且减少了控制系统在中央控制室所占用的空间。根据有关资料介绍，分散控制系统的安装工作量仅为常规控制系统的30%～50%，而控制室建筑面积仅为常规控制系统的60%左右。可见采用分散控制系统所取得的经济效益是十分显著的。

由于分散控制系统具有以上特点，所以它代表了当前计算机控制系统发展的主流和方向。目前，国外新建电厂和老厂改造几乎毫无例外地采用了分散控制系统，我国近期新建发电机组也大多采用分散控制系统。随着分散控制系统在研究、制造、推广和应用等方面的不断深入发展，它必将在电厂自动化中发挥更大的作用。

第五节　火电厂自动化与 DCS 系统 ➡

随着机组自动化水平的提高，自动控制系统覆盖的范围越来越大。目前，火电厂自动化包括热工自动化、电气自动化和辅助与公用系统自动化三个主要方面。

一、热工自动化

火电厂热工自动化是随着火力发电事业的发展而发展起来的。20世纪50年代的电厂大多是分散的就地控制，锅炉、汽轮机和发电机各自独立地进行控制，在控制系统上相互没有联系，机、电、炉以及重要辅助设备都各自设置一套控制盘，各有自己的运行人员进行监视操作。那时的机组容量小、参数低、热力系统简单、监视和操作的项目少，所以对自动化的要求不高也不甚迫切。20世纪60年代和70年代初期安装的机组容量逐渐增大、参数逐步提高、要求监视和操作的项目剧增、生产过程的控制迫切需要提高自动化水平，中间再热机组的应用和热力系统的单元化，使汽轮机和锅炉的关系更加密切了。为了使机炉在启停和正常运行时更为协调，更有利于事故判断和事故处理，实行了机炉集中控制。与老式的机炉分散控制相比，这自然是个进步，但随着机组容量的增大，仅仅是机炉集中的低级集中控制方式已不能满足电厂运行和管理的要求。目前，大型单元机组采用机炉电集中控制方式，把汽轮机、锅炉、发电机作为一个不可分割的整体进行监测和控制，单元机组热工自动化正是为适应这一控制需求而存在的。热工过程自动化主要包含自动检测、自动调节、顺序控制、自动保护四个主要方面。

1. 自动检测

自动地检查和测量反映生产过程运行情况的各种物理量、化学量以及生产设备的工作状态，以监视生产过程的进行情况和趋势，称为自动检测。

锅炉、汽轮机装有大量的热工检测仪表，包括测量仪表、变送器、显示仪表和记录仪表等，它们随时显示、记录、积算和变送机组运行的各种参数，如温度、压力、流量、水位、转速等，以便进行必要的操作和控制，保障机组安全、经济的运行。目前，大型汽轮机的自动检测项目包括蒸汽压力和温度、真空度、监视段抽汽压力、润滑油压、调速油压、转速、转子轴向位移、转子与汽缸的相对热膨胀、汽轮机振动、主轴挠度、轴承温度与润滑油温度、推力瓦温度等许多项目。

一个完善的自动检测系统是保证机组安全运行的必不可少的条件。随着技术的进步，自动检测装置的测量范围和水平在不断提高，大型机组常采用巡回检测的方式，对机组运行的各种参数和设备状态进行巡测、显示、报警、工况计算和制表打印。近几年来，工业电视作为辅助检测手段在火电厂中得到应用，如应用工业电视显示汽包水位、监视炉膛燃烧、监视烟囱排烟状况等。

2. 自动调节

自动维持生产过程在规定的工况下进行，称为自动调节。

电力用户要求汽轮发电设备提供足够数量的电力并保证供电质量。电的频率是供电质量的主要指标之一。为了使电频率维持在一定的精度范围内，就要求汽轮机具备高性能的转速自动调节系统，锅炉运行中，必须使一些能够反映锅炉工作状况的重要参数维持在规定范围内或按一定的规律变化，如维持汽包水位给定值和保证锅炉的出力满足外界的要求。

锅炉自动调节主要有给水自动调节，燃烧自动调节（包括燃料调节、送风调节、引风调节），过热蒸汽温度自动调节等。对于大型机组的自动调节系统，还应具有逻辑控制功能，以便根据机组的工作状况，决定机组的运行方式，并能实现全程调节和滑参数调节。除了转速自动调节系统以外，大型汽轮机一般还有汽封汽压、旁路系统、凝汽器水位等自动控制系统。

3. 顺序控制

根据预先拟定的步骤和条件，自动地对设备进行一系列的操作，称为顺序控制。顺序控制主要用于机组启停、运行和事故处理。每项顺序控制的内容和步骤是根据生产设备的具体情况和运行要求决定的，而顺序控制的流程则是根据操作次序和条件编制出来，并用自动装置来实现。这种装置称为顺序控制装置。顺序控制装置必须具备逻辑判断能力和联锁保护功能。在进行每一项操作后，必须判明这一步操作已实现，并为下一步操作创造好条件，方可自动进入下一步操作，否则，应中断顺序，同时进行报警。

大型锅炉上应用的顺序控制主要有：锅炉点火，锅炉吹灰，送、引风机的启停，水处理设备的运行，制粉系统的启停等。汽轮机的顺序控制主要是指汽轮机及辅机的启动和停机。采用顺序控制可以大大提高机组自动化水平、简化操作步骤、避免误操作、减轻劳动强度、加快机组启停速度。随着高参数、大容量机组的大量应用，我国应用顺序控制装置的水平与国外的差距正在缩小。

4. 自动保护

当设备运行情况发生异常或参数超过允许值时，及时发出报警或进行必要的自动联锁动作，以免发生设备事故或危及人身安全，称为自动保护。随着机组容量的增大，热力系统变得复杂起来，操作控制也日益复杂，对自动保护的要求也愈来愈高。锅炉的自动保护主要有：灭火自动保护，高、低水位自动保护，超温、超压自动保护，辅机启停、事故状态的联锁保护等。汽轮机自动保护主要有：超速保护、低油压保护、轴向位移保护、差胀保护、低真空保护、振动保护等。

上述热工过程自动化四个主要内容被有机地安排在按系统功能分类的如下系统中：数据采集系统（DAS）、模拟量控制系统（MCS）、顺序控制系统（SCS）、燃烧器管理系统（BMS）、电液调节系统（DEH）和安全检测与保护系统等。热工自动化是 DCS 在电厂中最早介入的系统，目前上述系统都是基于 DCS 分散控制系统实现的。

二、电气自动化

电气自动化的目的是对全厂电气系统进行监视和控制，包含电量检测、自动调节、自动操作、继电保护等方面，其应用广泛分布于发电机—变压器组、网控和厂用电系统三大部分。

电气控制量与热工控制量相比在控制要求及运行过程中有着很多不同点，电气的主要特点表现为：

（1）电气控制系统相对热机设备而言控制信息采集量小、对象少、操作频率低，但强调快速性、准确性。

（2）电气设备保护自动装置要求可靠性高，动作速度快，同时对抗干扰要求较高。

（3）热力系统控制处理信息量大，系统复杂，以过程控制为主；电气控制系统（ECS）主要以数据采集系统和顺序控制为主，联锁保护较多。

由于电气系统的特殊性，其自动化功能往往由各类专用自动装置完成，如数字式综合测控装置、数字式综合继电保护装置、自动准同期装置、励磁调节系统、发电机—变压器组保护装置、厂用电快切装置等。国内电气专用设备制造厂家，如国电南瑞、国电南自、北京四方、许继电气等厂家，纷纷在将这些用自动装置智能网络化的基础上推出了自主知识产权的电气综合自动化系统。

为了将电气系统纳入主控室 DCS 画面集中监控，在系统设计时采取了保持电气综合自动化系统独立性，在加强电气综合自动化系统与 DCS 系统通信能力的基础上，将 DCS 适宜实现的部分 ECS 控制功能纳入 DCS 系统的策略，由 DCS 实现的 ECS 功能主要体现在以下两个方面。

（1）监视部分。发电机—变压器组系统，励磁系统，高、低压厂用电系统及备用电源系统，220V 直流系统和 UPS 电源系统，电气公用系统，所控电气设备开关、闸刀的状态监视，中央信号及事故报警，事故记录及追忆功能。

（2）控制部分。发电机—变压器组单元电气一次设备的控制、联锁，发电机程序启停，ASS 的投切，厂用工作电源，高、低压厂用变压器与高、低压备用变压器之间的正常切换操作，电气接地系统管理，220kV 断路器、隔离开关的控制。

三、辅助与公用系统自动化

辅助与公用系统自动化主要包括化学水处理、输煤、燃油、空压站、除灰、空冷和烟气脱硫等系统的自动监控。除了空冷和烟气脱硫系统采用独立的 DCS 系统外，其他系统自动化主要由联网的 PLC 系统实现。

第二章

DCS的通信子系统

集散控制系统是由若干按功能或处理量为单位的子系统，在物理上和功能上结合起来构成的系统。各个以微处理器为基础的子系统，例如各个过程控制装置之间、过程控制装置和操作站之间、操作站和上位计算机之间都需要进行信息的交换，而现场总线使集散控制系统的通信范围向下扩展到变送器、执行机构这一级。这些信息都是通过通信系统来完成的。集散控制系统中的通信系统主要采用局域网技术实现。

一、基本数据通信技术

1. 传输介质

数据传输的特性和质量取决于传输介质。在计算机网络中使用的传输介质有多种类型，常见的有双绞线、同轴电缆、光纤等。

（1）双绞线。

双绞线由两根绝缘的铜导线以螺旋形交织在一起，采用螺旋状是为了减少来自其他线路的干扰，因为两根平行线形成天线，容易互相干扰，在局域网中使用双绞线作为传输介质，既可传输模拟信号，也可传输数字信号，安装时可避开噪声源。在几百米内数据传输速率可以达到每秒几兆比特。由于双绞线价格便宜，安装容易，所以得到了广泛的应用。通常在局域网中使用的无屏蔽双绞线（UTP）有3类、4类和5类三种，3类双绞线的传输速率是10Mbit/s，4类双绞线的传输速率小于20Mbit/s，5类双绞线的传输速率达到100Mbit/s。

（2）同轴电缆。

同轴电缆的内芯为铜导体，其外围是一层绝缘材料，再外层为细铜丝组成的网状导体，最外层为塑料保护绝缘层。由于铜芯与网状外部导体同轴，故称同轴电缆。它的这种结构使它具有高带宽和很好的抗干扰性，在性能和传输距离都优于双绞线。

常用的同轴电缆有两种规格，一种是特性阻抗为50Ω的基带同轴电缆，主要用于传输数字信号，10Mbit/s的数据传输速率可以传输1km，它在局域网中得到了广泛应用。另一种是特性阻抗为75Ω的宽带同轴电缆，主要用于传输模拟信号，它是有线电视CATV使用的电缆标准，它的频带高达750MHz~1GHz，在传输模拟信号时，可以分成不同的频带段来传输不同的模拟信号。

（3）光纤。

光纤是利用光的全反射原理，由折射率较高的能传输光波的超细玻璃纤维做成，并在其外面包上一层折射率较低的包层。由光学原理可知，在两种不同折射率的介质中，光从一种介质进入另一种介质就会发生折射，当光的入射角等于或大于某一个临界值时，光会完全反射回第一种介质，这种现象称为全反射，光不会因泄漏而损耗。光纤就是利用这一原理来实现远距离传输数据的。

光纤的结构是圆柱形，外面加有保护层。芯的直径一般为5~75μm，包层的直径为100

~150μm，光芯一般由二氧化硅掺锗、磷等原料形成，而包层一般为纯二氧化硅，光芯的折射率比包层的折射率要高，从而使得光线在芯与包层之间形成全反射得以向前传播。

光纤有两种类型：单模光纤和多模光纤。所谓单模光纤，是指光纤的光信号仅与光纤轴成单个可分辨角度的单光线传输。而多模光纤是指光纤信号与光纤轴成多个可分辨角度的多光线传输，单模的性能要优越于多模，但单模比多模价格贵。同时光纤的价格要比双绞线和同轴电缆高。

光纤传输的优点主要有频带宽，传输信息的容量大；不受电磁和静电的干扰，即使在光缆中各条光纤之间几乎也没有相互干扰；误码率和延迟都很低；因为没有电辐射，所以保密性和安全性很好；光纤的主要原料是二氧化硅，该原料丰富而且便宜，因此随着生产成本的降低，光纤的造价会越来越低。

2. 数据传输方式

数据在传输线路上进行传输时，从不同的角度看，数据传输有以下几种传输方式。

（1）串行与并行方式。数据在信道上传输时，按使用信道的多少来划分，可以分为串行方式和并行方式。

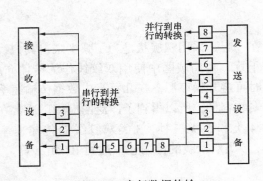

图 2-1　串行数据传输

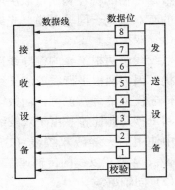

图 2-2　并行数据传输

串行传输是指把要传输的数据编成数据流，在一条串行信道上进行传输，一次只传输一位二进制数，接收方再把数据流转换成数据。在串行传输方式下，只有解决同步问题，才能保证接收方正确地接收信息。串行传输的优点是只占用一条信道，易于实现，运用较为广泛。

并行传输是指数据以组为单位在各个并行信道上同时进行传输。例如把构成一个字符的代码的几位二进制数码同时在几个并行信道上进行传输，如用8位二进制代码表示一个字符时，就用8个信道进行并行传输。收发双方不需要增加"起止"等同步信号，并行传输通信效率较高，但因为并行传输的信道实施不很便利，一般较少使用。

（2）单工、半双工与全双工传输方式。按数据在信道上传输方向与时间的关系，可以把数据通信方式分为单工通信、半双工通信和全双工通信。

单工传输使用单工信道，数据在任何时间只能在一个方向上传输，无线电广播和电视广播都是单工传输方式的例子。

半双工传输是指利用半双工信道进行传输，通信双方可轮流发送或接收信息，即在一段时间内信道的全部带宽只能向一个方向上传输信息。航空无线电台、对讲机等都是以半双工

电厂分散控制系统

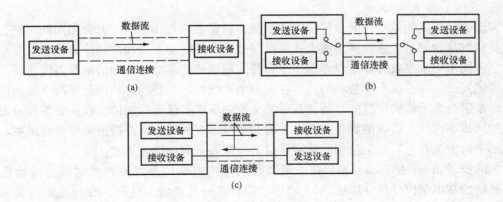

图 2-3 单工、半双工、全双工方式

(a) 单工方式；(b) 半双工方式；(c) 全双工方式

传输方式通信的。半双工通信由于要求通信双方都必须有发送器和接收器，因此比单工通信设备贵。但由于此种方式只采用一个信道进行数据传输，所以要比全双工设备便宜，半双工传输方式在局域网中得到了广泛的应用。

全双工传输方式要使用全双工信道，它是一种可在两个方向同时传输的通信方式。电话通信是全双工通信的典型例子。全双工通信不但要求通信双方都有发送和接收的设备，而且要求信道能提供双向传输的双向带宽，它相当于把两条相反方向的单工通信信道组合在一起，所以全双工通信设备更贵。

全双工和半双工相比，效率更高，但结构复杂，成本较高。

(3) 异步与同步方式。按照通信双方协调方式的不同，数据传输方式可分为异步传输和同步传输两种方式。

数据在传输线路上传输时，为保证发送端发送的信息能够被接收端正确无误地接收，就要求接收端要按照发通端所发送的每个码元的起止时间和重复频率来接收数据，即收发双方在时间上必须取得一致，否则，即使微小的误差也会随着时间的增加而逐渐地积累起来，最终造成传输的数据出错。为保证数据在传输途中的完整，收发双方须采用"同步"技术。该技术包含异步传输和同步传输两种方式。

异步传输方式又称为起止时间同步方式。它以字符为单位进行传输，在发送每一个字符代码时，前面均要加上一个"起始位"，表示开始传输，然后才开始传输该字符的代码，后面一般还要加上一个码元的校验来确保传输正确，最后还要加 1 位、1.5 位或 2 位的"停止"位，以保证能区分开传输过来的字符。"起始"信号是低电平，"停止"信号是高电平。发送端发送数据前，一直输出高电平，"起始"信号的下跳沿就是接收端的同步参考信号，接收端利用这个变化，启动定时机构，按发送的速率顺序地接收字符，待发送字符结束时，发送端又使传输线处于高电平状态，等待发送下一个字符。

在异步传输方式中，收发双方虽然有各自的时钟，但它们的通信频率必须一致，并且每个字符都要同步一次，因此在接收一个字符期间不会发生失步，从而保证了数据传输的正确性。异步传输的优点是实现方法简单、收发双方不需要严格的同步，缺点是每一个字符都要加入"起"、"止"等位，从而传输速率不会很高，费用比较大，效率低。适用于低速数据传输。

　　同步传输方式的效率比异步传输方式要高，它要求接收和发送双方有相同的时钟，以便知道是何时接收每一个字符的。该方式又可细分为字符同步方式和位同步方式。

　　字符同步要求接收和发送双方以一个字符为通信的基本单位，通信的双方将需要发送的字符连续发送，并在这个字符块的前后各加一个事先约定个数的特殊控制字符（称为同步字符）同步字符表示传输字符的开始，其后的字符中不需要任何附加位，在接收端检测出约定个数的同步字符后，后续的就是被要求传输的字符，直到同步字符指出被传字符结束。如果接收的字符中含有与同步字符相同的字符时，则需要采用位插入技术。

　　位同步（bit synchronous）是使接收端接收的每位数据信息都要和发送端准确地保持同步，通信的基本单位是位（即比特）。数据块以位流（比特流）传输，在发送的位流前后给出相同的同步标志。如果有效的位流中含有与同步标志相同的情况，仍需采用位插入技术。目前，位同步传输方式正在代替字符同步方式，在以太网中采用的正是位同步方式。

　　比较异步传输和同步传输可知，异步传输时，每一个字符连同它的起始位和停止位是一个独立的单位，一个字符同步一次。同步传输时，整个字符组或位流被同步字符标志后作为一个单位进行传输。从效率上看，同步传输的效率要比异步传输的高，因为同步方式传输的控制位较少，而异步方式则在每个字符中都附加 2~3 位控制位。但是，如果传输中有一个错误发生时，只影响异步方式中的一个字符，而在同步方式中，就会影响整个字符块的正确性。

　　（4）基带传输与宽带传输。按照在传输线路中数据是否经过了调制变形处理再进行传输的方式，数据传输可分为基带传输和宽带传输。

　　1）基带传输。在计算机等数字设备中，一般的电信号形式为方波，分别用高电平或低电平来表示"1"或"0"。人们把方波固有的频带称为基带。方波电信号称为基带信号，在信道上直接传输未经调制的基带信号称为基带传输，基带传输所使用的信道称基带信道。基带传输时，信息在发送端由编码器变换成直接传输的数字基带信号传输到接收端，然后由接收端的译码器进行解码，恢复成发送端原来发送的数据。基带传输是最简单、最基本的传输方式。

　　由于线路中分布电容和分布电感的影响，基带信号容易发生畸变，因而基带传输的距离不能很远。例如，在 Ethernet 网络中，采用细同轴电缆时当传输距离不超过 185m 时，速率可达 10Mbit/s，这时具有很高的性能价格比。基带传输在基本不改变数字数据信号频带（即波形）情况下直接传输数字信号，可以达到很高的数据传输速率，是目前局域网中积极发展与广泛应用的数据通信技术。

　　2）宽带传输。在计算机远程通信中，一般都采用电话线，而这种线路是按传输模拟的音频信号设计的，不适合直接传输基带信号。为了解决这一问题，就必须把数字信号变换成适合在模拟信道上传输的信号。目前常采用的手段就是对信号进行调制，即使用基带数字信号对一个模拟信号的某些特征参数（如振幅、频率、相位等）进行控制，使模拟信号的这些参数随基带脉冲一起变化，然后把已调制的模拟信号通过线路发送给接收端，接收端再对信号进行解调，从而得到原始信号。广泛地说，宽带传输就是通过多路复用的方法把较宽的传输介质的带宽（一般在 300MHz~1GHz 左右）分割成几个子信道来达到同时传播声音、图像和数据等多种信息的传输模式。它的优点是可以利用目前覆盖面最广、普遍应用的模拟语音通信信道，用于语音通信的电话交换网技术成熟，造价较低，其缺点是传输速率较低，系统效率不高。

3. 数据编码方式

对于数字信号的基带传输，二进制数字在传输过程中可以采用不同的脉冲编码方式，各种编码方式的抗干扰能力和定时能力各不相同，常见的数字数据编码方案有非归零编码、曼彻斯特及微分曼彻斯特编码，如图2-4所示。

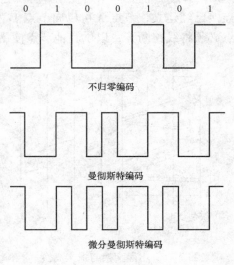

图2-4 三种编码方式

（1）非归零编码 NRZ（None Return to Zero）。

非归零编码的表示方法有多种，但通常用负电平表示"0"，正电平表示"1"。NRZ 的缺点在于它不是自定时的，这就要求另有一个信道同时传输同步时钟信号，否则，无法判断一位的开始与结束，导致收发双方不能保持同步。并且当信号中"1"与"0"的个数不相等时，存在直流分量，这是数据传输中所不希望的。它的优点是实现简单，成本较低。

（2）曼彻斯特编码（Manchester）。

曼彻斯特编码是目前应用最广泛的双相码之一，此编码在每个二进制位中间都有跳变，由高电平跳到低电平时，代表"1"；由低电平跳到高电平时，代表"0"。此跳变可以作为本地时钟，也可供系统同步之用。曼彻斯特编码常用在以太网中，其优点是自含时钟，无需另发同步信号，并且曼彻斯特编码信号不含直流分量，它的缺点是编码效率较低。

（3）微分曼彻斯特编码（Difference Manchester）。

微分曼彻斯特编码也叫差分曼彻斯特编码，它是在曼彻斯特编码的基础之上改进而成的。它也是一种双相码，与曼彻斯特编码不同的是，这种编码的码元中间的电平转换只作为定时信号，而不表示数据。码元的值根据其开始时是否有电平转换，有电平转换表示"0"，无电平转换表示"1"。微分曼彻斯特编码常用在令牌网中。

4. 数据交换技术

在计算机网络中，要求系统内每一个节点都可以与其他节点间彼此通信，若每一节点都有一根通信线路直接连接，构成全连接网，那么所需的通信线路就非常可观。例如，有 n 个节点，则所需的线路条数为 $n \times (n-1)/2$。

当 n 很大时，线路的利用率低，造成很大浪费，因为一个节点不可能同时与所有节点都有数据要传输。例如当 $n=5$ 时，若全连接，则需10条通信线路，而实际上我们把某一节点作为中央交换节点时，只需 $n-1=4$ 条线路即可。此时任何两个节点间的数据传递都是先由源节点把数据送至中央节点。再由中央节点转送至目的节点，这种方式可节约大量的通信线路，有效地提高了整个网络线路的利用率。由于数据经过中央交换节点时要从一条线路上交换至另一线路，所以这是一种线路交换方法，是数据交换的方式之一。事实上，数据交换还有存储转发交换方式。存储转发交换又分为两种：报文存储转发交换与报文分组存储转发交换。

（1）线路交换（Circuit switching）。计算机网络中的线路交换（亦称电路交换）和电话交换系统类似，如图2-5所示。当节点A要向节点D传输数据时，先在A和D之间建立线路连接，即A首先向与它连接的节点B连通，节点B根据路径选择算法，选出并连接下一节点C，节点C也要根据路径选择算法选出并连接下一节点D这时，节点A与D之间的物理连接已经建立，节点A可以向节点D发送数据。数据发送结束后，这条物理连接中的各节点必须将线路断开，以供其他节点使用。

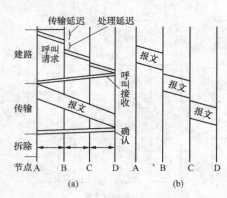

图2-5　电路交换与报文交换
(a)电路交换；(b)报文交换

综上所述，线路交换的过程可概括为三个阶段：首先建立源端至目的端的线路连接，其次是数据传输，最后为线路拆除。一旦建立了线路连接，则线路为本次通信专用，不会有别的用户干扰，信息传输延时短，适合传输大量的数据。当通信双方一旦占用一条线路后，其他用户不能使用，当网络负载过重时，将发生占线现象，使用户得不到及时的服务。

(2)报文交换（Message switching）。报文交换并不要求在两个将要传递数据的节点之间建立专用的通信线路。当一个节点向另一节点发送信息时，它首先把要发送的数据、目的地址及控制信息按统一的规定格式打包成报文，该报文在网络中按路径选择算法一站一站地传输，每一个中间节点把报文完整地接收到存储单元，进行差错检查与纠错处理，检查报文中的目的地址，再根据网络中数据的流量情况，按照路径选择算法把报文发送给下一节点。这样，经过多次的存储转发到达目的节点后，再由接收节点从报文中分离出正确的数据。由于报文长度不定，所以中间节点要有足够的存储空间，以缓冲接收到的报文。报文交换的优点是不用建立专用连接，线路利用率高，系统可靠性高。但是由于存储转发的影响，造成了传输时间延迟，因而报文交换不适用于实时的交互式通信。

(3)分组交换。分组交换又称为包交换（Packet switching）。按照这种交换方式，源节点在发送数据前先把报文按一定的长度分割成大小相等的报文分组，以类似报文交换的方式发送出去，在各中间节点都要进行差错控制。同时，可以对出错的分组要求重发，并且因为报文分组长度固定，所以它在各中间节点存储转发时，在主存储器中即可进行，而无需访问外存，因此，分组交换方式更能改善传输的连接时间和延迟时间。因为各个分组都包含有源地址与目的地址，所以各分组最终都能到达目的节点。尽管它们所走路径不同，各分组并不是按编号顺序到达目的节点，所以目的节点可以把它们排序后再分离出所要传递的数据。

分组交换方式延时小，通信效率高，广域网一般都采用分组交换方式。

5.多路复用技术

由于网络工程中通信线路的架设费用很高，并且在一般情况下，传输介质的传输容量都大于传输信号所需容量，所以为了充分利用信道容量，就可以在一条通信线路上同时传输多个不同的信息，这就是多路复用技

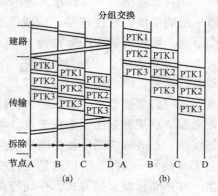

图2-6　分组交换
(a)虚电路交换；(b)数据报文交换

术。该技术要用到两个设备：多路复合器（Multiplexer），在发送端按约定的规则把多条低速信道发出的信息复合成一个信息；多路分配器（Demultiplexer），在接收端按同一规则把接收的复合信息分解成原来的多个信息。多路复合器与多路分配器统称为多路器，简写为 MUX。由此可见，多路复用的过程可分为复合、传输、分离三个阶段。多路复用常用的方法有频分多路复用、时分多路复用及波分多路复用等多种。

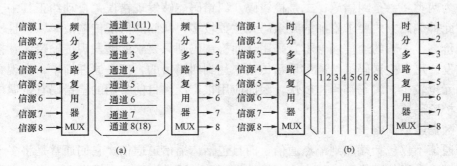

图 2−7　多路复用方式
(a) 频分多路复用；(b) 时分多路复用

（1）频分多路复用（FDM）。

由于通信媒体可使用的频带宽超过给定信号所需的带宽，因此，把多路信号以不同载波频率进行调制，各载波频率相互独立，使各信号带宽不发生混叠，从而使同一通信媒体可以同时传输多路信号，这种方法称为频分多路复用。为防止各信道之间的干扰，采用各信号频率带两侧加入保护频带隔离的放大，避免相邻频带的窜音。

（2）时分多路复用（TDM）。

由于通信媒体能达到的位传输率超过传输数字数据所需的数据传输率，因此，利用每个信号在时间上的交叉，在同一通信媒体上传输多路信号，这种方法称为时分多路复用。时分多路复用分为同步和异步两种。同步时分多路复用（STDM）按固定顺序把时间片分给各路信道，接收端只需严格同步的按时间片分割方法进行信号分割和复原。由于该方法按固定顺序分配时间片而不管所分配信道是否有数据要发送，因此造成信道资源的浪费。异步时分多路复用（ATDM）只有当某一路信道有数据发送时才分配时间片给它，为使接收端了解数据来自什么发送站等，在所送数据中需加入发送站、接收站等附加信息。

时分多路复用技术适用于数字数据的传输，由于传输数字数据具有较强抗干扰性，易实现自动转接及集成化，在分散控制系统中得到广泛应用。

6. 数据差错控制

数据通信过程中由于各种干扰因素的存在，必然会出现接收的数据与发送的数据不一致的现象，这就是差错。为提高数据传输的质量，有效地检测出错误并予以纠正的方法称为差错控制。

数据通信过程中出现差错的原因有两类：一类是热噪声，另一类是冲击噪声。热噪声是由传输介质中电子的热运动产生的，而电子的热运动是随时存在的，但它的幅度较小，它是一类随机差错，只影响个别位。冲击噪声则是由外界的电磁干扰引起的，持续时间短而幅度大，往往引起一串二进制位的错误，是产生差错的主要原因，是一类突发差错。通信过程中传输差错主要是由随机差错和突发差错共同构成的。

控制数据传输的差错有两条途径：一是改善信道的电气特性，选择抗干扰能力强的传输介质；二是采用抗干扰编码的方式，即给要传输的数据按一定的规则增加一些监督码元，这些码元称为冗余码。冗余码与要传输的数据码元之间有一定的关系，并且在传输时一同传输。接收端接收后再按预定的规则进行解码，从而可以发现错误或纠正错误。抗干扰编码总体上可分为两类：一是纠错码；二是检错码。纠错码能够发现错误并自动纠正其中若干错误位，但是此种编码方式要求附加的冗余码元位数较多，从而降低了传输效率，并且实现技术复杂，造价高，一般的通信场合不宜采用。而检错码则只要求能够发现传输错误，接收端要求对方重发即可。检错码虽然通过重新传输来达到纠错目的，但是原理简单，实现方便，所带冗余码元也较少，编码解码速度快，因而应用很广泛。目前常用的检错码有奇偶校验码与循环冗余校验码。

二、数据通信网络

数据通信不仅包括端点到端点通信，而且包括广播信道通信。它们通常是将多个数据终端设备通过一个通信网络联系起来，实现软件资源、硬件资源和数据资源共享。本节将讨论通信网络的拓扑结构和网络协议等内容。

1. 网络拓扑结构

计算机网络设计的目标就是在给定计算机和终端位置及保证一定的响应时间、吞吐量和可靠性的前提下。合理地选择线路、连接方式与流量分配，使整个网络结构合理、成本最低。为了分析网络节点彼此相连的形状及其性能关系，借助拓扑学知识，研究网络中的节点与通信线路的几何位置或物理布局的图形，这就是网络拓扑结构。在微机局域网络中，主要的网络拓扑结构有四类：总线型、星型、环型、树型。

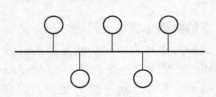

图 2 - 8　总线型结构

（1）总线型拓扑结构。总线型拓扑结构如图 2 - 8 所示，它采用单根传输线作为传输介质，所有站点经网卡接口接到传输线（即总线）上。在总线的末端配有终结器，任何一个站点发送的信号以广播的形式在线路上传播，其他所有站点均可接收到，但只有本地地址与信息中目的地址相同的节点才会接收信号。因为所有节点共享一条公用信道，所以一次只能由一个节点发送信息，这就存在争用总线的问题。

在总线结构中，虽然使用的电缆量少，易于布线，结构简单，使用的都是无源元件，从硬件观点看，十分可靠并且易于扩充。但是因为各节点不是集中控制，所以故障检测需在各个节点进行，故障诊断困难，并且因为所有节点共享一根总线，一旦总线上发生故障将导致整个网络瘫痪。

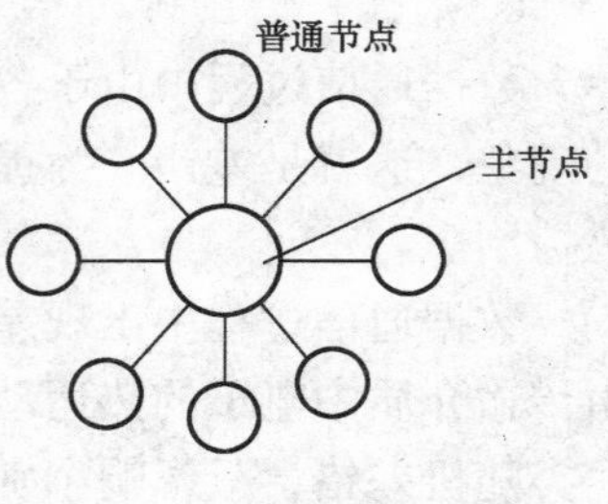

（2）星型网络结构。星型拓扑结构如图 2 - 9 所示。星型结构的中心是中央节点，每一个节点都由一条单独的通信线路与中央节点连接，任何两节点之间的通信均要通过中央节点转发。

星型结构的优点是：

1）集中式管理各节点，因此故障容易检测和隔离；

2）每条线路只连接一个节点，某线路故障只会影响一个节

图 2 - 9　星型网络结构

电厂分散控制系统

点，而不会导致整个网络瘫痪；

3）访问协议简单。因为任何一个连接都是中央节点对一个节点。所以控制介质访问的方法简单，访问协议也十分简单。

星型总线的缺点是：需要大量的电缆，并且布线较困难，中央节点是整个网络的瓶颈，一旦出现故障将导致全网瘫痪。

（3）环型网络结构。环型拓扑结构如图 2 - 10 所示。环由链路和许多中继器或适配器组成。每个中继器通过链路连接到另外两个中继器，形成单一的闭合通路。信号依次通过环上所有节点，最后又回到起始节点，每个节点都会接收线路上传输的信息，并对比信息中的目的地址，看是否与本节点一致，然后决定是否采用此信息。由于多个节点共用一条环路，所以存在线路争用问题。

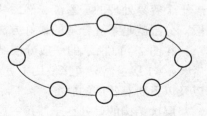

图 2 - 10　环型网络结构

环型拓扑结构的优点是：数据沿环传输，根据环中提供单工通信或全双工通信，可分为单环和双环两种结构。在环型网中，常常采用光缆作为传输介质，以获得较高的传输速率。同时，环网的性能较好，当某节点发生故障或不工作时，可以利用中继器的旁路继电器，将该站旁路，一方面提高了环网的可靠性，另一方面，旁路掉不工作的站，可以减少延迟，从而改善环网的性能。

其缺点是：①灵活性小，增加新工作站困难；②非集中式管理，诊断故障十分困难，需要对每一个节点进行检测。

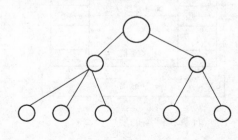

图 2 - 11　树型网络结构

（4）树型网络结构。树型拓扑结构如图 2 - 11 所示，它是总线型网络的扩展形式。其形状像一棵倒置的树，顶端是根，每个分支还可延伸出子分支。树型结构是一种分层的拓扑结构，适用于分级管理和控制系统。信息交换主要在上、下两节点之间进行，相邻及同层节点一般不进行数据交换或数据交换量小。

树型拓扑结构的优点是：易于扩展，因为其分支还可延伸出子分支，所以要加入新的节点或分支很容易。易于隔离故障，如果某一分支上的节点发生故障，很容易将此分支和整个网络隔离开来。

它的缺点是：结构复杂，对树节点依赖性太大，若树节点发生故障，则整个网络不能正常工作。

2. 网络体系结构及 OSI 基本参考模型

（1）协议及体系结构。

通过通信信道和设备互连起来的多个不同地理位置的计算机系统，要使其能协同工作实现信息交换和资源共享，它们之间必须具有共同的语言。交流什么、怎样交流及何时交流，都必须遵循某种互相都能接受的规则。

1）网络协议（Protocol）。为进行计算机网络中的数据交换而建立的规则、标准或约定的集合。协议总是指某一层协议，准确地说，它是对同等实体之间的通信制定的有关通信规则约定的集合。

网络协议的三个要素：

①语义（Semantics）。涉及用于协调与差错处理的控制信息。

②语法（Syntax）。涉及数据及控制信息的格式、编码及信号电平等。

③定时（Timing）。涉及速度匹配和排序等。

2）网络的体系结构。计算机网络系统是一个十分复杂的系统。将一个复杂系统分解为若干个容易处理的子系统，然后"分而治之"，这种结构化设计方法是工程设计中常见的手段。分层就是系统分解的最好方法之一。

在图 2－12 所示的一般分层结构中，n 层是 $n-1$ 层的用户，又是 $n+1$ 层的服务提供者。$n+1$ 层虽然只直接使用了 n 层提供的服务，实际上它通过 n 层还间接地使用了 $n-1$ 层以及以下所有各层的服务。

层次结构的好处在于使每一层实现一种相对独立的功能。分层结构还有利于交流、理解和标准化。

所谓网络的体系结构（Architecture）就是计算机网络各层次及其协议的集合。层次结构一般以垂直分层模型来表示，如图 2－13 所示。

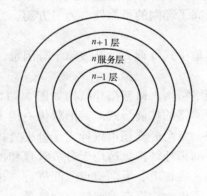

图 2－12　层次模型

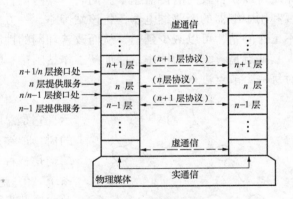

图 2－13　计算机网络的层次模型

层次结构的要点：

①除了在物理媒体上进行的是实通信之外，其余各对等实体间进行的都是虚通信。

②对等层的虚通信必须遵循该层的协议。

③n 层的虚通信是通过 $n/n-1$ 层间接口处 $n-1$ 层提供的服务以及 $n-1$ 层的通信（通常也是虚通信）来实现的。

网络的体系结构的特点是：

①以功能作为划分层次的基础。

②第 n 层的实体在实现自身定义的功能时，只能使用第 $n-1$ 层提供的服务。

③第 n 层在向第 $n+1$ 层提供的服务时，此服务不仅包含第 n 层本身的功能，还包含由下层服务提供的功能。

④仅在相邻层间有接口，且所提供服务的具体实现细节对上一层完全屏蔽。

（2）OSI 基本参考模型。

1）开放系统互联（Open System Interconnection）基本参考模型是由国际标准化组织

（ISO）制定的标准化开放式计算机网络层次结构模型，又称ISO′s OSI 参考模型。"开放"这个词表示能使任何两个遵守参考模型和有关标准的系统进行互联。

OSI 包括了体系结构、服务定义和协议规范三级抽象。OSI 的体系结构定义了一个七层模型，用以进行进程间的通信，并作为一个框架来协调各层标准的制定；OSI 的服务定义描述了各层所提供的服务，以及层与层之间的抽象接口和交互用的服务原语；OSI 各层的协议规范，精确地定义了应当发送何种控制信息及何种过程来解释该控制信息。

需要强调的是，OSI 参考模型并非具体实现的描述，它只是一个为制定标准机而提供的概念性框架。在 OSI 中，只有各种协议是可以实现的，网络中的设备只有与 OSI 和有关协议相一致时才能互联。

如图 2 - 14 所示，OSI 七层模型从下到上分别为物理层（Physical Layer，PH）、数据链路层（Data Link Layer，DL）、网络层（Network Layer，N）、运输层（Transport Layer，T）、会话层（Session Layer，S）、表示层（Presentation Layer，P）和应用层（Application Layer，A）。

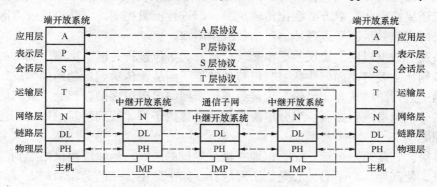

图 2 - 14　ISO 的 OSI 参考模型

从图 2 - 14 中可见，整个开放系统环境由作为信源和信宿的端开放系统及若干中继开放系统通过物理媒体连接构成。这里的端开放系统和中继开放系统，都是国际标准 OSI7498 中使用的术语。通俗地说，它们相当于资源子网中的主机和通信子网中的节点机（IMP）。只有在主机中才可能需要包含所有七层的功能，而在通信子网中的 IMP 一般只需要最低三层甚至只要最低两层的功能就可以了。

2）层次结构模型中数据的实际传送过程如图 2 - 15 所示。图中发送进程送给接收进程和数据，实际上是经过发送方各层从上到下传递到物理媒体；通过物理媒体传输到接收方后，再经过从下到上各层的传递，最后到达接收进程。

在发送方从上到下逐层传递的过程中，每层都要加上适当的控制信息，即图中和 H7、H6、…、H1，统称为报头。到最底层成为由"0"或"1"组成和数据比特流，然后

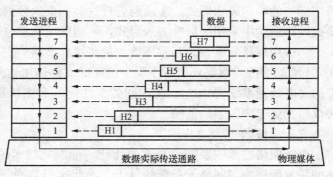

图 2 - 15　数据的实际传递过程

再转换为电信号在物理媒体上传输至接收方。接收方在向上传递时过程正好相反，要逐层剥去发送方相应层加上的控制信息。

因接收方的某一层不会收到底下各层的控制信息，而高层的控制信息对于它来说又只是透明的数据，所以它只阅读和去除本层的控制信息，并进行相应的协议操作。发送方和接收方的对等实体看到的信息是相同的，就好像这些信息通过虚通信直接给了对方一样。

各层功能简要介绍：

①物理层。定义了为建立、维护和拆除物理链路所需的机械、电气、功能和规程的特性，其作用是使原始的数据比特流能在物理媒体上传输。具体涉及接插件的规格，"0"、"1"信号的电平表示，收发双方的协调等内容。

②数据链路层。比特流被组织成数据链路协议数据单元（通常称为帧），并以其为单位进行传输，帧中包含地址、控制、数据及校验码等信息。数据链路层的主要作用是通过校验、确认和反馈重发等手段，将不可靠的物理链路改造成对网络层来说无差错的数据链路。数据链路层还要协调收发双方的数据传输速率，即进行流量控制，以防止接收方因来不及处理发送方来的高速数据而导致缓冲器溢出及线路阻塞。

③网络层。数据以网络协议数据单元（分组）为单位进行传输。网络层关心的是通信子网的运行控制，主要解决如何使数据分组跨越通信子网从源传送到目的地的问题，这就需要在通信子网中进行路由选择。另外，为避免通信子网中出现过多的分组而造成网络阻塞，需要对流入的分组数量进行控制。当分组要跨越多个通信子网才能到达目的地时，还要解决网际互联的问题。

④运输层。它是第一个端—端，也即主机—主机的层次。运输层提供的端到端的透明数据运输服务，使高层用户不必关心通信子网的存在，由此用统一的运输原语书写的高层软件便可运行于任何通信子网上。运输层还要处理端到端的差错控制和流量控制问题。

⑤会话层。它是进程—进程的层次，其主要功能是组织和同步不同的主机上各种进程间的通信（也称为对话）。会话层负责在两个会话层实体之间进行对话连接的建立和拆除。在半双工情况下，会话层提供一种数据权标来控制某一方何时有权发送数据。会话层还提供在数据流中插入同步点的机制，使得数据传输因网络故障而中断后，可以不必从头开始而仅重传最近一个同步点以后的数据。

⑥表示层。为上层用户提供共同的数据或信息的语法表示变换。为了让采用不同编码方法的计算机在通信中能相互理解数据的内容，可以采用抽象的标准方法来定义数据结构，并采用标准的编码表示形式。表示层管理这些抽象的数据结构，并将计算机内部的表示形式转换成网络通信中采用的标准表示形式。数据压缩和加密也是表示层可提供的表示变换功能。

⑦应用层是开放系统互联环境的最高层。不同的应用层为特定类型的网络应用提供访问OSI环境的手段。网络环境下不同主机间的文件传送访问和管理（FTAM）、传送标准电子邮件的文电处理系统（MHS）、使不同类型的终端和主机通过网络交互访问的虚拟终端（VT）协议等都属于应用层的范畴。

三、局域网

由于网络技术的发展和 DCS 通用化、标准化技术的采用，各 DCS 系统厂商纷纷采用成熟的局域网作为其网络子系统的骨干。为此本书选择了 DCS 系统常用的几种局域网络技术进行介绍。

1．局域网的主要技术

（1）局域网的拓扑结构。网络的拓扑结构对网络性能有很大的影响。选择网络拓扑结构，首先要考虑采用何种媒体访问控制方法，因为特定的媒体访问控制方法一般仅适用于特定的网络拓扑结构；其次要考虑性能、可靠性、成本、扩充灵活性、实现的难易程度及传输媒体的长度等因素。局域网常用的拓扑结构有总线型、环型、星型三种。

总线网一般采用分布式媒体访问控制方法。总线网可靠性高、扩充性能好、通信电缆长度短、成本低，是用来实现局域网的最通用的拓扑结构。另一种是总线拓扑网与令牌环相结合的变形，其在物理连接上是总线拓扑结构，而在逻辑结构上则采用令牌环，兼有了总线结构和令牌环的优点。总线网的缺点是若主干电缆某处发生故障，整个网络将瘫痪；另外，当网上站点较多时，会因数据冲突增多而使效率降低。

环形网也采用分布式媒体访问控制方法。环形网控制简单、信道利用率高、通信电缆长度短、不存在数据冲突问题，在局域网中应用较广泛，典型实例有 IBM 令牌环（Token Ring）网和剑桥环（Cambrige Ring）网。另外，还有一种 FDDI 结构，它是采用光纤作为传输媒体的高速通用令牌环网，常用于高速局域网 HSLN 和城域网 MAN 中。环形网的缺点是对节点接口和传输线的要求较高，一旦接口发生故障可能导致整个网络不能正常工作。

星形网往往采用集中式媒体访问控制方法。星形网结构简单、实现容易、信息延迟确定。其缺点是通信电缆总长度长、传输媒体不能共享。

（2）局域网的传输媒体。LAN 中使用的传输方式有基带和宽带两种。基带用于数字信号传输，常用的传输媒体有双绞线或同轴电缆。宽带用于无线电频率范围内的模拟信号的传输，常用同轴电缆。

（3）局域网的媒体访问控制方法。环形或总线拓扑中，由于只有一条物理传输通道连接所有的设备，因此，连到网络上的所有设备必须遵循一定的规则，才能确保传输媒体的正常访问和使用。常用的媒体访问控制方法有：具有冲突检测的载波监听多路访问 CSMA/CD（Carrier Sense Multiple Access/Collision Detection）、控制令牌（Control Token）及时槽环（Slotted Ring）三种技术。

1）具有冲突检测的载波监听多路访问 CSMA/CD。具有冲突检测的载波监听多路访问 CSMA/CD 采用随机访问和竞争技术，这种技术只用于总线拓扑结构网络。CSMA/CD 结构将所有的设备都直接连到同一条物理信道上，该信道负责任何两个设备之间的全部数据传送，因此称信道是以"多路访问"方式进行操作的。站点以帧的形式发送数据，帧的头部含有目的和源点的地址。帧在信道上以广播方式传输，所有连接在信道上的设备随时都能检测到该帧。当目的地站点检测到目的地址为本站地址的帧时，就接收帧中所携带的数据，并按规定的链路协议给源站点返回一个响应。

采用这种操作方法时，在信道上可能有两个或更多的设备在同一瞬间都会发送帧，从而在信道上千万帧的重叠而出现并有差错，这种现象称为冲突。为减少这种冲突，源站点在发送帧之前，首先要监听信道上是否有其他站点发送的载波信号（即进行"载波监听"），若监听到信道上有载波信号则推迟发送，直到信道恢复到安静（空闲）为止。另外，还要采用边发送边监听的技术（即"冲突检测"），若监听到干扰信号，就表示检测到冲突，于是就要立即停止发送。为了确保冲突的其他站点知道发生了冲突，首先在短时间里持续发送一串阻塞（Jam）码，卷入冲突的站点则等待一随机时间，然后准备重发受到冲突影响的帧。这种技术对发生冲突的传输能迅速发现并立即停止发送，因此能明显减少冲突次数和冲突时间。

2）控制令牌。控制令牌是另一种传输媒体访问控制方法。它是按照所有站点共同理解和遵守的规则，从一个站点到另一个站点传递控制令牌，一个站点只有当它占有令牌时，才能发送数据端帧，发完帧后，即把令牌传递下一个站点。其操作次序如下：

①首先建立一个逻辑环，将所有站点同物理媒体相连，然后产生一个控制令牌。

②控制令牌由一个站点沿着逻辑环顺序向下一个站点传递。

③等待发送帧的站点接收到控制令牌后，把要发送的帧利用物理媒体发送出去，然后再将控制令牌沿逻辑环传递给下一站点。

控制令牌方法除了用于环形网拓扑结构（即令牌环）之外，也可以用于总线网拓扑结构（即令牌总线），这两类结构建立的逻辑环如图 2 - 16 所示。

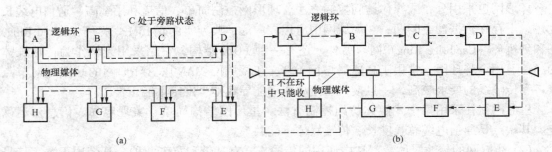

图 2 - 16　控制令牌媒体访问控制
(a) 令牌环；(b) 令牌总线

对于一个物理环，令牌传递的逻辑结构和物理环的结构是相同的，令牌传递的次序和站点连接的物理次序也是一致的；而对于总线网，逻辑环次序则不必和电缆上的站点连接次序相对应，所有站点没有必要抱着按逻辑环连接。例如，在图 2 - 16 (b) 中，H 站并不是逻辑环的一总部分，这意味着 H 站永远拿不到令牌，因此只能以接收方式工作。

3）时槽环。时槽环只用于环形网的媒体控制访问，这种方法对每个节点预先安排一个特定的时间内段（即时槽段），每个节点只能在时槽内传输数据。若数据较长，则可用多个时槽来传输。

时槽环采用集中控制方式，这种方法首先由环中被称为监控的站的特定节点启动环，并产生若干个固定长度的比特串，这种比特串即称为时槽。时槽环不停地绕环从一个站点传递到另一个站点。当一个站点收到时槽时，由该站点的接口阅读后再将其转发送到下一个站点，如此一直循环下去。监控站确保总有一个固定数目的时槽绕环传送，而不考虑组成环的站点数目。每个时槽能携带一个固定尺寸的停息帧，时槽帧的格式如图 2 - 17 (a) 所示。

时槽环初始化时，由监控站将每个时槽开头的满/空位置为空状态。某个站点要发送数据前，首先要得到一个空时槽，然后将该时槽的满/空位置为空状态，将数据的内容插入时槽中，同时在帧的头部来填入目的地地址和源地址，并将帧尾部的两个响应位全置为 1，然后发送该时槽，使它绕物理环从一个站点至另一个站点传送。

环中每个站对任何置满的时槽头部的目的地地址进行检测，如果检测到自己的地址，便从时槽中阅读所携带的数据内容，并修改时槽尾部的一对响应位，然后通过环再将它转发出去。如果目的地站点忙或者拒收，则响应位做相应的标记或保留不做改变。

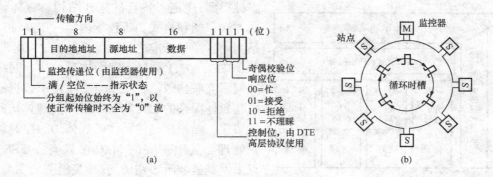

图 2-17 时槽环原理

(a) 每个时槽的比特定义；(b) 拓扑结构

源站点在启动一个帧发送之后，要等到该帧绕环一周。由于每个站均知道环上时槽的总数，由环接口对时槽转发计数可知道所发时槽的到来。此后，源站点将所用时槽重新标记为空状态，并阅读时槽尾部的响应位，以确定是否应舍弃已被发送的该帧备份，或者重发该帧。由于采用了响应位，就不需要设置独立的响应帧。

监控站传递位由监控站用于监测各个站点发送的帧是否有差错或站点有无故障，该位由源站点在发送帧时置"0"。当满时槽在环接口上转发时，由监控站对每一个满时槽的该位置"1"。如果监控站在其转发某个满时槽时，测得监控站传递位已被置为1，就认为源站点有故障，便可将该帧的满/空位置为空，并释放空时槽。时槽尾部的两个控制位是提供给DTE高层协议使用的，在媒体访问控制层中没有意义。

需要特别指出的是，在时槽环媒体访问控制方法中，每个站点每次只能传送一个帧，若想要传送另一个帧，则首先必须释放传输前一帧所用的时槽。这种对环的访问方法体现了公平性，并被各个互联的站点所共享。在早期DCS中，受网络带宽影响和实时性要求DCS通信系统中常见此方式。

时槽环的优点是结构简单，节点间相互干扰少、可靠性高。但是，时槽环为保持基本环结构需要一个特定的监控站节点；由于绕环一周时间内，每个站点只能占用一个时槽，若某站点发送的数据较长要占用多个时槽，而此时环上只有该站有数据要发送，则许多时槽都是空循环；另外，每个40位长的时槽只能携带16位有效数据，费用大、效率低。相比之下，令牌环中的某个站点得到控制令牌后，就可将包括多个字节的信息帧作为一个整体进行发送，所以效率比时槽环高。

2．IEEE802 协议标准

局域网的标准化工作，能使不同生产厂家的局域网产品之间有更好的兼容性，以适应各种不同型号计算机的组网需求，并有利于产品成本的降低。国际上从事局域网标准化工作的机构主要有国际标准化组织 ISO、美国电气与电子工程师学会 IEEE 的 802 委员会、欧洲计算机制造商协会 ECMA、美国国家标准局 NBS、美国电子工业协会 EIA、美国国家标准化协会 ANSI 等。

IEEE 在 1980 年 2 月成立了局域网标准化委员会（简称 IEEE 802 委员会），专门从事局域网的协议制订，形成了一系列的标准，称为 IEEE 802 标准。该标准已被国际标准化组织 ISO 采纳，作为局域网的国际标准系列，称为 ISO 802 标准。要这些标准中，根据局域网的

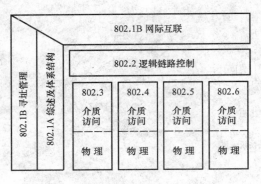

图 2-18　802.1~802.6 间的关系

多种类型,规定了各自的拓扑结构、媒体访问控制方法、帧和格式和听任等内容。IEEE 802 标准系列中各个子标准之间的关系如图 2-18 所示。

IEEE 802.1 是局域网的体系结构、网络管理和网际互联协议。IEEE 802.2 集中了数据链路层中与媒体无亲的 LLC 协议。涉及与媒体访问有关的协议,则根据具体网络的媒体访问控制访问分别处理,其中主要的 MAC 协议有:IEEE 802.3 以太网载波监听多路访问/冲突检测 CSMA/CD 访问方法和物理层协议、IEEE 802.4 令牌总线 (Token Bus) 访问方法和物理层的协议、IEEE 802.5 令牌环 (Token Ring) 访问方法和物理层协议,IEEE 802.6 关于城域网的分布式总线标准等。

3. IEEE 802.3 以太网协议

(1) CSMA/CD 总线的实现模型。IEEE 802.3 以太网协议是一个使用 CSMA/CD 媒体访问控制方法的局域网标准。CSMA/CD 总线的实现模型如图 2-19 所示,它对应于 OSI/RM 的最低两层。从逻辑上可以将其划分为两大部分:一部分由 LLC 子层和 MAC 子层组成,实现 OSI/RM 的数据链路层功能,另一部分实现物理层功能。

把依赖于媒体的特性从物理层中分离出来的目的,是要使得 LLC 子层和 MAC 子层能适应于各类不同的媒体。

物理层内定义了两个兼容接口:依赖于媒体的媒体相关接口 MDI 和访问单元接口 AUI。MDI 是一个同轴电缆接口,所有站点都必须遵循 IEEE 802.3 以太网定义的物理媒体信号的技术规范,与这个物理媒体接口完全兼容。由于大多站点都设在离电缆连接处有一段距离的地方,在与电缆靠近的 MAC 中只有少量电路,而大部分硬件和全部的软件都在站点中,AUI 的存在为 MAC 和站点的配合使用带来了极大的灵活性。

MAC 子层和 LLC 子层之间和

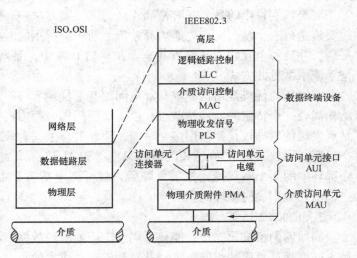

图 2-19　CSMA/CD 总线的实现模型

接口提供每个操作的状态信息,以供高一层差错恢复规程所用。MAC 子层和物理层之间的接口,提供包括成帧、载波监听、启动传输和解决争用、在两层间传送串行比特流的设施及用于定时等待等功能。

(2) IEEE 802.3 以太网 MAC 层。

1) IEEE 802.3 以太网 MAC 帧格式。MAC 帧是在 MAC 子层实体间交换的协议数据单元,

电厂分散控制系统

IEEE 802.3 以太网 MAC 帧的格式如图 2-20 所示，IEEE 802.3 以太网 MAC 帧中包括前导码 P、帧起始定界符 SFD、目的地址 DA、源地址 SA、表示数据字段字节数长度的字段 LEN、要发送的数据字段、填充字段 PAD 和帧校验序列 FCS 等 8 个字段。这 8 个字段中除了数据字段和填充字段外，其余的长度都是固定的。

前导码	SFD	DA	SA	长度	LLC 数据	PAD	FCS	
7	1	2 或 6	2 或 6	2	0~1500		4	字节

图 2-20　IEEE 802.3 以太网 MAC 帧的格式

前导码字段 P 占 7 个字节，每个字节的比特模式为 "10101010"，用于实现收发双方的时钟同步。帧起始定界符字段 SFD 占 1 个字节，其比特模式为 "10101011"，它紧跟在前导码后，用于指示一帧的开始。前导码的作用是使接收端能根据 "1"、"0" 交变的比特模式迅速实现比特同步，当检测到连续两位 "1"（即读到帧起始定界符字段 SFD 最末两位）时，便将后续的信息递交给 MAC 子层。

地址字段包括目的地址字段 DA 和源地址字段 SA。目的地址字段占 2 个或 6 个字节，用于标识接收站点的地址，它可以是单个的地址，也可以是组地址或广播地址。DA 字段最高位为 "0" 表示单个的地址，该地址仅指定网络上某个特定站点；DA 字段最高位为 "1"、其余位不为全 "1" 表示组地址，该地址指定网络上给定的多个站点；DA 字段为全 "1"，则表示广播地址，该地址指定网络上所有的站点。源地址字段也占 2 个或 6 个字节，但其长度必须与目的地址字段的长度相同，只用于标识发送站点的址。在 6 字节地址字段中，可以利用其 48 位中的次高位来区分是局部地址还是全局地址。局部地址是由网络管理员分配，且只在本网中有效的地址；全局地址则是由 IEEE 统一分配的，采用全局地址的网卡出厂时被赋予惟一的 IEEE 地址，使用这种网卡的站点也就具有了全球独一无二的物理地址。

长度字段 LEN 占两个字节，其值表示数据字段的内容即为 LLC 子层递交的 LLC 帧序列，其长度为 0~1500 个字节。

为使 CSMA/CD 协议正常操作，需要维持一个最短帧长度，必要时可在数据字段之后、帧校验序列 FCS 之前以字节为单位添加填充字符。这是因为正在发送时产生冲突而中断的帧都是很短的帧，为了能方便地区分出这些无效帧，IEEE 802.3 以太网规定了合法的 MAC 帧的最短帧长。对于 10Mbit/s 的基带 CSMA/CD 网，MAC 帧的总长度为 64~1518 字节。由于除了数据字段和填充字段外，其余字段的总长度为 18 个字节，所以当数据字段长度为 0 时，填充字段必须有 46 个字节。

帧校验序列 FCS 字段是 32 位（即 4 个字节）的循环冗余码（CRC），其校验范围不包括前导字段 P 及帧起始定界符字段 SFD。

2) IEEE 802.3 以太网 MAC 层的功能。IEEE802.3 以太网标准提供了 MAC 子层的功能说明，内容主要有数据封装和媒体访问管理两个方面。数据封装（发送和接收数据封装）包括成帧（帧定界和帧同步）、编址（源地址脏乱目的地址的处理）和差错检测（物理媒体传输差错的检测）等；媒体访问管理包括媒体分配和竞争处理。

(3) IEEE 802.3 以太网物理层规范。IEEEE 802.3 以太网委员会在定义可选的物理配置方面表现了极大的多样性和灵活性。为了区分各种可选用的实现方案，该委员会给出了一种简明的表示方法：

〈数据传输率(Mbit/s)〉〈信号方式〉〈最大段长度(百米)〉

如 10BASE5、10BASE2、10BROAD36。但 10BASE－F 有些例外，其中的 T 表示双绞线、光纤。IEEE 802.3 以太网的 10Mbit/s 可选方案如下：

1）10BASE5 和 10BASE2。前面介绍 IEEE 802.3 以太网时所涉及的物理范围，实际上所说的就是基于以太网的 10BASE5。

与 10BASE5 一样，10BASE2 也使用 50Ω 同轴电缆和曼彻斯特编码，数据速率为 10Mbit/s。两者的区别在于 10BASE5 使用粗缆（50mm），10BASE2 使用细缆（5mm），由于两者数据传输率相同，所以可以使用 10BASE2 电缆段和 10BASE5 电缆段共存于一个网络中。

2）10BASE－T。10BASE－T 定义了一个物理上的星形拓扑网，其中央节点是一个集线器，每个节点通过一对双绞线与集线器相连。集线器的作用类似于一个转发器，它接收来自一条线上的信号并向其他的所有线转发。由于任意一个站点发出的信号都能被其他所有站点接收，若有两个站点同时要求传输，冲突就必然发生，所以，尽管这种策略在物理上是一个星形结构，但从逻辑上看与 CSMA/CD 总线拓扑的功能是一样的。

3）10BROAD36。10BROAD36 是 802.3 以太网中为一针对宽带系统的规范，它采用双电缆带宽或中分带宽的 75ΩCATV 同轴电缆。从端出发的段的最大长度为 1800cm，由于是单向传输，所以最大的端—端距离为 3600m。

4）10BASE－F。10BASE－F 是 802.3 以太网中关于以光纤作为媒体的系统的规范。该规范中，每条传输线路均使用一条光纤，每条光纤采用曼彻斯特编码传输一个方向上的信号。每一位数据经编码后，转换为一对光信号元素（有光表示高、无光表示低），所以，一个 10bit/s 的数据流实际上需要 20Mbit/s 的信号流。

4.IEEE 802.5 令牌环媒体访问控制协议

IEEE 802.5 标准规定了令牌环的媒体访问控制子层和物理层所使用的协议数据单元格式和协议，规定了相邻实体间的服务及连接令牌环物理媒体的方法。

（1）IEEE 802.5 MAC 帧格式。

IEEE 802.5 令牌环的 MAC 帧有两种基本格式：令牌帧和数据帧，如图 2－21 所示。

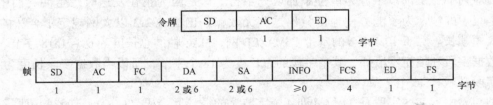

图 2－21　令牌帧和数据帧

令牌帧只有 3 个字节长，数据帧则可能很长。这两种帧都有一对起始定界符 SD 和结束定界符 ED 用于确定帧的边界，它们中各有 4 位采用曼彻斯特编码中不使用的违法码（"高—高"电平对和"低—低"电平对），以实现数据的透明传输。

访问控制字段 AC 的格式如下：

其中，T 为令牌/数据帧标志位，该位为 "0" 表示令牌，为 "1" 表示数据帧。当某个站点要发送数据并获得了一个令牌后，将 AC 字段中的 T 位置 "1"。此时，SD、AC 字段就作为数据帧的头部，随后便可发送数据帧的其余部分。M 为监控位，用于检测环路上是否存在持续循环的数据帧。PPP（3 比特）为优先编码，当某站点要发送一个优先级为 n 的数据帧时。必须获得一个 PPP 编码值 $\leq n$ 的令牌才可发送。RRR（3 比特）为预约编码，当某站点要发送数据帧而信道又不空发时，可以在转发其他站点的数据帧时将自己的优先级编码填入 RRR 中，待该数据帧发送完毕，产生的令牌便有了预约的优先级。若 RRR 已被其他的站点预约了更高的优先级，则不可再预约。将令牌的优先级提升了的站点，在数据帧发送完毕后，还要负责将令牌的优先级较低的站点也有发送数据帧的机会。

帧控制字段 FC 中的前两位标志帧的类型。"01" 表示为一般信息帧，即其中的数据字段为上层提交的 LLC 帧；"00" 表示为 MAC 控制帧，此时其后的 6 位用以区分控制帧的类型。信息帧只发送给地址字段所指的目的站点，控制帧则发送给所有站点。控制帧中不含数据字段。

数据字段的长度没有下限，但其上限受站点令牌持有时间的限制。令牌持有时间的缺省值为 10ms，数据帧必须在该时段内发送完，超过令牌持有时间，必须释放令牌。

32 位的帧校验序列 FCS 的作用范围自控制字段 FC 起 FC 至 FCS 止，其中，不包括帧首（SD、AC 字段）和帧尾（ED、FS 字段）。

帧状态字段 FS 的格式如下：字段中设置了两位 A 和两位 C，其中 4 位未定义。A 位为地址识别位，发送站发送数据帧时将该位置 "0"，接收站确认目的地址与本站相符后将该位置 ."1"。C 为帧复制位，发送站发送数据帧时将该位置 "0"，接收站接收数据帧后将该位置 "1"。当数据帧返回发送站时，A、C 位作为应答信号使发送站了解数据帧发送的情况。若返回的 AC = 11，表示接收站已收到并复制了数据帧；若 AC = 00，表示接收站不存在，但由于缓冲区不够或其他原因未接收数据帧，再等待一段时间后再重发。由于 FS 字段不在 FCS 校验范围内，所以使用两套重复的 A、C 以提高可靠性。

结束定界符 ED 除了用于指示帧的结束边界外，其最后一位还用作差错位，发送站发送数据帧时将该位置 "0"。此后，任何一个站点要转发该数据帧时，通时 FCS 校验一旦发现有错，都可以将 E 位置 "1"。这样，当数据帧返回时，发送站便可了解数据帧的传输情况。

（2）IEEE 802.5 的媒体访问控制功能。

令牌环局域协议标准包括四个部分：逻辑链路控制（LLC）、媒体访问控制（MAC）、物理层（PHY）和传输媒体，IEEE802.5 规定了后面三个部分的标准。令牌环的媒体访问控制功能如下：

1）帧发送。采用沿环传递令牌的方法来实现对媒体的访问控制，取得令牌的站点具有发送一个数据帧或一系列数据帧的机会。

2）令牌发送。发送站完成数据帧发送后，等待数据帧的返回。在等待期间，继续发送填充字符。一旦源地址与本站相符的数据帧返回后，即发送令牌。令牌发送之后，该站仍保持在发送状态，直到该站点发送的所有数据帧从环路上撤消为止。

3）帧接收。若接收到的帧为信息帧，则将 FC、DA、Data 及字段复制到接收缓冲区中，并随后将其转至适当的子层。

4）优先权操作。访问控制字段中的优先权和预约位配合工作，使环路服务优先权与环上准备发送的 PDU 最高优先级匹配。

令牌环可采用双绞线、同轴电缆或光纤等作为传输介质，采用双绞线、同轴电缆时其数据传输速率为 4 或 16Mbit/s，若采用全双工方式，其传输速率可达 32Mbit/s。对于采用光纤的高速令牌环而言，其传输速率则可达 100Mbit/s。

5. 光纤分布数据接口 FDDI

光纤由于其众多的优越性，在数据通信中得到了日益广泛的应用。用光纤作为媒体的局域网技术主要是光纤分布数据接口 FDDI（Fiber Distributed Data Interface）。FDDI 以光纤作为传输媒体，它的逻辑拓扑结构是一个环，更确切地说是逻辑计数循环环（Logical Counter Rotating Ring），它的物理拓扑结构可以是环形带树形或带星形的环。FDDI 的数据传输速率可达 100Mbit/s，覆盖的范围可达几公里。FDDI 可在主机与外设之间、主机与主机之间、主干网与 IEEE802 低速网之间提供高带宽和通用目的的互联。FDDI 采用了 IEEE802 的体系结构，其数据链层中的 MAC 子层可以在 IEEE802 标准定义的 LLC 下操作。近几年随着铜质线缆技术的发展，已经出现了一种可以通过铜质线缆提供 100Mbit/s 服务的技术标准，即 CDDI（Copper Distributed Data Interface，铜质分布式数据接口）。CDDI 是 FDDI 协议在铜质双绞线介质上的优化和实现。

（1）FDDI 工作原理。

FDDI 使用光纤作为最主要的传输介质，不过也可以在铜质线缆上实现。与铜质介质相比，光纤具有一些明显的优势。因为光纤不会向外界辐射电子信号，所以使用光纤介质的网络无论是在安全性、可靠性还是网络性能方面都有了很大的提高。除上述特性之外，光纤还可以不受无线电和电磁辐射的干扰，数据传递质量更高。

FDDI 定义了两种不同类型的光纤，分别是单模光纤和多模光纤。所谓模就是指以一定的角度进入光纤的一束光线。多模光纤允许多束光线穿过光纤。因为不同光线进入光纤的角度不同，所以到达光纤末端的时间也不同。这就是我们通常所说的模色散。色散从一定程度上限制了多模光纤所能实现的带宽和传输距离。正是基于这种原因，多模光纤一般被用于同一办公楼或距离相对较近的区域内的网络连接。

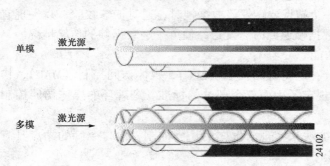

图 2-22 单模光纤和多模光纤的简单示意图

单模光纤只允许一束光线穿过光纤。因为只有一种模态，所以不会发生色散。使用单模光纤传递数据的质量更高，传输距离更长。单模光纤通常被用来连接办公楼之间或地理分散更广的网络。多模光纤支持的最大连接距离为 2km，而单模光纤的连接距离可以更长。

图 2-22 是单模光纤和多模光纤的简单示意图。多模光纤使用发光二极管（LED）作为发光设备，而单模光纤使用的则是激光二极管（LD）。

FDDI 采用的是一种双环路架构见图 2-23，由一条主环路和一条备用环路组成，两条环路中的数据流向正好相反。正常环境下，FDDI 只使用主环路（Primary）传递数据，备用环路（Secondary）处于空闲状态，只有在网络出现异常情况时才被起用。这种双环路结构非常有效的保证了网络的可靠性和健壮性。

由于 FDDI 采用双环路结构因而具有很强的容错功能。当双连接站或线路出现问题时，双环路可以自动绕接成单环路，从而由原先的双环路拓扑结构转变成单环路的拓扑结构。虽

电厂分散控制系统

然网络结构发生了变化，但是数据仍然可以沿着环路正常传递，绕接后的性能不会受到任何影响。

FDDI 数据传输速率达 100Mbit/s，采用 4B/5B 编码，要求信道媒体的信号传输率达到 125Mbaud。FDDI 网最大环路长度为 200km，最多可有 1000 个物理连接。若采用双环节结构时，站点间距离在 2km 以内，且每个站点与两个环路都有连接，则最多可连接 500 个站点，其中每个单环长度限制在 100km 内。

FDDI 网络是由许多通过光传送媒体连接成一个或多个逻辑环的站点组成的，

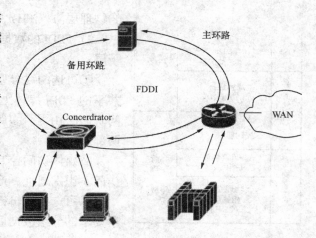

图 2-23　FDDI 双环路架构

因此与令牌环类似，也是把信息发送至环上，从一个站到下一个站依次传递，当信息经过指定的目的站时就被接收、复制，最后，发送信息的站点再将信息从环上撤消。因此 FDDI 标准和令牌环媒体访问控制标准 IEEE802.5 十分接近。

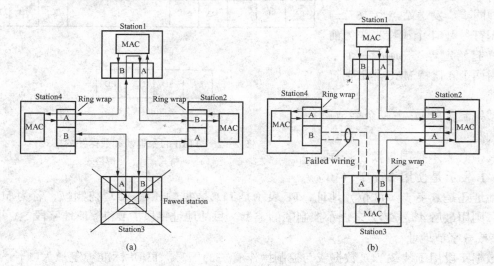

图 2-24　FDDI 容错功能

(a) 网络节点故障；(b) 线路故障

（2）FDDI 网络体系结构。

FDDI 是在 OSI 参考模型出现后发展起来的一种高速网络技术。它所遵循的标准完全处于 OSI 框架下，如图 2-25 所示。

FDDI 的站管理（SMT）标准定义如何对物理媒体相关层、物理层协议层和媒体访问控制部分进行控制和管理。

1）FDDI 的物理层。FDDI 的物理层被分为两个子层：①物理媒体依赖 PMD，它在 FDDI 网络的节点之间提供点—点的数字基带通信。早先的 PMD 标准规定了多模光纤的连接，现在已有关于单模光纤连接的 SMF—PMD，并正在开发与同步光纤网连接的 PMD 子层标准。

②物理层协议 PHY，它提供 PMD 与数据链路层之间的连接。

2）FDDI 的数据链路层。FDDI 的数据链路层被分为多个子层：

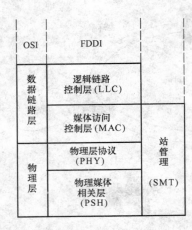

图 2-25 FDDI 网络层次模型

①可选的混合型环控制 HRC（Hybrid Ring Control），它在共享的 FDDI 媒体上提供分组数据和电路交换数据的多路访问。HRC 由混合多路器（H-MUX）和等时 MAC（I-MUX）两部分组成。

②媒体访问控制 MAC，它提供对于媒体的公平和确定性访问、识别地址、产生和验证帧校验序列。

③可选的逻辑链路控制 LLC，它提供 MAC 与网络层之间所要求的分组数据适应服务的公共协议。

④可选的电路交换多路器（CS-MUX）。

3）FDDI MAC 帧格式。FDDI 标准以 MAC 实体间交换的 MAC 符号来表示帧结构，每个 MAC 符号对应 4 个比特，这是因为在 FDDI 物理层中，数据是以 4 位为单位来传输的。FDDI 的令牌帧和数据帧的格式如图 2-26 所示。

前导码 P 用以在收发双方实现时钟同步。发送站点以 16 个 4 位空闲符号（64 个比特）作为前导码。起始定界符 SD 占一个字节，由两个 4 比特 MAC 非数据符号组成。

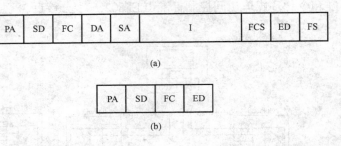

图 2-26 FDDI 的令牌帧和数据帧的格式
(a) 帧格式；(b) 令牌格式

帧控制字段 FC 占一个字节，其格式为：

其中 C 表示是同步帧还是异步帧，L 表示是使用 2 字节（16 位）地址还是 6 字节（48 位）地址，FF 表示是 LLC 数据帧还是 MAC 控制帧，若为 MAC 控制帧，则用最后 4 位 ZZZZ 来表示控制帧的类型。目的地址字段 DA 和源地址字段 SA 可以是 2 字节或 6 字节地址。

数据字段用于装载 LLC 数据或与控制操作有关的停息。FDDI 标准规定最大帧长为 4500 字节。帧检验序列 FCS 为 4 个字节（32 比特）长。

结束定界符 ED，对令牌来说占 2 个 MAC 控制符号（共 8 比特）；其他帧则只占一个 MAC 控制符号（即 4 比特），用于与非偶数个 4 比特 MAC 控制符号的帧状态字段 FS 配合，以确保帧的长度 8 比特的整倍数。

帧状态字段 FS 用于返回地址识别、数据差错及数据复制等状态，每种状态用一个 4 比特 MAC 控制符号来表示。

由上可见，FDDI MAC 帧与 802.5 的 MAC 帧十分相似，不同之处是 FDDI 帧所含有前导码，这对高数据速率下的时钟同步十分重要；允许有网内使用 16 位和 48 位地址，比 802.5 更灵活；令牌帧也不同，没有优先位和预约位，而用别的方法分配信道使用权。

虽然 FDDI 和 802.5 都采用令牌传递的协议，但两者还是存在着一个重要差别，即 FDDI

协议规定发送站发送完帧后，可立即发送新的令牌帧，而 802.5 规定当发送出去的帧的前沿回送至发送站时，才发送新的令牌帧。因此，FDDI 协议具有较高利用率的特点，特别在大的环网中显得更为明显。

按照 FDDI 网络体系结构层次构成的连接模型，如图 2 - 27 所示。由图可以更清楚地看到，每个子层所处的地位和应承担的功能。

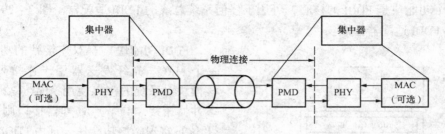

图 2 - 27　FDDI 连接模型

（3）FDDI 网络设备。

1）单连接站和双连接站。单连接站（SAS）是连接到环上的最简形式，但只能连接到主环上，要连到双环则必须经过集中器。

SAS 的结构如图 2 - 28（a）所示，由 MAC、PHY 和 PMD 实体组成。MAC（媒体访问控制）主要功能是构造帧，用于携带用户数据或管理信息；PHY 的主要功能是执行与媒体无关的数据编码/译码和同步等功能；PMD 的主要功能前面已介绍，是与媒体相关的功能。从图 2 - 28（a）可以看到，与光纤相连的只有两条，一条用于发送，另一条用于接收。这表明 SAS 只能连接到主环上。显而易见，连接到主环的无论是光纤还是站如果失效，都无法切换到备用环。解决这一问题的方法是将 SAS 连接到集中器上，由集中器来实现这种功能。

DAS 与 SAS 相反，它可连接到主环和备用环上，因为 DAS 内包括 2 个 PHY、2 个 PMD、2 个 MAC 和一个可选择的光旁路中继器，如图 2 - 28（b）所示。DAS 可以在设备失效时，从主环切换到备用环。

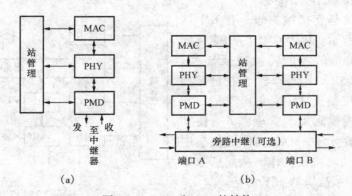

图 2 - 28　SAS 和 DAS 的结构

SAS 和 DAS 都含有一个处于重要位置的站管理实体。这一实体的作用，顾名思义是对 FDDI 网络、诊断故障站之类的连接管理功能，以及环管理和监视，都是该实体的功能。

2）FDDI 适配器。FDDI 适配器根据所用的计算机总线不同而有差异，但这些差异只反映在与主机的接口上，其他部分基本上相同。FDDI 适配器通常由下述功能块组成：

①FDDI 功能块。

②帧缓冲寄存器。

③节点核心块。

④系统总线接口单元块。

前三个功能块是 FDDI 的核心，可用于任何系统总线的 FDDI 适配器。图 2－29 示出的是 VME 总线 FDDI 适配器框图。

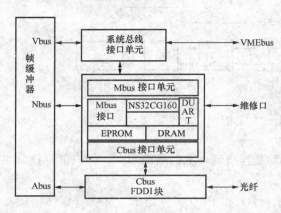

图 2－29　FDDI 适配器框图

FDDI 功能块具有双连接站的功能，带有一个 MAC。光纤发送器用于连接外部光纤。该模块对系统的接口使用 Abus（32 位）与帧缓冲器相接。与节点处理器接口则通过 Cbus（8 位）实现。该功能块全部由 FDDI 基本媒体访问控制器、节点处理器和 VMEbus。3 端口帧缓冲器具有双端口的 VRAM（映像 RAM）。该功能块还含有其他多种接口。

节点核心包括节点处理器、EPROM、本地存储器、DUART、本地总线和系统总线接口，这是 FDDI 适配器的控制中心。

系统总线接口单元经过各自的 Mbus 接口单元、Vbus 接口单元和 VMEbus 接口单元将这三个总线集成在一起。

3）FDDI 集中器。

FDDI 集中器在 FDDI 网络中起着重要作用。其一是提供了布线的灵活性；其二是增加了网络的可靠性和连通性。像单连接站一样，集中器也有单连接和双连接之分。同样地，也将前者称为 SAC，后者称为 DAC。FDDI 集中器的作用是连接多个 SAC，DAS 或其他集中器到 FDDI 双环上。通过级连集中器，可构成双环树结构。当以单独一台形式使用时，可形成类似 Ethernet Hub 式的工作组结构。

集中器的结构与连接站类似，有多个端口，如图 2－30 所示。PMD 实体的功能是实现从电气信号到光信号的转换或反转换。PHY 实体实现 4B/5B 编码/译码、监视链路差错等。媒体访问控制（MAC）是可选的，它在集中器中主要提供附加的管理服务，使其本身作为可管理的元素。MAC 实体能使集中器参与基于 SMT 帧的协议操作，从而可方便地隔离故障，易于从故障状态下恢复。

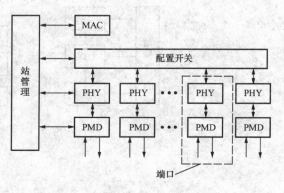

图 2－30　FDDI 集中器

图 2－28 中示出的配置开关在集中器的站插入和站旁路两项功能中起着重要的作用。配置开关的功能是通过对 FDDI 连接管理协议的控制，或从网管站发布命令来实现对端口入环和出环操作。站旁路的功能是在所连接的站失效情况下，使集中器能将故障站在逻辑上与

环断开。

四、TCP/TP 协议簇

网络互联是目前网络技术研究的热点之一，并且已经取得了很大的进展。在诸多网络互联协议中，传输控制协议/互联网协议 TCP/IP（Transmission Control Protocol/Internet Protocol）是一个使用非常普遍的网络互联标准协议。目前，众多的网络产品厂家都支持 TCP/IP 协议，TCP/IP 已成为一个事实上的工业标准。

1. TCP/IP 的体系结构和功能

TCP/IP 是一组协议的代名词，它还包括许多别的协议，组成了 TCP/IP 协议簇。一般来说，TCP 提供运输层服务，而 IP 提供网络层服务。TCP/IP 的体系结构与 ISO 的 OSI 七层参考模型的对应关系如图 2 - 31 所示。

在 TCP/IP 层次模型中，第二层为 TCP/IP 的实现基础，其中可包含 MILNET、IEEE802.3 的 CSMA/CD、IEEE802.5 的 TokenRing 等协议标准。

在第三层网络中，IP 为网际协议（Internet Protocol）、ICMP 为网际控制报文协议（Internet Control Message Protocol）、ARP 为地址转换协议（Address Resolution Protocol）、RARP 为反向地址转换协议（Reverse ARP）。

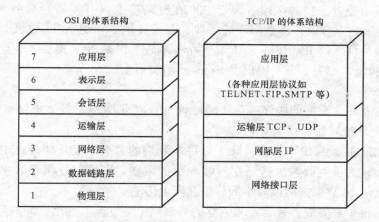

图 2 - 31　TCP/IP 的体系结构与 ISO 的 OSI 七层参考模型的对应关系

第四层为运输层，TCP 为传输控制协议，UDP 为用户数据报协议（User Datagram Protocol）。

第五～七层中，SMTP 为简单邮件传送协议（Simple Mail Transfer Protocol）、DNS 为域名服务（Domain Name Service）、FTP 为文件传输协议（File Transfer Protocol）、TELNET 为远程终端访问协议。TCP/IP 协议本身的分层模型如图 3 - 31 所示。以下各节侧重从体系结构的角度分层介绍 TCP/IP 的协议组。

2. TCP/IP 的数据链路层

数据链路层不是 TCP/IP 协议的一部分，但它是 TCP/IP 赖以存在的各种通信网和 TCP/IP 之间的接口，这些通信网包括多种广域网如 ARPANFT、MILNET 和 X.25 公用数据网，以及各种局域网，如 Ethernet、IEEE 的各种标准局域网等。IP 层提供了专门的功能，解决与各种网络物理地址的转换。

一般情况下，各物理网络可以使用自己的数据链路层协议和物理层协议，不需要在数据链路层上设置专门的 TCP/IP 协议。但是，当使用串行线路连接主机与网络，或连接网络与网络时，例如用户使用电话线和 MODEM 接入或两个相距较远的网络通过数据专线互联时，则需要在数据链路层运行专门的 SLIP（Serial Line IP）协议的 PPP（Point to Point Protocal）协议。

（1）SLIP 协议。SLIP 提供在串行通信线路上封装 IP 分组的简单方法，用以使用远程用户通过电话线和 MODEM 能方便地接入 TCP/IP 网络。

SLIP 是一种简单的组帧方式，使用时还存在一些问题。首先，SLIP 不支持在连接过程中的动态 IP 地址分配，通信双方必须事先告知对方 IP 地址，这给没有固定 IP 地址的个人用户上 Internet 网带来了很大的不便；其次，SLIP 帧中无协议类型字段，因此它只能支持 IP 协议；再有，SLIP 帧中列校验字段，因此链路层上无法检测出传输差错，必须由上层实体或具有纠错能力的 MODEM 来解决传输差错问题。

（2）PPP 协议。为了解决 SLIP 存在的问题，在串行通信应用中又开发了 PPP 协议。PPP 协议是一种有效的点一点通信协议，它由串行通信线路上的组帧方式，用于建立、配制、测试和拆除数据链路的链路控制协议 LCP 及一组用以支持不同网络层协议的网络控制协议 NCPs 三部分组成。

由于 PPP 帧中设置了校验字段，因而 PPP 在链路层上具有差错检验的功能。PPP 中的 LCP 协议提供了通信双方进行参数协商的手段，并且提供了一组 NCPs 协议，使得 PPP 可以支持多种网络层协议，如 IP、IPX、OSI 等。另外，支持 IP 的 NCP 提供了在建立连接时动态分配 IP 地址的功能，解决了个人用户上 Internet 网的问题。

3.TCP/IP 网络层

网络层中含有四个重要的协议：互联网协议 IP、互联网控制报文协议 ICMP、地址转换协议 ARP 和反向地址转换协议 RARP。

网络层的功能主要由 IP 来提供。除了提供端到端的分组分发功能外，IP 还提供了很多扩充功能。例如，为了克服数据链路层对帧大小的限制，网络层提供了数据分块和重组功能，这使得很大的 IP 数据报能以较小的分组在网上传输。

网络层的另一个重要服务是在互相独立的局域网上建立互联网络，即网际网。网间的报文来往根据它的目的 IP 地址通过路由器传到另一网络。

（1）互联网协议 IP（Internet Protocol）。

网络层最重要的协议是 IP，它将多个网络联成一个互联网，可以把高层的数据以多个数据报的形式通过互联网分发出去。

IP 的基本任务是通过互联网传送数据包，各个 IP 数据包之间是相互独立的。主机上的 IP 层向运输层提供服务。IP 从源运输实体取得数据，通过它的数据链路层服务传给目的主机的 IP 层。IP 不保证服务的可靠性，在主机资源不足的情况下，它可能丢弃某些数据包，同时 IP 也不检查被数据链路层丢弃的报文。

在传送时，高层协议将数据传给 IP，IP 再将数据封装为互联网数据包，并交给数据链路层协议通过局域网传送。若目的主机直接连在本网中，IP 可直接通过网络将数据包传给目的主机；若目的主机在远在网络中，则 IP 路由器传送数据包，而路由器则依次通过下一网络将数据包传送到目的主机或再下一个路由器。也即一个 IP 数据包是通过互联网络，从一个 IP 模块传到另一个 IP 模块，直到终点为止。

需要连接独立管理的网络的路由器，可以选择它所需的任何协议，这样的协议称为内部网间连接器协议 IGP（Interior Gateway Protocol）。在 IP 环境中，一个独立管理的系统称为自治系统。

跨越不同的管理域的路由器（如从专用网到 PDN）所使用的协议，称为外部网间连接器协议 EGP（Exterior Gateway Protocol），EGP 是一组简单的定义完备的正式协议。

（2）连网控制报文协议 ICMP。

从 IP 互联网协议的功能，可以知道 IP 提供的是一种不可靠的无法接报文分组传送服务。若路由器或网络故障使网络阻塞，就需要通知发送主机采取相应措施。

为了使互联网能报告差错，或提供有关意外情况的信息，在 IP 层加入了一类特殊用途的报文机制，即互联网控制报文协议 ICMP。

分组接收方利用 ICMP 来通知 IP 模块发送方某些方面所需的修改。ICMP 通常是由发现别的站发来的报文有问题的站产生的，例如可由目的主机或中继路由器来发现问题并产生有关的 ICMP。如果一个分组不能传送，ICMP 便可以被用来警告分组源，说明有网络、主机或端口不可达。ICMP 也可以用来报告网络阻塞。ICMP 是 IP 正式协议的一部分，ICMP 数据包通过 IP 送出，因此它在功能上属于网络第三层，但实际上它是同第四层协议一起被编码的。

（3）地址转换协议 ARP。

在 TCP/IP 网络环境下，每个主机都分配了一个 32 位的 IP 地址，这种互联网地址是在国际范围标识主机的一种逻辑地址。为了让报文在物理网上传送，必须知道彼此的物理地址。这样就存在把互联网地址变换为物理地址的地址转换问题。以以太网（Ethernet）环境为例，为了正确地向目的站传送报文，必须把目的站的 32 位 IP 地址转换成 48 位以太网目的地址 DA。这就需要在网络层有一组服务将 IP 地址转换为相应物理网络地址，这组协议即是 ARP。

在进行报文发送时，如果源网络层给的报文只有 IP 地址，而没有对应的以太网地址，则网络层广播 ARP 请求以获取目的站信息，而目的站必须回答该 ARP 请求。这样源站点可以收到以太网 48 位地址，并将地址放入相应的高速缓存（cache）。下一次源站点对同一目的站点的地址转换可直接引用高速缓存中的地址内容。地址转换协议 ARP 使主机可以找出同一物理网络中任一个物理主机的物理地址，只需给出目的主机的 IP 地址即可。这样，网络的物理编址可以对网络层服务透明。

在互联网环境下，为了将报文送到另一个网络的主机，数据包先定向发送方所在网络 IP 路由器。因此，发送主机首先必须确定路由器的物理地址，然后依次将数据发往接收端。除基本 ARP 机制外，有时还需在路由器上设置代理 ARP，其目的是由 IP 路由器代替目的站对发送方 ARP 请求做出响应。

（4）反向地址转换协议 RARP。

反向地址转换协议用于一种特殊情况，在站点初始化以后，只有自己的物理地址而没有 IP 地址，则它可以通过 RARP 协议，发出广播请求，征求自己的 IP 地址，而 RARP 服务器则负责回答。这样，无 IP 地址的站点可以通过 RARP 协议取得自己的 IP 地址，这个地址在下一次系统重新开始以前都有效，不需要连续广播请求。RARP 广泛用于获取无盘工作站的 IP 地址。

4. TCP/IP 的运输层

TCP/IP 在这一层提供了两个主要的协议：传输控制协议（TCP）和用户数据协议（UDP），另外，还有一些别的协议，例如用于传送数字化语音的 NVP 协议。

（1）传输控制协议 TCP。

TCP 提供的是一种可靠的数据流服务。当传送受差错干扰的数据，或基础网络故障，或网络负荷太重而使网际基本传输系统（无连接报文递交系统）不能正常工作时，就需要通过其他协议来保证通信的可靠。TCP 就是这样的协议，它对应于 OSI 模型的运输层，在 IP 协议的基础上，提供端到端的面向连接的可靠传输。

TCP 采用"带重传的肯定确认"技术来实现传输的可靠性。简单的"带重传的肯定确认"是指与发送方通信的接收者，每接收一次数据，就送回一个确认报文，发送者对每个发出去的报文都留一份记录，等到收到确认之后再发出下一报文分组。发送者发出一个报文分组时，启动一个计时器，若计时器计数完毕，确认还未到达，则发送者重新送该报文分组。

简单的确认重传严重浪费带宽，TCP 还采用一种称为"滑动窗口"的流量控制机制来提高网络的吞吐量，窗口的范围决定了发送方发送的但未被接收方确认的数据报的数量。当接收方正确收到一则报文时，窗口便向前滑动，这种机制使网络中未被确认的数据报数量增加，提高了网络的吞吐量。

TCP 通信建立在面向连接的基础上，实现了一种"虚电路"的概念。双方通信之前，先建立一条连接，然后双方就可以在其上发送数据流。这种数据交换方式能提高效率，但事先建立连接和事后拆除连接需要开销。TCP 连接的建立采用三次握手的过程，整个过程由发送方请求连接、接收方再发送一则关于确认的确认三个过程组成。

（2）用户数据报协议 UDP。

用户数据报协议是对 IP 协议组的扩充，它增加了一种机制，发送方使用这种机制可以区分一台计算机上的多个接收者。每个 UDP 报文除了包含某用户进程发送数据外，还有报文目的端口的编号和报文源端口的编号，从而使 UDP 的这种扩充，使得在两个用户进程之间的递送数据报成为可能。

UDP 是依靠 IP 协议来传送报文的，因而它的服务和 IP 一样是不可靠的。这种服务不用确认、不对报文排序，也不进行流量控制，UDP 报文可能会出现丢失、重复、失序等现象。

5.TCP/IP 的会话层至应用层

TCP/IP 的上三层与 OSI 参考模型有较大区别，也没有非常明确的层次划分。其中 FTP、TELNET、SMTP、DNS 是几个在各种不同机型上广泛实现的协议，TCP/IP 中还定义了许多别的高层协议。

（1）文件传输协议 FTP 。文件传输协议是网际提供的用于访问远程机器的一个协议，它使用户可以在本地机与远程机之间进行有关文件的操作。FTP 工作时建立两条 TCP 连接，一条用于传送文件，另一条用于传送控制。

FTP 采用客户/服务器模式，它包含客户 FTP 和服务器 FTP。客户 FTP 启动传送过程，而服务器对其做出应答。客户 FTP 大多有一个交互式界面，使用权客户可以灵活地向远地传文件或从远地取文件。

（2）远程终端访问 TELNET。TELNET 的连接是一个 TCP 连接，用于传送具有 TELNET 控制信息的数据。它提供了与终端设备或终端进程交互的标准方法，支持终端到终端的连接及进程到进程分布式计算的通信。

（3）域名服务 DNS。DNS 是一个域名服务的协议，提供域名到 IP 地址的转换，允许对域名资源进行分散管理。DNS 最初设计的目的是使邮件发送方知道邮件接收主机及邮件发送主机的 IP 地址，后来发展成为可服务于其他许多目标的协议。

（4）简单邮件传送协议 SMTP。互联网标准中的电子邮件是一个单间的基于文件的协议，用于可靠、有效的数据传输。SMTP 作为应用层的服务，并不关心它下面采用的是何种传输服务，它可能过网络在 TCP 连接上传送邮件，或者简单地在同一机器的进程之间通过进程通信的通道来传送邮件。这样，邮件传输就独立于传输子系统，可在 TCP/IP 环境、OSI 运输层或 X.25 协议环境中传输邮件。

邮件发送之前必须协商好发送者、接收者。SMTP 服务进程同意为某个接收方发送邮件时，它将邮件直接交给接收方用户或将邮件逐个经过网络连接器，直到邮件交给接收方用户。在邮件传输过程中，所经过的路由被记录下来。这样，当邮件不能正常传输时可按原路由找到发送者。

在当前的 UNIX 版本中，已将 TCP/IP 协议融入其中，使之成为 UNIX 操作系统的一个部分。DOS 上也推出了相应的 TCP/IP 软件产品。SUN 公司则将 TCP/IP 广泛推向商务系统，它把所在的工作站系统中都预先安装了 TCP/IP 网络软件及网络硬件，使网络和计算机成为一体，同时也使 TCP/IP 网络软件及其客户/服务器的工作方式为广大用户所接受。

五、工业以太网

所谓工业以太网，就是在以太网技术和 TCP/IP 技术的基础上开发出来的一种工业网络。以前，以太网一般是在商业应用中作为办公网络用的，目前，以太网在工业应用中的使用已经成为热点。

当前可供选择的现场总线有很多种，纳入 IEC 标准的就有 12 种（IEC611581 中 8 种，IEC62026 中有 4 种）之多，为什么人们还要试图在工业应用中使用以太网呢？这是因为，目前以太网是应用最为广泛的一种局域网，以太网商业上的巨大成功、很高的知名度以及技术上的快速进步，使得在工业应用中使用以太网会带来多方面的好处。

首先，使用以太网要比其他现场总线容易。这体现在几个方面：一般情况下，用户或多或少会有一些以太网的知识和使用经验，这可以降低用户培训所需要的时间和金钱投入；以太网技术的广泛使用使得人类积累了很多相关知识，碰到问题比较容易解决；以太网产品种类丰富，有很多的软硬件产品，使得以太网技术容易使用；以太网有很多种，支持多种传输介质、多种通信波特率，可满足各种应用的需求。

其次，由于以太网市场空间大，以太网产品通常可以把批量做得比较大，并且以太网市场产品供应商很多，竞争激烈，所以以太网产品的价格比较低廉，使用以太网会降低成本。不过，需要说明的是，工业以太网的成本优势目前还不明显，尤其是在对通信的确定性和工作环境要求比较高的应用中，为了满足要求，有关产品需要特殊设计，从而显著提高了成本。所以，虽然商用以太网产品价格很低，工业以太网产品价格却仍然较高。当然，如果工业以太网能够广泛使用，产品批量上去之后，成本和价格也会降下来。

再次，以太网技术发展迅速，其技术之先进、功能之强大是其他现场总线所无法比拟的，如就波特率而言，目前主流的以太网已经达到百兆（10^8）位，10Gbit/s 以太网的标准也已经在 2002 年发布，而其他现场总线的波特率一般都在 10Mbit/s 以下。

另外，由于很多企业局域网用的是以太网，在工业应用中也使用以太网，可以使得信息集成更加方便。而通过把工业网络与企业内部网甚至因特网相集成，以太网使得电子商务、电子制造等的实现更加方便。

还有，在工业应用中使用以太网，符合自动化系统的网络结构扁平化的必然趋势。由于一个应用的各个部分对通信的要求是不一样的，可以把自动化系统分成若干层，根据各个部分对通信的要求来选择合适的网络。在早期通信成本非常高昂的情况下，这一点显得尤其重要。不过，分的层次越多，系统就越复杂，维护就越困难。所以，随着通信成本的下降，人们越来越倾向于采用采用更少的层次。现在的网络解决方案多是三层的，从上而下分别为信息层、控制层和设备层。最上面的信息层网络通常采用商用以太网，控制层和设备层采用其他网络。然而，在一般的应用中，通过使用工业以太网，完全可以实现信息层网络和控制层网络所需要的功能，所以以太网实际上两层就够了。许多人相信，将来网络结构会进一步扁平化，最终可能会变为一层，出现以太网"一网打尽"的局面。

但是，在工业应用中广泛采用以太网面临着两大问题。首先，以太网最初是为办公应用开发的，是一种非确定性网络，并且工作的环境条件往往很好。而工业应用中的部分数据传输对确定性有很高的要求，如果要求一个数据包在 2ms 内由源节点送到目的节点，就必须在 2ms 内送到，否则就可能发生事故；并且通常工业应用的环境比较恶劣，比如强振动、高温或低温、高湿度、强电磁干扰等。其次，如前所述，以太网是 MAC 协议使用 CSMA/CD 的网络的统称，它本身并不提供标准的面向工业应用的应用层协议。

所以，为了满足工业应用的要求，必须在以太网技术和 TCP/IP 技术的基础上做进一步的工作。许多研究者致力于解决上述两大问题，并取得了丰硕的成果。概括地说，对于前一个问题，解决方法是做一些改进，使得以太网能够实现确定性通信，并且能在恶劣环境下工作；对于后一个问题，解决方法有三种：一种是把现有的工业应用层协议与以太网、TCP/IP 集成在一起；另一种是在以太网和现有的工业网络之间安装网关，进行协议转换；还有一种方法是重新开发应用层协议。

目前，有影响的工业以太网有基金会现场总线高速以太网（Foundation Fieldbus High - Speed Ethernet——FF HSE）、Ethernet/IP、PROFInet、Modbus/TCP、分布式自动化接口（Interface for Distributed Automation——IDA）、Interbus & Ethernet 等。FF—HSE 即原来的 FF H2，在前面对该现场总线已经有比较详细的介绍，在此不再重复。PROFInet 是由 Profibus 国际（Profibus International——PI）推出，得到了西门子公司的大力支持。PROFInet 由两部分组成：一部分是 Profibus 网络，用于传输对时间有苛求的数据；另一部分是以太网，用于传输对时间没有苛求的数据。两个网络之间通过网关连接。Modbus/TCP 是由 Modicon 公司推出的，其基本思想是把 Modbus 帧嵌入 TCP 帧中进行传输。IDA 的应用层协议是新开发的。Modbus/TCP 是 IDA 规范的一部分。IDA 的特点是安全性比较好，并且支持基于 Web 的设备管理。Interbus 和 Ethernet 是 Phoenix Contact 公司推出的，其基本思想是把 TCP/IP 帧拆分开，装入 Interbus 帧中进行传输。

多种工业以太网的存在又会带来一个新问题：各种工业以太网使用的工业协议互不兼容，虽然这些协议都可以在同一以太网上运行，但是为不同类型的工业以太网开发的设备之间仍然无法实现互操作。为了解决这个问题，过程控制用对象链接与嵌入（OLE for Process Control——OPC）基金会于 2003 年 6 月发布了数据交换标准 OPC DX（Data Exchange）。OPC 基金会是一个致力于提高自动化系统中的互操作性的非盈利组织，它所制定的 OPC 系列标准是在微软的组件对象模型（Component Object Model——COM）、分布式组件对象模型（Distribute Object Model——DCOM）及 OLE（即后来的 Active X）的基础上制定的、关于工业自动化软件开发的一系列标准。

目前，在工业应用中，以太网在各个层次都有了应用，并且呈迅猛的上升趋势。在一个应用中，到底选用哪一个网络需要综合考虑多种因素，在能够满足应用需求的前提下，尽可能降低成本。目前在工业应用中，信息层网络大量用的以太网，通常使用商用以太网。在控制层，工业以太网也已经有许多应用，并且增长很迅速。在设备层，工业以太网的应用还不多。虽然用以太网来连接变频器、机器人等复杂设备还是比较合适的，但是用以太网连接简单的传感器执行器还体现不出优势，至少在目前看来不是什么好主意。不过，随着因特网的迅猛发展、以太网技术的不断进步、工厂网络体系结构的进一步扁平化，在未来的工业应用中，出现以太网"一网打尽"的局面也是可能的。

六、Symphony 分散控制系统的通信系统

1. Symphony 分散控制系统的网络层次结构

Symphony 系统的通信网络采用多层、各自独立、不同通信方式与信息类型的结构。

（1）控制网络 Control Network（Cnet）。Symphony 分散控制系统的主要"数据高速公路"叫控制网络 Control Network（Cnet）。它承担着过程管理、操作等方面数据传递的任务。在控制网络内，各个节点之间没有主、从之分；信息的通信采用缓冲寄存器插入的方式；通信介质可以是双绞线电缆、同轴电缆或其他通信介质；网络的物理形式为封闭的环形结构。当用户根据需要选择复合控制网络结构时，它就具有中心环与子环的相应名分；当用户仅选择单环网络结构时，它就没有子环称谓。

中心环（Central Ring）最大的带载能力为 250 个节点，传输速率为 10M 波特，它可以支持以下类型的设备：

1）中心环连接子环的设备叫 Cnet 至 Cnet 接口（NIU）；

2）实现就地过程控制的设备叫现场控制单元（HCU）；

3）为操作人员提供的窗口设备叫人系统接口（HSI）；

4）工程师完成系统组态和维护的设备叫系统工程工具（Composer）。

子环（Ring/Plant Loop）借助 NIU 成为中心环上的一个系统节点，它最大的带载能力为 250 个节点，传输速率为 10M 波特。它支持以下类型的设备：

1）实现就地过程控制的设备叫现场控制单元（HCU）；

2）为操作人员提供的窗口设备叫人系统接口（HSI）；

3）工程师完成系统组态和维护的设备叫系统工程工具（Composer）。

控制网络内节点间的最大距离为 2,000～4,000m。子环也是 250 个节点之一。

在中心环与子环间均配置了系统标准设备，是网络至网络的接口。由于这一接口是该系统可配置的标准设备，并且承担着内部交换数据的工作，所以不会降低网络间相互传送数据的特性。当用户具有中心与子环复合网络结构时，Symphony 系统最大的带载容量为 $250 \times 250 = 62,500$ 个节点。因此，该系统具有非常灵活的系统可分性，非常适应大型企业集团、跨国集团生产设备过程控制与企业管理应用的需要。

（2）控制通道 Control way（C.W.）。控制通道处于 Symphony 系统现场控制单元内，主要负责处理器之间的数据交换。控制通道采用无主从之分、两端不封闭的总线结构。该网络的介质已被制作在模件安装单元背面的印刷电路板上。当插入相应模件后，它们会自动上网参与数据交换。请注意 Cnet 上的任何一个现场控制单元节点，仅具有一条属于它范围内的 C.W.而不与安装在同一个机柜内其他节点的 C.W 混淆。

一条控制通道最多可挂接 32 个智能处理器模件。在该通道的冗余介质中，有序地流动着相关控制回路，以及向其他节点通报的数据信息。而就地的，与其他节点不相干的数据处理不会占用该总线。

（3）I/O 扩展总线 Expander Bus（X.B）。I/O 扩展总线为多功能处理器控制 I/O 子模件提供了通道。这一总线利用并行方式完成通信。每个多功能处理器控制自己的 I/O 扩展总线。每一 I/O 扩展总线又可加挂 64 个 I/O 子模件。它的介质也被制作在模件安装单元背面的印刷电路板上。当插入相应模件后，它们也会自动上网参与数据交换。请注意该总线采用了多总线结构。

2. Symphony 系统使用的通信协议

（1）控制网络采用的通信协议。控制网络是系统最重要的结构之一。它承担着系统重要数据的传输和交换。为更有效地利用该网络和提高数据传送的安全及效率，在网络上规定了一系列数据传输格式及采取的各项保护措施。这就是我们常说的通信协议及所使用的专项通信技术。

控制网络使用的通信协议为多点、多目标的存储转发式。每一节点通过相应的环路介质与其他节点连接，最后形成一个闭合的环形网络。该协议使网络没有通信指挥器。对网络上的各节点来讲，它们的通信地位是平等的。每一节点都是独立的、带有缓冲寄存器的信息转发器。每一转发器随时独立地接收，发送或撤消数据。

为提高网络的通信效率，该协议从数据处理、存储器的利用等方面着手，使该网络不仅具有较高的安全性，而且保持了较高的通信效率。因为，该协议能够充分调动每一节点、每一节点的存储位，使它们同时同刻参与交换数据。

1）在环形网络上每个节点都是全双工的。因此，节点可以同时向下游节点发送或从上游节点接收相关的数据。其数据报告将环绕网络内所有节点依次传递。从信息源节点至目的节点，再由目的节点至源节点止。这样的传递过程，使系统中所有节点都在信包中留有记录，并把传递过程与诊断过程结合了起来，既提高了传输的可靠性，又使网络的高效率得以维持。

2）在这种数据传输格式下，从本质上保证了信包发送顺序与接收顺序的一致性。这就避免了节点占用很多时间来完成校核。而这种时序关系，对过程控制应用的数据传输是非常重要的，也才能够确保数据稳妥地进入它自己的位置和参与相应的数据排序。

3）由于该协议没有指挥器，所以也就没有诸如指挥器分配、令牌传递、时间间隙控制等非过程数据通信所占用的时间，并且同一时刻内所有节点均能发送、转发、接收、撤消信息报告，使网络的利用率得到了充分的保证。

4）该网络数据的传输使用了点对点方式，并且经过每一寄存器的重新转发，这就具备了提高网络抗干扰能力的基本条件，维持了较高的信号电平。同时，当第一次发现信包出错时，信包即会被移走，而不再占用网络资源，只传递相应的节点状态信息。

5）通过对每一信息群的压缩，使一个信包中可包含多个过程变量、多个源节点、多个目的节点的信息。也就是说，若 A 节点的 5 个过程变量要分别发送到 X、Y、Z 节点，而 B

节点的 10 个信息要分别发送到 L、M、N、X、Y 等节点，这些信息都可以汇在一个信包内统一发送。这就是所谓信息打包技术的基本概念。

6）在该网络中，每个节点间的网段都在各自进行着通信。网络节点的全双工特性，使多个信包在各自的网络段上同时传递，形成了接力棒式的传输方式。总之，在系统中有多少个节点就会有多少个信包在参与通信，即所谓的信息平行传输。

（2）控制通道采用的通信协议。控制通道使用的通信协议是 IEEE802.3 的以太网协议。在以太网中使用的介质、控制站、发射器等部件和相关规则和算法都比较简单，所以容易掌握和扩展。

（3）I/O 扩展总线的通信协议。

3.Symphony 系统使用的通信技术

（1）例外报告技术。为了进一步提高网络通信的有效性，控制网络使用了例外报告通信技术。例外报告技术是指，当过程变量的变化率（幅值、时间）超过了预先规定的范围时，该变量的信息才通过网络传递至相关节点；否则，有关节点则认为该信息没有变化，仍使用该点前一次的值。例外报告的产生，需经过一系列参数的判断，只有被判定为发生了显著变化的，才有例外报告的产生及传送。判定发生例外的参数如下：

1）最小例外报告时间（t_{min}），用来划定不产生例外报告的时间间隔，以消除网络中不合理的干扰信号。

2）最大例外报告时间（t_{max}），用来确定周期发送例外报告的时间。当过程变量长时间没有变化时，在该时刻数据点将发送一个例外报告，同时也表达了该点还处在正常运行状态。

3）有效变化量，用来衡量变量是否发生了显著变化。当数据的幅度变化超过规定值，并且在 t_{min} 时间范围外时，将产生和发送例外报告，反之，将不产生和发送例外报告。

以上要素在系统中均有默认值，设计人员可以在组态过程中，对相关参数进行修改。

例外报告技术还可以理解成是一种对信号的专有处理技术。所有的信号处理都是在过程控制单元内完成的。每一个输入信号都会被转换成工程单位。每个控制模件根据相应的报警极限对其进行检验。完全分散的数据库强化了数据处理过程。每一个过程输入信号都可以具有一系列相关的例外报告极限。无论何时，当输入信号变化超过指定的范围后，模件将自动向系统提供必要的报告。同时，也可以规定最大的报告时间，以保证当信号不发生变化时，也可以定期发送例外报告。同样也应规定最小报告时间，以保证一个非过程瞬变的信号，不形成例外报告，充斥到系统网络中去。这就减少了重复发送那些没有发生变化的数据，而提高了对变化数据处理的响应时间。例外报告技术的实质是将信息的有效性与时间性相结合，进而得到已发生显著变化数据的专门报告。它的目的就在于提高网络数据传输的效率。

在通信系统中使用了例外报告技术，就如同在数据形成报告的过程中，设置了一个活动的监视器，随时对信号的变化进行监视，仿佛是采用了一种变周期的扫描方式来进行信号采样。例外报告技术使用的结果为：对变化快的信号，监视器监视得就频繁，对其扫描的频率就高，产生的例外报告就多。对变化缓慢的信号，监视器扫描的频度低，产生的例外报告就少，从而做到了对信息量的有效控制。

（2）信息打包技术。为提高信息的有效性而采用了信息打包技术。由于控制网络中，所有节点均具有缓冲器，所以对内存容量的利用是否合理、有效将直接影响通信的效率。为了提高内存的利用率，该系统采用了信息打包技术，以求得合理利用数据存储器的结果。信息打包又可理解为信息压缩，就是把送往去相关地址的信息压缩在一起，使用一个标题帧，一起发送出去。信息将由负责总线管理的通信模件"打包"，也就是说，具有相关目的地址的信包被组合在一起，并被一起发送，而不是作为单独的信包分别发送。这样就使有用数据的吞吐率达到最大。当信息被打成信息包后，送到负责环路通信的模件内，再把这些信息包送到环路上。由环路快速、安全地传送这些信息包。在传送的同时，信息包的相关内容被拷贝在目的过程控制单元的一个缓冲区中，并通知该节点信息包已到达你处。另外，信息包将继续沿控制网络传输，直到回到原发送它的节点止。再由发送它的网络接口模件将该信息包从环路上移掉。这就是一个完整的操作过程，它可以保证，信息包在到达任一目的节点的顺序与被发送的顺序是一致的。这也是保证能够实现分布控制的关键条件之一。

（3）通信数据的安全。一个信息包在转发过程中有可能遇到几种不利于传输的意外。它有可能被一个噪声脉冲毁掉，也有可能出错，目的节点可能忙不能处理信息包等。而网络接口模件对已检测出的错误，其补救方法就是做该信息包的重发处理。如果在所有的重发之后，信息包传输仍然没有成功，目的节点就被标识为离线。并同时通知所有节点，推延与该节点的进一步通信，直到它能够重新正常响应止。然后，网络接口模件会周期地查询离线的节点。当它对一次询问作出答复后，就把它重新标识为在线。在信息包数据帧内设置了一个随信息包一起发送出去的确认区，并且确认区处在信息包数据段的最后一个字节，这就保证了应答是在整个信息包收到后才作出的。通常这一区内放的是一个未经确认的标识符。在传输中，信息包离开目的节点后，应携带已确认或未确认信号。如果一个信息包返回时，带回的是一个无反应的未确认信号，模件会像上面所描述的那样进入重发逻辑。如果一个信息包返回时，带回的是一个忙确认信号，发送装置可以知道目的节点虽在运行中，但因为缓冲器忙而不能处理数据。发送的接口对此的反应是修改重发计数，允许对一个正在忙的节点进行127 次重发。如果它们都因为同一原因失败，就把目的节点标识为离线。由于接收信息包的服务时间，比信息包在环路上运行一周的时间短，立刻重发是对付忙节点的有效措施。如果一个信息包返回时，带回的不是这三种有效信号中的一个，就表明在环路上某处出了错。此时，它将借助重发逻辑，试图尽早获得网络已恢复正常通信的信息。

（4）通信错误检查。数据传输安全对一个成功的通信系统是至关重要的。Symphony 系统的控制网络将精心设计的错误检测与重发逻辑结合在一起，构成了高度安全的分布通信系统。由于在环路上，每个信息包都分为两个不同的部分或"帧"组成，所以，每一帧都附有两个字节宽的循环冗余校验码（CRC 码）。这些校验码由硬件产生，CRC 码是用多项式计算后余项的补码的方式来进行检验的。这个方式可获得比简单奇偶校验至少好 1 万倍；比无保护好 1000 万倍的检错能力。环路上，每一个环路接口都对信息包的 CRC 码区进行检查。如果有 10 个节点，每个信息包就被检查 10 次。只要发现 CRC 出错后，该信息包就会被从环路上被移掉。同时，一个新信息包将从原节点发出。

其实，CRC 码校验只是检测错误的一个部分，在每一个信息包中还有其他五种安全码用于传送安全。每种安全码以其不同的方式，对信息包的传输重复有效地进行着错检测。它们分别是：

1）第一种安全码用于保持和检查传输同步；

2）第二种安全码用于核对发送和接收信息包的一致性；

3）第三种安全码用于对该信息包访问过节点的计数，移掉那些可能会在环路上永远存在下去的信息包；

4）第四种安全码用于检查信息包的大小；

5）第五种安全码用于对信息包数据的异或检测和。

4．信息包的一般格式

由于在控制网络层传播的信息有不同的类型，如广播报告、多目的节点报告、查询状态等，所以它采用了不同的格式传输这些信息，以提高通信的效率。下面简单介绍在控制网络上，传送的以例外报告为基础信息包。信息包包括标题帧和信息帧，其中间隔500ns的时间间隔。

（1）标题帧。

信息包的标题帧一般包括源节点发出的时间标记，源节点的顺序号，源节点号、信息包长度、循环计数、信息等级，目的号，校验和等。

标题帧内容的注释为：

1）目的PCU。标明该信息包要到达的地址。

2）源PCU。标明发出该信息包的地址。

3）标题数据（结构同步）。保证网络中标题/数据帧的同步传输。

4）顺序号。实际上是个计时器，它表达了同一序列中的传输和接收顺序。

5）长度。该信息包的总长度（由于信息包的长度取决于本周期内，通信处理器采集到的各种例外报告，而造成了信息包长度可变的状态，所以在信息包中需明确的标明长度，以防止传输中增加或减少数据位而影响数据的安全）。

6）循环计数。标明该信息包已发送的次数。在该信息包传输中，如遇到目的节点拒收，及目的节点故障离线等状态时，就会启动通信系统的重发逻辑，使该信息包在网络中多次重复发送，直到被正常接受或仍被拒收。信息包被正常接受，该信息包则回到源节点被冲掉；如果信息包仍被拒收，则发出报警标明目的节点故障处于离线状态。

7）信息等级。标明通信模件正在执行的传输方式。在系统中具有三种传输方式在不同条件下使用，即：在系统上电或需对系统时间基准进行校准时，在线节点将发一广播信息，表明本节点已经在线，或发出时间基准信号，要求其他节点跟随。这种传输方式针对的是所有节点，并不要求接收节点应答。在正常运行时，系统执行的是存储转发方式。这一方式针对的是标明多目的节点的过程数据，并要求目的节点完成接收应答。在模件需对某一目的节点的状态进行查询时，它会准确地发出一单址的查询信息，并要求被查询节点回答当前状态。

8）校验和。它是对标题帧进行校验的一种方式（异、或校验）。

（2）数据帧。

数据帧主要包括了通信处理器采集的当前数据，并且这些数据是可多址传送的，所以其长度是可变的，最长为1.5Kbytes。

数据帧内容的注释为：

1）数据字节计数器。标注的是信息数据帧的字节数。

2）数据。标注的是通信模件所采集到的例外报告。

3）ACK/NAK。该信息包的确认/非确认字节，被确认为ACK。

4）循环冗余校验。为对该信息包所实施的最终 CRC 校验。该校验由硬件实现。

为了保证数据信息包传送的安全以及数据的完整性，首先要保证通信模件的完整性。为了达到这一目的通信模件采用了系统常规的安全校验措施如：

1）非法地址检测。每一模件在通信结构中的地址应是唯一的，当在进行硬件地址检测时发现出错，模件将发生总线错误，并在面板的 LED 上显示出错代码。

2）监视机器故障计时器 MFT。模件检测 MFT，当它发现记录了错误时，会封死模件的所有输出，并迫使模件停止运行。

3）I/O 总线时钟的监视。当模件检测到总线时钟消失时，会使相应的子模件离线。其次，在通信系统中也使用了一些必要的措施提高系统的安全，如 CRC 循环冗余校验码、Checksum 校验和检查、信息包重发次数的循环计数、用于节点同步的顺序计数、用于目的节点接收的反馈信息 ACK/NAK/NAK（无反应）。

虽然，在 Symphony 系统的通信中，信息传输都是数字化的，但是每一层网络的信息类型是各异的。

5.控制网络特性总结

控制网络概括起来有以下特点：

(1) 网络容量大可以有 62，500 个节点；
(2) 覆盖范围广节点间距离为 2km；
(3) 以 10MHz 的速度传播数据；
(4) 采用多种通信技术，以求保持通信网络的工作效率；
(5) 在全网络内实现自动时钟同步；
(6) 根据需要可采用中心环、子环结构，使系统具有灵活的可分性；
(7) 网络节点各自独立没有主、从之分，其在线、离线均对其他节点不产生影响；
(8) 例外报告技术的采用在提高网络效率的同时，也控制了网络传输数据的压力；
(9) 通信系统采用彻底冗余结构，对所传送信息完成多重化的安全校验；
(10) 通信层次清晰利于网络的扩展和维护。

七、Ovation 的网络通信系统

Ovation 采用 FDDI 网络（分布式数据接口）和快速工业以太网作为其网络通信系统的骨干，用户可根据系统实际需求进行选择。

从前面的介绍可以看出，FDDI 网络是一个完全确定性实时数据传输网络，即使在工况扰动的情况下也决不丢失、衰减或延迟信号。FDDI 具有 100Mbit/s 的速度和大容量的通信能力。FDDI 的全冗余容错技术提供全冗余的反转双环，并且在双环电缆中断时，使用自动重新组态功能以屏蔽发生错误的部分，可以保证通信系统的高可靠性。

快速工业以太网由于采用了 100Mbit/s 的通信速率和交换机有效解决了 CSMA/CD 媒体访问控制方法对过程通信实时性要求的局限。快速工业以太网因其技术成熟、价格便宜，逐渐成为 DCS 通信系统的选择。

Ovation 网络既可采用光纤也可采用 UTP。因采用的硬件极易在市场上购得，取消对特殊网关和接口的要求，提供了与企业内部 LAN、WAN 和 Intranet 的完全连通的可能性。

Ovation 的网络完全废弃了常见的过程控制系统中数据高速公路与厂区内 LAN 连接所需的复杂网桥。用户可用 Ovation 的统一网络，在确保过程安全的前提下，将过程控制同企业信息系统结合起来。

八、TELEERM – XP 的通信系统

西门子公司的 TELEERM – XP 系统在其工厂总线和终端总线上采用了西门子采用工业以太网技术的 SINEC 总线系统。

1.SINEC 总线系统概述

过程控制系统的 SINEC 总线系统是实现仪表和控制部件之间的内部通信，以及和其他产品外部系统的通信，满足 ISO/OSI 模型七个功能层通信协议的体系结构。SINEC 总线系统由工厂总线和终端总线两部分所组成。工厂总线是用于自动控制系统（AS620B，F，T）和 OM650 操作监视系统以及 ES680 工程系统的处理单元/服务器单元（PU/SU）之间的通信，终端总线用于 OM650 操作监视系统、ES680 工程系统的处理单元/服务器单元（PU/ SU）与操作终端（OT）之间的通信。

SINEC 总线系统包括 SINEC HI 和 SINEC HI FO 两种规格，均满足 IEEE802.3 标准 CSMA/CD（载波监听多路访问/冲突检测）以太网协议。SINECHI 的传输介质为同轴电缆，SINECHIFO 为光纤电缆，传输速率为 10Mbit/s。

SINEC 为开放式通信系统，通过转发器（repeater）、网桥（bridge）、路由器（router）、网关（gataway）可与广域网（WAN）耦合。

2.SINEC 总线的结构和部件

SINECHIFO 总线的结构如图 2 – 32 所示。

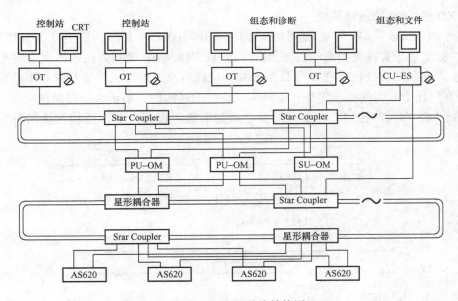

图 2 – 32　SINEC 总线结构图

（1）星形耦合器（Star Coupler）。对于自动控制系统 AS620，操作监视系统 OM650 和工程系统 ES680 的处理单元/服务器单元（PU/SU），操作终端（OT）是通过星形耦合器（Star Coupler）与 SINECHIFO 总线耦合的。星形耦合器带有插入式接口模件，该接口模件可将光纤电缆、同轴电缆、节点电缆连接到 SINECHIFO 总线上。

冗余的 TELEPERM – XP 部件通过两个分开的星形耦合器连接到总线系统上。这样一个星形耦合器故障，不会影响到 TELEPERM – XP 部件的通信。

　　星形耦合器是 SINECHIFO 网络的中央部件，整个网络以环形结构连接，星形耦合器监视模块中的分开点，允许实现成一线结构（虚拟环）。在分开点处信号来自被监控的两个方向，如果一个方向的总线断开，则分开点就闭合，使得连接在总线上的部件再结合到通信过程中来，因此这样的总线连接是故障安全的。

　　（2）通信处理器。所有连接到 SINECHI/HIFO 总线的 TEL – RPERM – XP 部件的接口模块均有通信处理器。

　　（3）节点电缆。节点电缆用来连接 TELEPERM – XP 并接到星形耦合器或接口放大器。

　　（4）电/光收发器（transceiver）。XP 部件通信处理器和光收发器或电收发器或直接连电收发器将一个或两个节点电缆连接到同轴电缆传输介质上。在 SINECHIFO 总线上光收发器经光纤电缆将节点电缆连接到星形耦合器上。

　　（5）接口放大器。接口放大器可将多至五个的 TELEPERM – XP 部件连接到网络上，而不需用总线电缆。电收发器也能连接到以同轴电缆为传输介质的网络上。

　　（6）实时时钟。为了使 TELEPERM – XP 的各部件：AS620、OM650 和 ES680 在时钟上同步，需有一实时时钟，时间电报是通过工厂总线发送的。TTY 接口可实现实时时钟同其他时钟（如 DCF77）的同步。

　　（7）网桥。各个独立的 SINELHI/HIFO 网络间的连接，或 SINECHI/HIFO 网络同其他网络相连接，网桥可用来耦合这些网络。

　　九、XDPS – 400 的通信系统

　　新华公司 XDPS – 400 常规的网络结构为 10M/100M 以太网，符合 IEEE802.3 标准。IEEE802.3 标准是带有冲突检测的载波侦听多路（CSMA/CD）访问方式和物理层规范。XDPS – 400 常规采用民用交换机，通常为 D – LINK 的交换机总线连接或星形互联。工业控制采用以太网有下列几个方面的明显优势：低成本，良好的连接性，易于移植到高速网络。电厂分散控制系统 DCS 对实时控制有非常高的要求。为了进一步提高 DCS 通信网络的可靠性，通

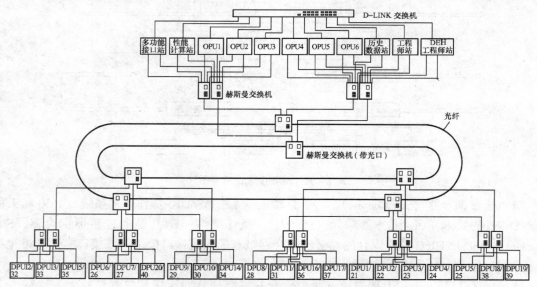

图 2 – 33　XDPS 系统典型的网络配置如图

过调研、比较以太网交换机，选用了德国 HIRSCHMANN 公司的工业以太网交换机。德国 HIRSCHMANN 公司的工业以太网交换机的自愈、容错等性能更能满足分散控制系统 DCS 的需要。XDPS 系统典型的网络配置如图 2 – 33 所示。

　　每台机组设置一个 DCS 控制网络。其控制包括机组的锅炉（含烟气脱硫系统）、汽轮机、发电机—变压器组及厂用电的控制。主干网段采用 100M 光纤以太网，拓扑结构为环形连接（逻辑上为总线网），是冗余容错的虚拟环网。网络具有自愈功能，在某一网络节点或某一段光纤发生故障的情况下，其余节点还能正常通信。同时，又采用冗余配置，与传统的总线网相比安全性有了较大的提高。

　　光纤交换机采用德国赫斯曼交换机公司的 RS2 – FX/FX 快速以太网交换机。单元机组网络结构中每个光纤交换机与 2 个 RS2 – TX 交换机组成交换机组，每个交换机组可提供 16 个 RJ45 口用于外部连接（即可提供 8 对 DPU 的网络连接）。各子系统 DPU 均有两块网卡，分别与 A 网和 B 网相连，通过 RS2 – TX 以太网交换机实现星形互联。

DCS的过程控制子系统

分散控制系统的过程控制子系统用于实现分散控制系统与生产过程的联系，由众多的现场设备与子系统组成。过程控制子系统是 DCS 进行工业生产过程控制的关键部件，不同厂家的分散控制系统，过程控制子系统的名称不尽相同，如 XDPS – 400 中，称为分布式处理单元 DPU；在 Infi – 90 中，称为过程控制单元 PCU，在其升级换代产品 Symphony 中，称为现场控制单元（HCU）；在 WDPF 中，称为分布式处理单元 DPU，在其升级换代产品 Ovation 中，称为 Ovation 控制器；在 TXP 系统中，称为自动化系统 AS620 等等。

DCS 都是通过过程控制子系统来实现分散控制系统的过程控制功能。来自现场的过程信息经过程控制子系统处理后，一方面用于显示、报警、打印等，另一方面经控制运算后反馈到现场，控制执行机构的动作，实现对生产过程的直接数字控制以及逻辑顺序控制。

第一节　过程控制子系统综述 ⇨

过程控制子系统主要由三大部分组成：与控制网络的接口装置、智能控制器和输入输出子系统。过程控制子系统作为 DCS 的一个站（或称为节点）需与系统控制网络相连接，才能进行系统间的信息交流；通过输入输出子系统与生产过程相连接，才能进行实时数据的采集和生产过程的控制；而智能控制器的功能是进行数据的处理、控制策略的实施等。

一、过程控制子系统的硬件组成

分散控制系统的过程控制子系统是一个可独立运行，且作为控制网络 Cnet 节点的计算机监测与控制系统，主要由机柜、电源、Cnet 通信接口、输入输出子系统、控制器及柜内总线系统等组成。

（一）机柜

过程控制子系统通常是一柜式设备，其所有的硬件组成、柜内总线系统及其他辅助设备都安装在机柜中。不同的 DCS，过程控制子系统机柜的布置有所差异，就其组成来讲，主要包括风扇组件、控制器安装机架、I/O 模件安装机架、端子板安装组件以及柜内总线系统。

1. 风扇组件

机柜顶部装有风扇组件，其目的是带走机柜内部电子部件所散发出来的热量。如果柜内温度超过正常范围时，过程控制子系统的机柜会自动发出报警信号。

2. 控制器安装机架

控制器一般采用模块化的控制计算机或采用机箱控制器。模块化的控制器与输入输出模件安装在相同的卡件箱中，而机箱控制器则必须有自己的安装单元，它一般布置在电源模块安装单元的下面。

3. I/O 模件安装机架

I/O 模块一般安装在有多个插槽的安装机架中，机架背后装有含 I/O 总线系统的背板。I/O 模块完全插入机架后，自然形成了 I/O 模块与 I/O 总线的连接。

有的 I/O 模块与端子板安装在 I/O 组件底座中，而 I/O 组件底座安装在 DIN 导轨上，I/O组件底座间的连接形成了 I/O 总线系统。I/O 模块插入 I/O 组件底座后便实现了与 I/O 总线的连接。

4. 端子板

端子板提供 I/O 模块与现场信号的连接，它可与控制器机柜安装在一个机柜中，也可安装在专门的端子柜中。

5. 电源安装单元

DCS 系统的电源采用模块化结构，它们安装在专用的电源安装单元。该单元一般安装在控制机箱之上，风扇组件的下面。

6. 总线系统

DCS 机柜内还设有各种总线系统，例如电源总线、I/O 总线、控制总线、接地总线等等。有些总线是由安装在机架背后的印刷电路板构成的，有些总线是由机架之间的扁平电缆或其他专用电缆构成的，有些总线是由装设在机柜侧面的汇流条构成的，有些则是由 DIN 导轨构成的。

图 3-1 是 XDPS-400 系统机柜的示意图。

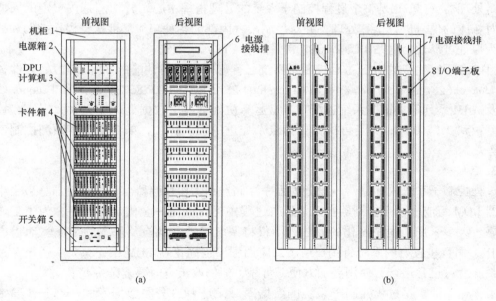

图 3-1　DCS 机柜安装示意图

（二）电源

DCS 系统的每一个机柜都需有 220V 交流供电，与之相关的外围设备，如打印机、CRT 等，以及每一个操作员站、工程师站也需有 220V 交流供电。在电源分配系统中，DCS 系统各工作部件还需要不同电压等级的直流电源，如 DCS 过程控制子系统的直流工作电源，可能是 ± 5、± 10、± 12、$\pm 15V$，二线制变送器电源和 $4 \sim 20mA$ 输出的电源通常是 $+24V$，开关量的无源接点的访问电源、驱动电磁阀的开关量输出电源、中间继电器的电源通常采用

+48V，也有采用+24V或+120V。

DCS系统需要一个效率高、稳定性好、无干扰的交流电源，尽管它往往被转换成其他电平和类型，以用于系统各设备和模件，但正是有了交流电源才保证了系统的正常运转，因此要考虑交流电源自身的冗余。在对控制连续性要求特别高的场合，DCS系统的交流电源通常需要采用UPS不间断电源系统供电。

DCS系统所选用的各级电压的直流电源的可靠性是很关键的，失去任一等级的直流电源都将造成系统工作的中断，如果计算机系统失去直流电源，其功能便将停止；失去+24V电源，4~20nAI/O信号将回零等等。因此各等级的直流电源装置需要冗余配置。有的DCS系统提供1:1的电源冗余，即对系统需要的每一个电压等级的电源都提供一个附加电源，获得完全的供电冗余；有的DCS系统为了减少电源装置的备用件数，又具有电源的冗余功能，对同一电压等级的n个供电电源只提供一个电源作为备用，这称为n:1的电源冗余。

（三）控制器

过程控制子系统作为一个智能化的可独立运行的计算机控制系统，其核心是智能控制器。不同DCS系统，其控制器的实现方式有所差别，有的是以机箱式表现，有的则是以板卡的形式表现，但是它们的组成基本相同，即由CPU、存储器、总线、I/O通道等基本部分组成。

1. CPU

微处理器（CPU）是整个过程控制子系统的处理指挥中心，其功能是按预定的周期和程序，对相应的信号进行运算处理，并对控制装置内部的各种功能部件执行操作控制和故障诊断。为保证可靠性，电站DCS的CPU常采用1:1的冗余配置。

目前各厂家生产的DCS过程控制子系统已普遍采用了高性能的32位的微处理器，常见的有Motorola公司生产的68000系列CPU、Intel公司生产的80X86CPU系列和Pentium CPU系列以及ARM系列等。很多系统还配有浮点运算协处理器，数据处理能力大大提高，控制周期可缩短到0.2~0.1s，并且可执行更为复杂先进的控制算法，如自整定、预测控制、模糊控制等。

2. 存储器

过程控制子系统的存储器一般分为程序存储器和工作存储器。程序存储器一般由半导体存储器ROM组成。由于控制器在正常运行过程中运行的是一套固定的程序，为了工作的安全可靠，大多采用了程序固化的办法，不仅将系统启动、自检及基本的I/O驱动程序写入ROM中，而且将各有的系统将用户组态的应用程序也固化在ROM中，只要一通电，过程控制子系统就可正常运行，使用更加方便、可靠，但修改组态时要复杂一些。

工作存储器既是过程控制子系统的数据库，又是DCS分布数据库的一部分，通常有随机存储器RAM和非易失性存储器NVRAM两种。RAM为程序运行提供了存储实时数据与计算中间变量的空间，以及用户在线操作时需修改的参数（如设定值、手动操作值、PID参数、报警界限值等）；NVRAM用来存放用户组态方案和较重要的相对稳定的参数，这为用户提供了在线修改组态的功能。

在一些采用了冗余CPU的系统中，还特别设有一种双端口随机存储器，其中存放有过程输入、输出数据及设定值、PID参数等，两个控制器可分别对其进行读写，从而实现了双控制器间运行数据的同步，当原在线主CPU出现故障时，原离线CPU可立即接替工作，而对生产过程不产生任何扰动。

目前，某些 DCS 系统已采用了闪烁存储器（Flash ROM）取代 ROM。闪烁存储器用于存储操作系统、控制算法和控制策略以及控制器的工作状态。由于闪烁存储器 DOC 在掉电后能永久保存数据，使用方法与硬盘基本一样，可以直接安装于控制器模件的插座上，它的存储容量大于 20M。闪烁存储器 DOC 没有可活动的部件，和硬盘比较几乎没有磨损，它的可靠性大大提高。

3．总线

总线是控制器内部各部件进行数据通信的信息通道。不同 DCS 系统控制器结构不同，因此控制器总线形式也多种多样。

有的采用自定义总线，通常以 CPU 系统三总线（即地址总线 AB、数据总线 DB 和控制总线 CB）为主。而多数控制器中所使用的总线采用标准微机总线，常见的有 PC 总线（ISA 总线）、PCI 总线、VME 总线（IEEE1014 标准）等，这些都是支持多主 CPU 的 16/32 位总线，VME 总线采用了针式插座，抗振动等性能更好，更适合于恶劣环境使用。

4．I/O 通道

I/O 通道是控制器与 I/O 子系统的连接界面。随控制器结构的不同，I/O 通道形式差异很大。对于模件式控制器，I/O 通道位于模件内部，通过模件与背板的连接接入 I/O 子系统；而箱式结构控制器则通过专用 I/O 通道控制卡与 I/O 子系统连接。

5．控制器的功能及特点

控制处理器本身就是一个技术含量很高的产品。它不仅采用了高效 CPU、高效通信通道等结构，而且它还采用了实时多任务并行操作的运行模式，使它能够很好地执行复杂的过程控制任务。另外，它的结构完全按照工业过程控制要求的特性而设计，有很多适用于过程控制的特点。

（1）汇集多种类型的控制方案。控制处理器可以同时完成模拟调节、顺序控制、数据采集等控制任务。它具有先进过程控制算法，使模件的任务分配不受其功能的限制，完全可以遵照工程师对被控过程的了解，来灵活地分配系统中的控制处理器。

（2）内置实时多任务的操作系统。控制器内的控制策略可分成多个不同的部分，并且每部分都具有不同的执行周期。这样可以使同一个控制器同时控制具有不同要求的过程对象，并对过程实现相应的分级管理。例如：在一个控制器内，可以把参与联锁控制的组态放在高段内，使其具有较快的响应特性；而把相应的调节控制，数据采集组态放在较低的段内，使其获得相应常规的响应时间。这样的分级处理可以做到物尽其用，发挥处理器多任务操作系统的功能。其结果是用户不同等级的控制策略放在一个处理器中，选择不同的执行周期，使处理器与工艺设备或过程对应起来，而不会割裂对工艺设备进行控制所要求的完整性。

（3）具有在线组态的能力。控制器具有在线修改组态相关参数的特性，允许模件不必退至组态方式就可修改相应的参数。这一特性将大大方便用户对组态的维护。同时也有助于系统在现场的调试与改进。

（4）采用冗余化的结构。冗余的控制器在主、从之间可自动完成切换，无需人工干预。由于在控制器间随时交换着运算结果、中间变量等数据，所以在完成切换过程中，不会丢失任何数据。

（5）固化多种类型的算法功能模块。在控制器内，固化着多种能够满足用户各种控制策略设计需要的算法功能模块。

（6）强调相互独立的运行模式。控制器间的通信将自动建立不需要人工干预，也互不影响。如果一个控制器故障，或者拔出及投运都不影响其他控制器的工作。如果与控制器通信的设备故障，也同样不影响控制器其他功能的执行。

（7）实现上电自动工作。控制器在上电过程中无需人工干预，它将自动进入正常工作状态。

（8）满足带电插拔的条件。控制器可以在线带电插拔，使维护过程、更换变得非常方便。

（四）输入输出（I/O）模件

在过程控制子系统中，I/O 模件实现控制器与生产过程之间接口的功能，用于过程量直接输入与输出，是机柜中种类最多、数量最大的一类模件。一般 DCS 的过程量输入输出模件有：模拟量输入模件、模拟量输出模件、开关量（或称为数字量）输入模件、开关量输出模件以及脉冲量输入模件等几种。此外，许多电站 DCS 系统还提供了连接现场总线仪表的输入输出模件以及用于电液调节的特殊模件。

1. 输入输出模件概述

过程量输入输出模件既要与上层的控制器通信，又要与不断变化的现场设备连接，这就是系统与现场设备对输入输出模件的要求。

一个典型的输入输出模件主要由以下几部分组成。

（1）现场信号的接收电路。这一部分电路与现场信号直接连接。它直观的作用是使本模件能够满足用户对现场信号类型及相应供电方式的选择，此外还对信号做基本的处理，如实现消振、滤波等。

（2）信号的保护与隔离。模件通过对通道采取的隔离措施，使信号使用的外部电源与系统内部电源分开，并且在信号侧有故障时，不会影响整个系统。模件采用的隔离方式有光电隔离、调制解调式隔离等。

（3）信号的转换。信号在经过隔离之后，进入转换电路。转换电路的作用是将现场的模拟量、开关量或脉冲量信号转换成系统可以接受的数字量信号。对于输出模件，转换电路还可将系统的数字量信号转换成现场所需的驱动信号。

（4）基准信号的处理。对于模拟量输入输出模件而言，为获得较好的 A/D、D/A 转换精度，模件提供了基准参考电压来不断校正转换器，保证信号转换的精度。同时，模件的校正系统还会自动校正电压的漂移，而无需人工干预。

（5）模件的通信。输入输出模件与控制器模件间通过 I/O 总线进行通信。

此外，各种输入输出模件在设计时，为保证其通用性和系统组态的灵活性，其板上均设有一些用于改变信号量程与信号种类的跳线或开关，还有一组基地址设置开关，用于本模件在 I/O 总线系统中地址的确定，这些在系统安装时必须按组态数据仔细设定。在输入输出模件的前面板上，设有指示灯用于标明模件的工作状态，或输入输出的状态等。

目前的输入输出模件几乎全部智能化，通过在输入输出模件内安装单片机，使其成为一个可运行的智能化的数据采集与处理单元，可自动地对各路输入信号巡回检测、非线性校正及补偿运算等。输入输出模件的智能化使原来控制器承担的部分工作进一步分散，大大节省了控制器的机时，使系统的工作速度进一步提高，并且使控制器可以有更多的时间进行更为复杂的控制运算，进而系统的可靠性亦提高了一步。

应该指出的是，有些 DCS 系统的输入输出功能可通过 I/O 模件及相应的调理板完成，而有些 DCS 系统没有调理板，而把它的功能分散到 I/O 模件和端子板上来完成。

2. 模拟量输入模件（AI）

（1）模拟电信号的类型。生产过程中各种连续性的物理量，如温度、压力、压差、应力、位移、速度、加速度以及电流、电压等和化学量，如 pH 值、浓度等，只要由在线检测仪表将其转变为相应的电信号，均可送入模拟量输入模件进行处理。一般输入的电信号有以下几种：

1）毫伏级电压信号。这一般是由热电偶、热电阻及应变式传感器产生的。如果采用的热电偶，在处理该信号时，应考虑冷端温度补偿。如果采用的是热电阻，目前把热电阻的阻值变化转换成电压值的方法有两种，一种是采用桥式电路，另一种则是采用恒流源。

2）电流信号。由各种温度、压力、位移或各种电量、化学量变送器产生的，一般均采用 4～20mA 标准范围。一些老式的变送器，如 DDZ－2 系列也是用 0～10mA 标准范围的。

3）伏级电压信号。在一些信号传送距离短、损耗小的场合，也有采用 0～5V 或 0～10V 电压信号。

（2）模拟量输入的关键技术。由于模拟量输入信号类型比较多，如何将各种范围的模拟量输入信号统一转换成 0～5V 或 0～10V 的电压信号并转换成控制器可以接收的数字量信号是 AI 输入模件必须解决的问题。

有的 DCS 厂家提供了热电偶、热电阻、一般信号等模拟量输入模件。有的 DCS 厂家只提供一个模拟量输入模件，配备不同的端子板，完成各种模拟量输入信号的采集。尽管不同 DCS 厂家采用了不同的模拟量输入方法，但最基本的处理方法是一样的。

1）放大、滤波、隔离。放大的作用是将各种等级的输入信号转换成 A/D 转换器所需要的电压等级。滤波的作用是消除或减少现场干扰，提高过程控制子系统的抗干扰能力。在模拟量输入通道中可采用差动放大器，并且每一路都串接了多级有源和无源滤波器；在环境噪声较强，且各测点间可能存在较大共模电压的情况下，应使用隔离放大器，使现场信号线与 DCS 系统及各路信号线之间有良好的绝缘，一般耐压在 500V 以上。

2）A/D 转换器。A/D 转换器是模拟量输入模件的主要部件，它的功能是把标准的电压信号转换成相应的数字量信号，送入控制器。A/D 转换器可采用逐次逼近式的、也可采用压频转换式的或双积分型 A/D，可以采用单级性或双级性输入。

3）隔离。模拟量输入的隔离方式有两种：一为采用隔离输入放大器；二为采用光耦合器。AI 模件与机架总线之间数字量传输通道上也要进行电气上的隔离。采用第二种方式时应注意 AI 模拟电路的电源应是浮置的，最好采用板内 DC/DC 变换器供电，以保证板内电路对大地的绝缘。

4）如果是适用于热电偶的 AI 模件，一般都还设有冷端补偿电路与开路检测电路。

（3）应用示例。图 3－2 为某 DCS 厂家的模拟量输入模件的原理结构图。模拟量输入模件接受由现场送来的模拟量信号，对其量程、零点进行校正和调整，并将其转换为数字量，然后经 I/O 总线传送给控制器模件。

来自现场的模拟量输入信号经端子板送入隔离放大器，经滤波和放大后输出一个模拟量信号，隔离放大器还包括用于在线校正的基准电源，每个通道均可接受电压输入或电阻输入

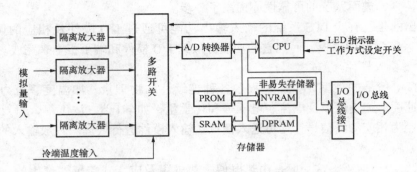

图 3-2 模拟量输入模件结构原理图

信号。

每个通道均有超限和开路检测,当采用热电偶输入时,还可以进行冷端温度补偿。

1)隔离放大器。模件上含有多个用户可组态的模拟量输入通道。每个通道均有一个隔离放大器。隔离放大器含有:滤波器、低漂移的通道参考电压、可编程放大器、信号隔离器、开路检测电路。

2)多路开关。由隔离放大器输出的信号,其中包括基准电压和冷端温度补偿信号,经多路开关的选择之后进入可编程 A/D 转换器。

3)A/D 转换器。A/D 转换器负责将输入的模拟量信号转换为数字量信号,然后再传送给控制器模件。A/D 转换器一般是软件可编程的,通过软件来选择 A/D 转换器的分辨率。

4)微控制器和存储器。微控制器主要完成以下功能:A/D 转换器的校准、隔离放大器输入参考电压的切换、通道和冷端温度补偿电压的切换、对 A/D 转换器的分辨率进行控制、读 A/D 转换器的数据并且进行必要的校正、提供设置开关和面板发光二极管的接口、一致性的检测、通过双口 RAM 读写 I/O 总线上的数据。

5)冷端温度补偿。在与模拟量输入模件相连的端子板上,一般设有检测冷端温度的热电阻,通过这个电阻来检测热电偶的冷端温度,进而实现冷端温度校正。

3.模拟量输出模件(AO)

(1)模拟量输出模件的作用。模拟量输出模件的作用是把控制器输出的控制量转化成具有一定带负载能力的连续的电压或电流信号,用来控制各种直行程或角行程电动执行机构的行程,或通过调速装置(如各种交流变频调速器)控制各种电动机的转速,也可通过电-气转换器、电-液转换器来控制各种气动或液压执行机构,例如控制气动阀门的开度等。

(2)模拟量输出的关键技术。模拟量输出模件主要有 D/A 转换器、输出保持器和 V/I 转换器等组成。

1)D/A 转换器。它的功能是把控制器输出的数字量信号转换成模拟量信号。常用的 D/A 转换器精度有 8 位、10 位、12 位 3 种,输出负载能力一般要求不小于 500Ω。

2)输出保持器。模拟量输出模件输出的应当是时间连续的信号,而控制器只能周期性地把数据输出给输出通道。在控制器由一次输出操作到下次输出操作期间,模拟量输出通道必须保持上一次的输出。根据 AO 通道的结构和应用要求不同,输出保持方式可分为数据寄存器保持、电容式保持电路以及步进电机等几种。

3)V/I 转换器。把 D/A 转换器输出的模拟电压信号转换成适于远传的电流信号。

有的 DCS 厂家，其模拟量输出模件采用每路安装单独的一套 D/A 转换器与 V/I 变换集成电路来输出 4～20mA 模拟控制信号；有的 DCS 厂家使用单一的 D/A 转换器，然后通过多路开关周期性地向多个保持电容充电来获得多路模拟量输出的形式。此外，为了保证模拟输出的正确性，还可采用输出回读的方式进行校验。

（3）应用示例。图 3 - 3 为某 DCS 厂家的模拟量输出模件的结构原理图。该模件由 I/O 总线接口、模件存储器、输出保持寄存器组、数/模转换器、隔离放大器、V/I 转换器等几部分组成。它的工作原理如下：由 I/O 总线送来的控制量输出信号经总线接口送往模件存储器。模件存储器是一个双口 RAM，它是控制器与模拟量输出电路之间的缓冲器，可以同时读写，以提高工作速度。

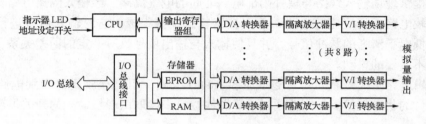

图 3 - 3　模拟量输出模件的结构原理图

由双口 RAM 输出的数据送入输出保持寄存器组，然后经与寄存器对应的数/模转换器将数字量转换为模拟量之后，经隔离放大器后，由 V/I 转换器将电压信号转化为 4～20mA 模拟控制信号输出。

4. 开关量输入模件（DI）

（1）开关量输入模件的作用。开关量输入模件用来输入各种限位（限值）开关、继电器联动触点的开关状态；输入信号可以是交流电压信号、直流电压信号或干触点。

（2）开关量输入的关键技术。开关量输入模件需要解决电平转换和隔离抗干扰的问题。电平转换电路用于将各种开关信号对应的电压等级转换成控制器可以接受的 0、1 信号。

隔离抗干扰的作用是把防止计算机受到外部信号干扰的有效措施。因为开关量输入的一点信号错误可能引起整个系统的误动作，造成严重的后果。常用的隔离方式有光电隔离、继电器隔离和变压器隔离等。

各种开关量输入信号在开关量输入模件内经电平转换、光隔离并去除触点抖动噪声后，存入模件内的数字寄存器中。外接每一路开关的状态，相应地由二进制寄存器中的一位数字的 0 或 1 来表示。控制器可周期性地读取各模件寄存器的状态来获取系统中各个输入开关的值。有的开关量输入模件上设有中断申请电路，当外部某些电路的开关状态变化时，即向 CPU 发出中断申请，提请 CPU 及时处理。

（3）应用示例。图 3 - 4 为某 DCS 厂家的开关量输入模件。开关量输入模件接受由现场输入的开关量信号，对其进行预处理之后，将反映开关量状态变化的数字量信号经 I/O 总线送往控制器。

该模件由输入电平转换电路、光电隔离电路、阈值比较电路、控制逻辑电路、I/O 总线接口电路等部分组成。其工作原理如下：

由现场输入的开关量信号，首先进入输入电平转换电路，再进入隔离电路，该电路通过

第三章　DCS 的过程控制子系统

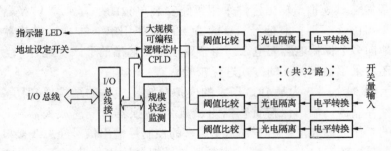

图 3-4 开关量输入模块结构原理图

光电耦合器提供现场输入线路与模块内部电路之间的电气隔离。经输入隔离电路输出的信号送入阈值比较电路。阈值比较电路一般由史密特触发器组成，它对输入信号进行判断和整形，输出高低电平清晰的脉冲信号，并且使输入与输出信号具有一定的回差关系，以防止输出信号产生不必要的抖动。

控制逻辑电路由大规模可编程逻辑芯片 CPLD 组成，用以存放阈值判别电路输出的信号，以及模块的状态数据。控制器通过 I/O 总线接口来读取由现场输入的开关量或者模块的工作状态。

I/O 总线接口用于该模块与控制器模块之间的信息交换。其中包括数据信号、地址信号和控制信号。当控制器发出的地址信号与该模块地址开关上所设置的地址一致时，就从该模块中读取输入信号或状态信号。

模块前面板设有指示灯，阈值判别电路的输出信号送到这些指示灯上，以便观察每一路开关量输入的状态。

5. 开关量输出模块（DO）

（1）开关量输出模块的作用。开关量输出通道用于控制电畸、阀门、继电器、指示灯、报警器等只具有开、关两种状态的设备。

（2）开关量输出的关键技术。开关量输出的关键是如何把控制器输出的 0、1 信号转换成现场设备的开关信号，同时把各种干扰信号阻挡在计算机系统之外。

开关量输出模块用于锁存控制器输出的开关状态数据，这些二进制数据每一位的 0、1 值，分别对应一路输出的开、关状态，经光电隔离后可通过 OC 门去控制直流电路中的设备，亦可通过双向晶闸管（或固态继电器）取控制交流电路中的设备，还有装有小型继电器用于控制交直流设备的。

在开关量输出模块上一般装有输出值回检电路，以备控制器检查开关量输出状态正确与否。

（3）应用示例。

图 3-5 是某 DCS 厂家的开关量输出模块。开关量输出模块通过 I/O 总线接收控制器输出的数字信号，经模块输出，以便控制现场的开关量控制设备。它主要由输出寄存器、光电隔离电路、输出驱动电路、状态寄存器等部分所组成。其工作原理如下：

由控制器输出的开关量信号经 I/O 总线接口送往输出寄存器，出寄存器的每一位对应一路光电隔离，经光电隔离后通过输出驱动电路将开关量送往现场。同时输出驱动电路还具有功率放大作用，以增加模块的带负载能力。

电厂分散控制系统

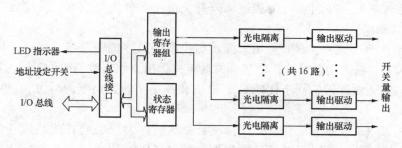

图 3 – 5　开关量输出模件的结构原理图

模件状态显示电路用来显示模件的工作状态，例如，电源是否接通、模件是否故障、通信是否正常等。

6. 脉冲量输入模件（PI）

（1）脉冲量输入模件的作用。现场仪表中的转速表、涡轮流量计、涡街流量计、罗茨式流量计及一些机械计数装置等输出的测量信号均为脉冲信号。脉冲量输入模件的作用是将来自生产过程中的脉冲量信号进行处理，并通过 I/O 总线传送给控制器。一个脉冲量输入模件可以接受多个脉冲量输入信号。

（2）脉冲量输入的关键技术。一般脉冲量输入板卡上均设有多个可编程定时计数器，如8253 和 8254 等 16 位的定时计数器及标准时钟电路，输入的脉冲信号经幅度变换、整形、隔离后输入计数器，根据不同的电路连接与编程方式可计算累积值、脉冲间隔时间及脉冲频率等，CPU 读入这些数值，根据用户定义的各种仪表常数，便可计算出相应的工程量。

通常，脉冲量的输入有两种模式：频率方式和周期方式。其中频率方式用于测量脉冲的频率，也就是单位时间内输入的脉冲量个数，其典型应用是转速的测量。周期方式是测量两个脉冲之间的时间间隔，即把相邻的两个输入脉冲信号之间的间隔时间测量出来。事实上周期是频率的倒数，当脉冲频率很低时，为了提高测量精度，常常采用测周期的方式。此外，还有积算方式，它主要用于累积脉冲的总数，一般用于流量或电量的积算。这两种工作模式都需采用计数器。

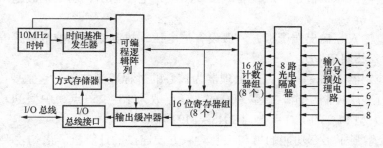

图 3 – 6　脉冲量输入模件的结构原理图

（3）应用示例。图 3 – 6 为某 DCS 厂家的脉冲量输入模件的结构原理图，来自现场的 8路脉冲量输入信号首先进入输入信号预处理电路，光电隔离之后，送入 16 位计数器。对输入的脉冲信号进行计数，计数器输出信号送到寄存器。当控制器读某一个通道时，寄存器中的内容就被传送到输入缓冲器，通过 I/O 总线传送到控制器模件中去。

方式寄存器用来保存每一个脉冲量输入通道计数器的工作方式。时基信号发生器利用时钟产生各种定时信号,并通过可编程逻辑阵列,产生各种控制信号,控制各部分电路的工作。

7.顺序事件 SOE 模件。SOE 是用来测试历史事件顺序的子系统。SOE 模件是 SOE 子系统中的一个元素,它的功能是监视现场开关量点并标出点状态改变时的时间标签。控制器将扫描 SOE 事件读入缓冲区,同步比较 SOE 模块和数据高速公路上的时钟,然后将信息发送到指定站点。

8.现场总线(fieldbus)的接口模件。现场总线模件为现场的智能装置(包括各种智能化调节器、变送器等在线仪表以及可编程控制器(PLC))提供了一条数字通信通道。在一条被称为现场总线的通信线路上,可以连接多达几十个符合该现场总线通信协议的智能设备。这些智能设备以全数字方式传递过程变量、控制变量、状态信息、管理信息等内容。

(五)通信接口

过程控制子系统作为控制网络中的一个节点,其通信接口就是把过程控制子系统挂接在 Cnet 控制网络上,实现其与其他节点之间的数据共享。过程控制子系统采集回来的信息和输出的控制信息经其接口,通过控制网络发往其他节点,也可以通过其接口接收其他节点发来的信息。

不同的 DCS 厂家,通信接口有所区别。Symphony 系统的控制网络采用存储转发环路,其通信接口是由网络处理模件 NPM 和网络接口模件 NIS 组成的通信模件对组成。而 XDPS - 400 和 Ovation 的控制网络是基于 IEEE80 2.3 的以太网,其通信接口则是以太网卡。

(六)端子板

过程控制子系统的端子板用于实现输入输出模件与现场信号的连接,以及一些信号的预处理等功能。

不同的过程量输入输出模件,应该配套不同的端子板。

对于模拟量输入端子板,用于实现模拟量输入模件与现场变送器输出之间的信号连接。此外,如果配接热电偶,在端子板上还布置有热电阻测量端子板的温度,进行热电偶的冷端温度补偿,有的 AI 端子板还设有保护及滤波电路。

对于模拟量输出端子板,一般设有跳接线以决定电压输出,还是电流输出,适应不同的执行机构。

对于开关量输入、输出端子板,一般设有过电压、过电流等保护电路等等。

(七)可编程控制器 PLC

可编程序控制器 PLC 是一种以微处理器为核心的过程控制装置,它主要配置开关量 I/O 通道,用于执行顺序控制功能。小型 PLC 的 I/O 点数为 16 ~ 256 点,中型 PLC 的 I/O 点数为 256 ~ 2048 点,大型 PLC 的 I/O 点数为 2048 ~ 8192 点。

PLC 是一台增强了 I/O 功能的可与控制对象方便连接的计算机。最初主要用于开关量控制功能。PLC 在运行过程中不停地巡回检测各接点的状态,根据其变化和预定的时序与逻辑关系,相应地改变各内部继电器或启动定时器,最终输出开关信号以控制生产过程。

随着计算机技术的发展,可编程序控制器的功能不断扩展和完善,其功能已超出了开关量控制的范畴,具有了 PID、A/D、D/A、算术运算、数字量智能控制、人机接口能力、网络能力等多方面的功能,它不再局限于逻辑控制的应用,而越来越多地应用于过程控制。

生产 PLC 的厂家非常多,如施耐德公司、罗克韦尔(A - B 公司)、西门子公司以及日本欧姆龙、三菱、富士、松下等。各厂家生产的 PLC 均已标准化、系列化、模块化。高密度的 I/O 模块一般每块可输入或输出 32~64 点，用户可根据需要灵活选配。

PLC 厂家在提供物理层 RS232/422/485 接口的基础上，逐渐增加了各种通信接口，而且提供完整的通信网络。由于近来数据通信技术发展很快，用户对开放性要求很强烈，现场总线技术及以太网技术也同步发展。罗克韦尔 A-B 公司主推的三层网络结构体系，即 Ether-Net、ControlNet、DeviceNet，西门子公司主推 ProfiNet 及 Profibus 网络等。

DCS 厂家考虑到 PLC 已普遍用于过程控制和信息工业，纷纷为一些著名的可编程序控制器的厂商的产品提供相应接口和软件，如 Ovation 可以与 AB PLC 无缝集成。由 PLC 来完成顺序控制的功能，而信息则在 DCS 操作站上显示。

DCS 系统和 PLC 可以通过下面两种方式连接：

（1）PLC 与控制器实现连接。在过程控制柜内通过现场总线接口模件提供的 modbus、DeviceNet、Profibus 总线接口将 PLC 的过程信息接入 DCS 系统。

（2）具有以太网连接能力的 PLC 直接连接到 DCS 系统的控制网络。

采用标准的 TCP/IP 协议，通过以太网的连接，可实现 PLC 网络至 DCS 控制器之间的 PLC 寄存器的通信。一旦通过网络，PLC 寄存器信息被传送至 DCS 系统的控制器，在此信息被传送至触点、线圈和寄存器所代表的过程触点。控制器和其他设备像处理其他数据那样处理这些数据。

二、过程控制子系统的软件系统

DCS 过程控制子系统作为一个独立运行的计算机监控系统，一般无人机接口，所以它应有较强的自治性，即软件的设计应保证避免死机的发生，并且具有较强的抗干扰能力和容错能力。

（一）过程控制子系统的软件结构

1. 过程控制子系统的操作系统

过程控制子系统软件采用模块化结构设计，一般运行于各厂家自行研制的实时多任务操作系统，或者使用通用实时多任务操作系统的内核处理任务。

2. 过程控制子系统软件系统的组成

软件系统一般分为执行代码部分和数据部分。执行代码部分一般固化在 EPROM 中，而数据部分则保留在 RAM 存储器中，在系统复位或开机时，这些数据的初始值从网络上装入。

过程控制子系统的执行代码一般分为两个部分，周期执行部分和随机执行部分。周期性执行部分完成周期性的功能，例如周期性的数据采集、转换处理、越限检查、控制算法的周期性运算、周期性的网络数据通信以及周期性系统状态检测等，周期性的执行部分一般由硬件时钟定时激活。另外，过程控制子系统还具有一些实时功能，如系统故障信号处理（如电源掉电等）、事件顺序信号处理、实时网络数据的接收等。这类信号发生的时间不定，而一旦发生就要求及时处理。这类信号一般用硬件中断激活。

目前，各家 DCS 的软件一般都采用通用形式，即一套 DCS 系统可以应用于不同的控制对象。对于不同的对象，只需生成不同的数据库和应用图形及控制回路即可。为了使 DCS 过程控制子系统能够应用于不同的对象，它的软件必须设计成代码部分与对象无关，而不同的应用对象只会影响存在 RAM 中的数据。各控制回路的执行代码也与具体的控制对象无关，它的执行只取决于存在 RAM 中的回路信息。

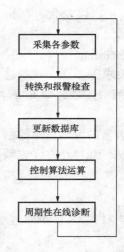

图 3 - 7　过程控制子
系统的执行过程

一个典型的过程控制子系统的周期软件的执行过程如图 3 - 7 所示。

（二）过程控制子系统的软件功能模块

过程控制子系统的软件采用模块化结构设计。DCS 厂家充分考虑到实际过程控制和用户的各种需要，把可能用到的各种算法都设计成标准模块子程序（称为标准算法模块或功能块，简称算法），并固化到 ROM 中，形成标准子程序库，又称为功能库，供用户组态时灵活构成具体控制系统。

功能模块是由分散控制系统制造商提供的系统程序，由不同功能的子程序组成。功能模块或算法是控制系统结构中的基本单元。不同的分散控制系统产品，有不同的名称。如：功能模块、控制算法、内部仪表、程序元素等。分散控制系统的产品介绍中都提供了该产品具有的功能模块名称、功能及数量。

功能块通常由结构参数、设置参数和可调整参数组成。

结构参数包括功能参数和连接参数。通常，一个完善的功能模块还包含一些子功能，子功能的有无是由功能参数和连接参数确定的。当功能模块具有不同的数据类型（如实型、整型、时间型参数）、多个输入信号时，数据类型以及输入信号的多少是由功能参数提出要求的。采用功能参数可以充分利用内存单元，减少不必要的消耗。连接参数用于表示功能模块与外部的连接关系。由于功能块间采用软连接方法，因此，实施和修改比硬连接方便。

设置参数包括系统设置参数和用户设置参数。系统设置参数由系统产生，它用于系统的连接、数据共享等。用户设置参数由功能模块位号、描述、报警和打印设备号、组号等不需要调整的参数组成。

可调整参数分操作员和工程师可调整参数。操作员可调整参数包括开停、控制方式切换、设定值设置、报警处理、打印操作等参数。工程师可调整参数包括控制器参数、限值参数、不灵敏区参数、扫描时间常数、滤波器时间常数等。

从不同的角度，这些标准算法模块的分类不同。功能模块按功能分类，可分为输入输出处理类软件、控制算法类（控制回路运算控制软件和顺序逻辑控制软件）、控制处理类程序、运算类、信号发生器类、转换类、信号选择及状态类等。

1. 输入输出类功能模块

过程输入输出功能模块直接与生产过程的变量连接，因此也称为硬件输入输出功能模块。在一个工程项目中，它们的使用最多。实际上，它们是过程的输入输出映射表，即它们定义了过程控制子系统内部的一个变量与硬件端子的对应关系。过程输入输出功能模块带有上网功能，它们一般都有上网的参数。

一般情况下，过程控制子系统所处理的输入和输出按以下方式进行：

（1）按数据结构所设定的周期进行周期性的巡回输入和输出，周期的确定一般由硬件时钟激活。

（2）某些事件顺序记录信号的输入是靠硬件中断来驱动的。

（3）为了提高实时性，一般 DCS 的控制算法可以直接调用输入、输出处理模块，从相应的输入输出通道实时地输入本控制算法所需的输入信号，经过算法运算，接着调用输出模块将控制结果直接送往输出通道。

根据信号的类型，输入类功能模块可分为模拟量（包括标准电流或电压信号、热电偶、热电阻信号），数字量信号（包括交、直流电压信号，电压等级有不同类型），脉冲量（通常为高频开关信号）等三大类。周期性的数据输入巡检过程可以有两种执行方式：一种是依次先将各物理通道的机器码输入，将结果存入一个中间缓冲区，然后再逐个地进行信号的处理、转换报警检测等；另一种方式是根据数据库中各数据点的顺序，对每一点进行输入处理，将结果存入数据库，然后输入处理下一点。

（1）开关量的输入处理。开关量的输入一般是分组进行的，即每一次输入操作可以输入16 位或 32 位开关状态，然后分别写入这些位所对应的实时数据，并进行报警检测。

（2）模拟量的输入处理。与开关量输入信号相比，模拟量输入信号的处理要复杂的多。首先是送出通道地址，选中所输入的通道，接着启动 A/D 转换、延时、读入 A/D 转换的结果，然后软件要进行一系列的处理，包括尖峰信号的抑制、数字滤波、线性化、开方处理、工程单位值的转换、报警限值比较、超限报警、事故报警及信号报警、写回数据库等。

（3）脉冲累积量的输入处理。脉冲量输入功能模块是根据 Addr（I/O 地址）地址读取脉冲计数值，经转换为长整型数，并乘以脉冲系数后送到输出 Y。

（4）开关量的输出处理。开关量的输出比较简单，取出该位的值，和其他各输出位一同输出便可以。

（5）模拟量的输出处理。模拟量输出模块多为线性模块。目前，工业控制输出信号等级一般为 4~20mA 的电流信号或 1~5V 的电压信号。输出转换是输入线性转换的逆运算。

除了上述 5 种处理外，在过程控制子系统中，还可能存在其他输入/输出处理模块，例如顺序事件开关量输入，脉宽调制输出等，也能容易地得出输出关系。

2．控制算法类功能模块

从 DCS 体系分级结构可以得知，在一个 DCS 中，过程控制子系统一级直接完成现场数据的采集、输出和 DDC 控制功能，所以，过程控制子系统一般装有一个控制算法模块库。和以往的计算机系统不同，DCS 的控制功能一般由组态工具软件生成，过程控制子系统则根据组态生成的控制要求进行控制运算和实施。

在 DCS 中，各个控制算法是以控制模块的形式提供给用户的，而用户可以利用系统所提供的模块，用组态软件生成自己所需要的控制规律，该控制器再装到过程控制子系统去运算执行。

控制算法类功能模块包括连续调节控制和顺序控制算法模块。

（1）连续控制算法模块。连续调节控制是根据输入给定与反馈信息的信号大小差别（连续量）来进行调节的，而且控制输出和执行机构也多为连续调整的。控制算法类包括常用的控制算法和高级控制算法。常用的控制算法有 P、I、D 和它们的组合，包括一些改进的 PID 算法；用于前馈控制的超前滞后控制算法；用于时间比例的控制算法；用于两位或三位式的开关控制算法等。高级控制算法包括自整定 PID 控制算法；用于纯滞后的 Smith 预估补偿控制算法；基于过程模型的预测控制算法等。

连续调节控制算法包括各种控制算法，如 PID 串级、超前—滞后补偿等，以及各种高级控制算法。

多数的 DCS 都提供的控制算法模块有：

1）超前滞后补偿。

2）比例积分微分调节器。

不论哪一种 DCS，都有 PID 算法，有的采用 PID 位置算法，有的采用 PID 增量算法，两种算法各有优缺点，都得到广泛的应用。有的 DCS 既有增量算法 PID，也有位置算法 PID，供用户选择。

理想 PID 算法用式（3 - 1）表示，即

$$U(t) = K_{\rm c}\left[K_{\rm p}e(t) + \frac{1}{T_{\rm i}}\int_0^t e(t) + T_{\rm d}\frac{{\rm d}e(t)}{{\rm d}t} \right] \qquad (3 - 1)$$

式中　　$U(t)$——控制器的输出；

　　　　$e(t)$——偏差（设定值与实际输出值之差）；

　　　　$K_{\rm c}$——控制器的总增益；

　　　　$K_{\rm p}$——比例增益；

　　　　$T_{\rm i}$——积分时间常数；

　　　　$T_{\rm d}$——微分时间常数。

位置算式 PID 的输出指的是调节阀的开度（位置）大小。理想 PID 的位置算式可由式（3 - 1）得出，在第 k 次采样时刻，PID 位置算式为

$$U(k) = K_{\rm c}\left\{ K_{\rm p}e(k) + \frac{T}{T_{\rm i}}\sum_{j=0}^k e(j) + \frac{T_{\rm d}}{T}[e(k) - e(k-1)] \right\} \qquad (3 - 2)$$

式中　　　　　　$e(k)$——第 k 次偏差；

　　　　　　　　T——采样周期；

$\dfrac{T}{T_{\rm i}}\displaystyle\sum_{j=0}^k e(j)$——从开始时刻起即进行累加的积累项；

$\dfrac{T_{\rm d}}{T}[e(k) - e(k-1)]$——上次偏差与本次偏差构成的差分项；

　　　　　　　　$U(k)$——第 k 次控制器输出。

在 PID 算法开始计算时，如果阀门不是处于零位，则 PID 算式还应加上偏置值。这类算法适用于采用解码网络式 D/A 转换和电容保持式输出等类型的模拟量输出通道。

对于一些有积累作用的 D/A 转换装置，如步进电机式 D/A 转换，可逆计数式解码网络 D/A 转换等，可运用增量式 PID 算法。增量式 PID 的输出指的是增量（改变量），它为前后两次采样所计算机的调节阀位置之差，即

$$\Delta U(k) = U(k) - U(k-1)$$

因为　　$U(k-1) = K_{\rm c}\left\{ K_{\rm p}e(k-1) + \frac{T}{T_{\rm i}}\sum_{j=0}^{k-1} e(j) + \frac{T_{\rm d}}{T}[e(k) - e(k-1)] \right\} \qquad (3 - 3)$

式（3 - 3）减去式（3 - 2），可得

$$\Delta U(k) = K_{\rm c}\left\{ K_{\rm p}[e(k) - e(k-1)] + \frac{T}{T_{\rm i}}e(k) + \frac{T_{\rm d}}{T}[e(k) - 2e(k-1) + e(k-2)] \right\}$$

$$(3 - 4)$$

式中：$e(k)$、$e(k-1)$、$e(k-2)$ 为本次和前两次的偏差。

在稳态时，控制回路的偏差 $e(j) = 0$，此时的控制作用 $\Delta U(k)$ 也为零，调节阀位置

由 D/A 转换器的积累输出予以保持。

位置算法在计算时应知道偏置值，而增量算法在计算时应知道 $U(k)$ 的值，才能计算出 $U(k+1)$ 的值。控制从手动切换到自动时，位置算法的手动输出值正好是偏置，在增量算法时正好是 $U(k)$ 值，所以系统可以实现无扰切换等。

在位置式 PID 算法中，失控和积分饱和现象十分严重，当设定值发生突变或被控量有很大波动时，由于积分的累积作用，由式（3-2）算出的控制量可能超出限制范围，使控制回路处于非线性状态。为了解决上述问题可以采取以下措施：程序中对计算结果和积分项进行检查，对于超过正常允许范围的输出值应代之以正常允许范围限值，对其积分项也进行检查，若超过允许范围，则也代之以正常范围限值。在程序中采取这些措施一称为抗失控和抗积分饱和。增量式 PID 算法由于在算式中没有累加和式，因此不会出现积分失控现象。

此外，各 DCS 厂家提供了先进的控制算法，如模糊控制、自适应控制、预测控制等。

（2）顺序控制算法模块。顺序控制的定义可以简单地说明为：根据预定顺序（或逻辑关系）逐步进行各阶段信息处理而产生控制输出的控制方法。

目前很多 DCS 的顺序控制功能即可采用功能模块图的方式实现，也可采用梯形图逻辑的方式实现，有的则两者都提供。

多数 DCS 系统提供的顺序控制功能模块如表 3-1 所示。

表 3-1　　　　　　　　　　　　　顺序控制功能模块表

序号	功能	图形符号	功能说明
1	与	&	实现对几个输入的布尔变量进行"与"操作，输出一个布尔量
2	或	≥1	实现对几个输入的布尔变量进行"或"操作，输出一个布尔量
3	非	1	对一个布尔变量取"反"操作，输出一个布尔量
4	异或	XOR	对两个布尔变量"异或"操作，输出一个布尔量
5	RS 触发器	R／S	
6	定时器	TIMER　Set　dT　Rst　D	定时和延时
7	计数器	CNT　Z　Y　Rst　D	计数和累积

序号	功　能	图形符号	功　能　说　明
8	步序控制器	STEP Start　Step Stop　Trun Track　Trst Tmode　Run FB1　Fai1 ⋮　End FB8　Step1 BitDis　⋮ Rst　Step8	顺序控制器

3. 运算类功能模块

运算类功能模块包括数学运算功能模块。它的作用是进行数学运算。

在按计算指标进行控制的系统，流量的温度与压力补偿系统、流量的累积等系统中常要用到数学运算。近年来，为提高控制质量和安全性而提出的一些质量控制和安全控制系统也用到数学运算模块。

多数 DCS 系统提供的运算类软件功能模块如表 3－2 所示。

表 3－2　　　　　　　　　　　　　运算类软件功能模块表

序号	功　能	图形符号	功　能　说　明
1	加法器	x_1, x_2 → ＋ → y	$y = k_1 x_1 + k_2 x_2$
2	乘法器	x_1, x_2 → ＋ → y	$y = k_1 x_1 \times k_2 x_2$
3	除法器	x_1, x_2 → ÷ → y	$y = k_1 x_1 \div k_2 x_2$
4	开方器	x → $\sqrt{\ }$ → y	$y = k\sqrt{x}$
5	取绝对值	x → ABS → y	$y = \lvert kx \rvert$
6	热力性质计算	PTCAL P　Y T/S	进行热力性质的计算

4. 信号发生器类功能模块

信号发生器类功能模块包括产生阶跃、斜坡、正弦、方波、非线性信号的功能模块。折线近似曲线的方法可以获得非线性，因此也属于发生器类功能模块。有些系统还有时钟数据输出，如用于报表打印、计时和计数等。

在系统要求提供周期性变化的信号、进行非线性变换（有些 DCS 把它分在转换类）时，或者需要提供相应信号，如斜坡、正弦波、方波等信号时，需采用这类功能模块。

多数 DCS 系统提供的信号发生器类软件功能模块如表 3－3 所示。

表 3－3　　信号发生器类软件功能模块表

序号	功能	功能说明
1	斜坡信号发生器	产生斜坡信号
2	12 段函数	12 段折线近似

5. 转换类功能模块

转换类功能模块对输入信号进行整形、延时，输出另一相应信号。例如，根据信号的上升或下降沿，输出尖脉冲用于计数等；输出一定宽度的方波信号用于信号翻转；延时开或延时闭用于延时等。在数据通信中，数据集的传送也需要送入相应的转换模块，依据在该模块内的先后顺序依次从接收站的转换模块读出发送站送来的数据。

多数 DCS 系统提供的信号发生器类软件功能模块如表 3－4 所示。

表 3－4　　　　　　　　　转换类软件功能模块表

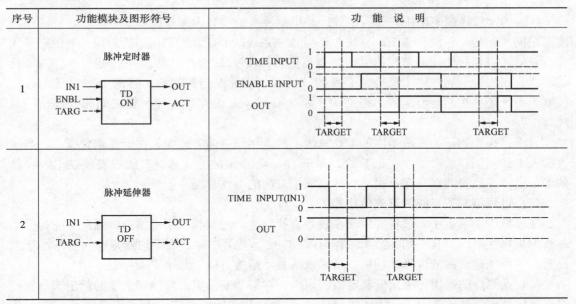

6. 信号选择和状态类功能模块

信号的多路切换，包括对多路输入切入一个通道以及一个通道切入多路输出，信号的高、低限以及报警状态都属于该类功能模块。

多数 DCS 系统提供的信号发生器类软件功能模块如表 3－5 所示。

7. 控制处理类功能模块

控制处理类功能模块主要用于手自动切换、手动信号输出、控制方式选择（包括故障时输出值的确定）、输出信号限值的比较、超限报警及手自动切换时的跟踪处理等。

多数 DCS 提供的控制处理类软件模块如表 3－6 所示。

表 3-5　　　　　　　　　　　信号选择和状态功能模块表

序号	功　能	功　能　说　明
1	高低限幅器 HLLMT	对输入进行上下限的限幅后输出
2	速率限制器 RATLMT	使输出的变化速率限制在上下速率限内
3	高低限报警 HLALM	对输入进行上下限检查，超限时报警输出
4	速率报警器 RATALM	检查输出的变化速率，超限时报警输出
5	多选一选择器	按多个输入信号和一定方式运算后输出，如平均、低选、高选

表 3-6　　　　　　　　　　　控制处理类软件模块表

序号	功　能	功　能　说　明
1	模拟软手操器 S/MA	实现回路的软手操，接收操作指令：切自动、切手动、设定点增减、输出增减，增减速率，由操作指令决定
2	数字软手操器	完成单台设备的基本控制和联锁保护逻辑

除了上述各类功能模块外，还有一些功能模块，例如系统同步用的时钟同步模块，用于打印数据报表的打印模块和报表显示模块等。

三、柜内 I/O 总线系统

DCS 的过程控制子系统作为一柜式计算机测控系统，其内部控制器与 I/O 子系统的连接多采用网络结构，一般称为 I/O 总线。有些 DCS 系统的 I/O 总线采用串行总线；有的则采用并行总线，只是所使用的总线信号比控制器内部 CPU 总线要少，即采用的是非标准的简化的形式，仅提供了输入输出模件所必需的数据线、地址线与控制线。有的 DCS 系统的过程控制子系统还存在其他类型的总线结构，如 Symphony 系统存在着控制器之间相互通信的总线。

对于过程控制子系统机柜内的 I/O 总线，多采用预制的方式安装在卡件箱背板上，当卡件插入卡件箱则自然形成对应的总线。对于 Ovation 系统的 I/O 总线，随着安装在 DIN 导轨的 I/O 组件底座安装在一起，也就自然形成了对应的 I/O 总线。

四、过程控制子系统的可靠性措施

在分散控制系统中，过程控制子系统是直接与生产过程相联系的站点，因此对它提出了最高的可靠性要求。其平均无故障工作时间 MTBF 为数万小时，而平均修复时间要求小于数小时，为保证这么高的可靠性指标，所采取的技术措施有以下几个方面：

（1）元器件的选用。采用低额定值的原则，即将功率额定值与使用温度的额定值分别控制在其标额定值的 50% 和 75% 以内。另外，尽量选用 CMOS 电路与专用集成电路 ASIC，能显著降低功耗与减少片外引线，大大提高可靠性。

（2）元器件筛选。除进行一般静态与动态技术指标的测试之外，需进行高温老化与高低温冲击试验，以剔除早期失效的器件。

（3）接插件和各种开关选用双触点结构，并对其表面进行镍打底镀金处理。

（4）安装工艺。当前的发展趋势是采用多层印制电路板高密度表面安装技术，以减少外引线数目和长度，减少印制电路板面积和提高抗干扰性能。

（5）对各种模件级产品必须百分之百地进行高温老化与高低温冲击试验，用以发现印制电路板与焊装中的缺陷。目前，各种模件的 MTBF 已达到数十万个小时。

（6）为改善模件运行环境，机柜设计成防振、防电磁干扰、防尘、防潮的型式，特别是对机柜内部设备进行整体上的热设计，采用散热、恒温、加热等不同手段，使柜内各种电子设备运行在适宜的温度之中，从而提高了工作的可靠性。

在采取上述各种措施后，过程控制子系统的故障率已降到了尽可能低的程度，但一切小概率事件不是不可能出现的，一旦过程控制子系统全部或部分失去控制能力，将使被其控制的生产过程受到重大损失，因此各厂家生产的分散控制系统无一例外地均采用了冗余技术，即在系统中的各关键环节采用了并联的冗余单元，有采用在线并联工作方式的，有采用离线热备份工作方式的；当主模件出现故障时，备件可立即接替全部工作，系统工作并不中断，而且故障模件可在系统正常运行情况下进行拆换。

具体到过程控制子系统，采取冗余措施的有以下几方面：

1．电源

如前所述，考虑到电源供应的重要性，在过程控制子系统中，其交流电源与直流稳压电源一般均采用了1:1冗余方式，以在线并联方式工作，保证发生故障切换时干扰最小。在采用多个电源模件的系统中，也有采用 N:1冗余方式的。

2．主控制器

在要求特别高可靠性的系统中，一般采用1:1冗余离线热备份工作方式。由一个主从控制电路协调双机的运行，实现状态互检和数据同步。当在线运行一方出现故障时，该电路可自动隔离故障一方，并将 I/O 总线及该站与 Cnet 网络的控制权交给原备份一方。故障状态立即上报操作站，显示在 CRT 显示器上，提示维护人员修理。此外也可在操作站上人为干预某过程控制子系统的双机切换，或在过程控制子系统用手动切换。

3．网络接口

通信网络在 DCS 中是至关重要的神经中枢，为保证其可靠，在过程控制子系统中网络接口（网卡）均采用了1:1冗余结构，有的系统在冗余的主机内，每一侧还采用了两块互为冗余的网卡，并各自通过切换开关与两个网分别连接。

4．I/O 通道的冗余

I/O 模件是过程控制子系统中种类最多，数量最大的，其冗余方式也有各种形式。

（1） N:1后备方式。在过程控制子系统中每 N 块相同的模件，配备一块离线热备份模件，一旦 N 块模件中有一块出现故障，有 N:1切换装置将故障模件隔离，并将备份模件插入取代之，常见的有1:1、3:1、7:1、11:1等后备方式。

（2）"三取二"表决方式。对于一些特别关键的输入输出点，为避免单一 I/O 通道一旦出现故障产生误动作对生产过程的巨大影响，常采用此方式。例如对于开关量输入通道，将输入的现场信号接到三对输入端子上，通过三条 I/O 输入通道输入，由 CPU 比较这三个信号，取两个以上相同的值为真值，并进行处理。

对于输出通道亦可采用类似的方法。例如对开关量输出通道，一个输出信号可分送到三条输出通道上，然后由一专门装置进行"三取二"的表决处理，按有两个以上相同的值来进行，通常即由特殊的执行机构（如三线圈电磁阀）来执行，如图3-8所示。这是 TME 系统的冗余的3取2自动化系统，它含有三个自主的中央处理单元 CPU。命令执行是同步的，I/O总线信号以3取2的冗余进行连接，信号采集也是三冗余。图中2V3为"三取二"表决电路。

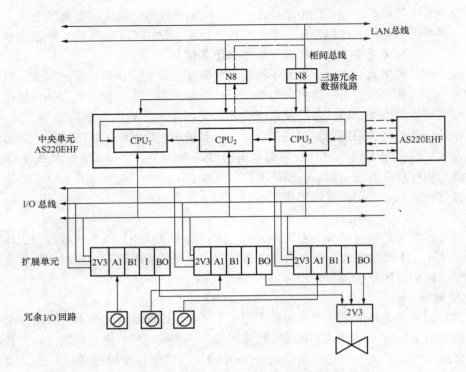

图 3-8 输出通道三路冗余数据线路

（3）两两对比表决方式。在一些主机与 I/O 通道均采用了 1:1 冗余方式的过程控制子系统中，对一些重要的输入点设置了双输入通道，例如对每一路模拟量输入信号可通过 A/D 转换通道取得两个输入值，由 CPU 比较这两个值，若其差值小于预定的误差限，则认为输入值正确，否则即认为输入通道有故障，切换到备份机工作。

为了尽量缩短故障修复时间，过程控制子系统的结构设计者都充分考虑到了系统的可靠性。互为冗余的部件均采用了完全一致的插件结构，输入、输出电缆一般设置在机架后方，模件前面板上只有运行状态指示灯和一些手动操作开关，系统自检中发现的故障模件可在前面板上明显地标志出来。维护人员在系统运行中将故障模件拉出，插入备份模件即完成了硬件的维修工作，仅需几分钟。

5. 输出保护

过程控制子系统一般是直接控制生产过程的。如果过程控制子系统在故障时输出信号发生紊乱，就会严重影响生产过程的运行，甚至会造成人身伤亡甚至设备损坏。为此，在过程控制子系统的输出电路中常采用各种安全保护措施，其主要保护原则如下：

（1）尽量减少每个 D/A 转换器所控制的输出通道数。

（2）模拟量和开关量输出在过程控制子系统故障时应进入安全状态。安全状态取决于生产过程的要求。对于开关量输出，可选择 0 或者 1 作为安全状态。对于模拟量输出，可选择最大值输出、最小值输出、故障前输出、预定值输出等作为安全状态。

（3）输出电路的电源最好与过程控制子系统其他部分的电源分开。这样，当过程控制子系统其他部分失电或故障时，仍然保证输出信号的存在。

（4）输出电路将输出的实际值反馈到过程控制子系统中，这样做有两个目的：一是可以让过程控制子系统检查输出的正确性；二是让过程控制子系统与手动操作站或其他冗余过程控制子系统之间实现无扰动切换。

（5）尽量减少输出电路中硬件和接线的数量。

6．在线诊断

要通过冗余措施来提高系统的可靠性，就必须能够及时发现过程控制子系统的故障，这一点是通过过程控制子系统的在线诊断功能实现的。在大多数分散控制系统中，利用过程控制子系统中的微处理器实现在线诊断，因此在过程控制子系统的指令系统中有各种自诊断程序。根据功能作用和执行时间，诊断程序可分为输入诊断、组态诊断、内存诊断、输出诊断、联合诊断、电源系统诊断、启动过程诊断、工作过程诊断和周期诊断等。一旦诊断程序发现故障，过程控制子系统必须采取一定的保护措施。例如，向运行员操作站发出报警信息。

第二节　Symphony 分散控制系统的过程控制子系统 ⇨

一、现场控制单元的硬件组成

Symphony 系统的现场控制单元 HCU 是 Symphony 系统唯一完成过程控制的柜式结构。这一设备包括：CAB 系列机柜、IEMMU 系列模件安装单元以及相应的支持电子模件的配套硬件结构。HCU 内支持如下 4 种模件，即通信模件对、智能化控制器模件、控制器模件的 I/O 子模件、电源模件等。HCU 为支持它所具有的各种类型的模件，以及通过这些模件完成的各种功能，它使用了两层通信网络，来传递 I/O 数据和控制信息等。HCU 的通信结构如图

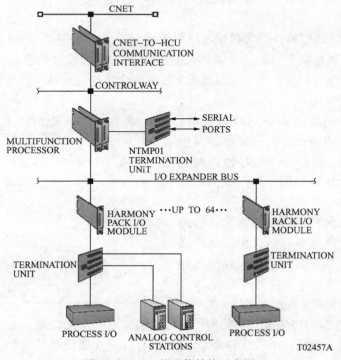

图 3－9　HCU 的通信结构示意图

3—9所示。

（一）HCU 的柜内通信网络结构

HCU 柜内的主要网络为：

（1）连接控制器模件的冗余总线——控制通道（CONTROLWAY）；

（2）连接 I/O 子模件的并行总线——I/O 扩展总线（I/O EXPANDER BUS）。

通信网络随安装结构的布置自行建立起来。HCU 内的控制通道将根据设计，通过 1 组 3 芯的绞线连接，把应该连接的每一层模件安装单元上的控制通道连接起来，形成整体的柜内现场通信总线。

1. 控制通道 C.W（CONTROL WAY）

控制通道是现场控制单元 HCU 内部使用的，是各控制器模件、网络处理模件 NPM 之间进行通信的通道。

控制通道是一串行的，以 1Mbit/s 通信，支持 32 个智能处理器模件的冗余总线结构。它被预制在 MMU 后部印刷电路板的上部，并通过相应的接插件与控制器模件的 P_1 板边连接器连接，为控制器提供所需的控制通道网络。

控制通道采用 1:1 冗余配置，保证各个模件之间过程控制策略可靠执行。控制通道具有 DMA，允许快速操作。控制通道采用自由竞争广播方式传输信息。

2. I/O 总线（I/O EXPANDER BUS）

I/O 总线实现现场控制单元 HCU 的各个 I/O 模件和控制器之间的互联和信息传递，I/O 总线是一数据宽度为 8 位的并行高速通信总线，它被预制在 MMU 印刷电路板的下部。它将通过接插件与子模件及控制模件的 P_2 板边连接器连接，形成每一模件所需的 I/O 通信总线。I/O 总线最多支持 64 个与控制器模件配置相关的子模件。

（二）通信模件对

INNIS 和 INNPM 通信模件对实现现场控制单元 HCU 和控制网络 CNET 的连接。这一模件对在 NIS 模件的一侧连接着 Cnet，使该单元能够参与 Cnet 的数据交换；另一侧则通过 NPM 模件连接着控制通道（C.W）并在控制通道上占有一个地址，使这一现场控制单元成为一个 Cnet 上的一个独立节点。

INNIS 是环形网络中必备的接口模件，主要承担通信协议的执行、信息报告的发送与接收。INNPM 按 1、2、4、8 次/秒四种速率查询控制通道上所有控制模件产生的例外报告。INNIS 和 INNPM 搭配，缺一不可。把控制器模件产生的例外报告收集起来，按地址分类，输入 NIS 模件形成信息包，并可以把 NIS 接收到的本节点信息包打包并传入相应的控制器模件去执行过程控制的要求。

通信模件的主要技术指标见表 3—7。

表 3—7　　　通信模件的主要技术指标表

型　　号	NIS	NPM
名　　称	网络接口子模件	网络处理模件
通信速率（bit/s）	10M	1M
扫描速率（次/s）		8
带载能力		32 个地址
CPU	68020	68020
ROM（KB）	64	256
RAM（KB）	128	256
安　　装	1 个槽位	1 个槽位

NIS、NPM 模件对可以组成冗余结构，支持冗余的通信电缆以提高通信的可靠性。NIS、NPM 模件对的冗余，使用两个 NIS 和两个 NPM 模件。一对通信模件承担工作，另一对模件则处于热备状态。

通信模件对具有自诊断功能，随时对模件的运行进行监视，并且可以借助模件前面板上的 LED 显示其运行方式及操作过程。一旦模件出现故障，通信模件对一起被旁路，冗余的模件对将在极短的时间内在线，接替原模件对的工作，并且不会影响整个网络的通信安全。同时，系统中的人机设备上会收到故障的报警信号，提醒操作人员尽快采取措施，排除故障，恢复正常运行。

（三）控制器模件

Symphony 系统的控制器采用模件化结构，它提供的控制器模件有多功能处理器 MFP、桥控制器 BRC。控制器模件通过 I/O 总线连接 I/O 子模件，控制器按照用户组态通过 I/O 总线对 I/O 模件进行扫描，从 I/O 模件获得实时信息或通过 I/O 模件输出控制信号传输至现场完成过程控制。

控制器模件能够通过控制通道（C.W）完成处理器模件间的数据交换，通过站链连接 64 个模拟控制站，通过冗余链实现控制器的冗余。

多功能处理器模件 MFP 是一个系列产品，包括：IMMFP11、IMMFP12 等模件。这是一个单印刷电路板，占 MMU 一个槽位的主模件。多功能处理器具有前面板，支持 LED、STOP/RESET 开关。其后部具有 P_1、P_2、P_3 等板边连接器，用于连接逻辑电源、控制通道、I/O 总线。多功能处理器模件 MFP 外形如图 3 – 10 所示。

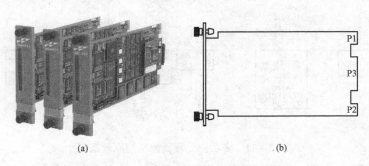

(a)   (b)

图 3 – 10　多功能处理器模件 MFP 外形

（a）前面板结构；（b）模件轮廓及板边连接器

1．控制器处理器的功能

多功能处理器的功能包括数据采集及处理、过程控制、通信协议转换等功能。

过程控制包括回路控制、顺序控制、分批控制、优化控制等。

数据处理包括现场设备所具有的数据及状态，各种效率及优化运算等。

协议转换包括与其他第三方计算机、PLC、控制系统的物理连接及软件沟通。

自诊断能力是指 MFP 自动判别软、硬件故障。

2．控制器的冗余设置

多功能处理器 MFP 可以设置成 1:1 冗余。其冗余方式为：主处理器处于运行执行方式，冗余处理器处于热备跟踪方式；冗余的控制器共同支持 I/O 总线，从现场获得信息。控制器在实际工作时，一个模件应设置成主要模件，来完成过程控制。另一个模件设置成处于热备用状态的辅助模件，此模件只跟踪主模件的信息而不能在线运行。由于两个模件组态是一样的，所以在需要切换时，只须将重要的数据读入辅助模件就完成了切换。另外，控制器的冗余还可以提供在线修改组态的能力，而对过程控制没有任何影响。经过工程师操作可以把新修改的组态，自动拷贝至另一个模件来完成组态的修改过程。

3.控制处理器的结构及功能

Symphony 系统的多功能处理器 MFP 是一个独立的，采用模件化结构的控制计算机。它具有长期在线运行，大容量，高速度，高可靠性，使用方便等面向工业控制的特点。

多功能处理器 MFP 主要包括：CPU、三种存储器、通信接口、数据传输通道、开关、模件面板上的 LED 显示和开关等 I/O 结构，模件具有的所有部件均集成在一块模件电路板上。它的结构原理框图如图 3－11 所示。

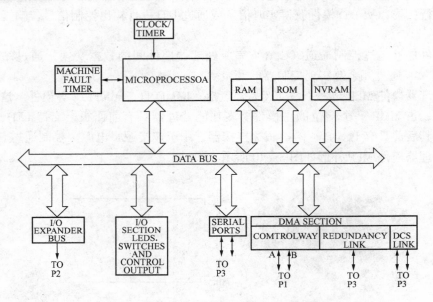

图 3－11　多功能处理器的结构原理框图

（1）微处理器 Microprocessor。微处理器是一个 32 位的处理器，以高速、高效地执行 ROM 中的各种程序，读取有电池后备 RAM 中的控制策略，以及进行相应的运算，进而完成策略所规定的所有过程控制功能。

（2）时钟与定时器 Clock/Timer。时钟与定时器为模件的工作及通信提供稳定的时钟信号，并同步、协调模件各部分的正常运行。

（3）内部存储器 ROM、RAM、NVRAM。多功能处理器模件装配了三种类型的存储器，并各自存储自己的数据。ROM 用于固化操作系统与标准控制算法，NVRAM 用于存放工程师所做的控制策略，RAM 用于存放过程动态数据及执行控制组态；为提高模件的运算速度，在其内存存取技术中，采用了单脉冲等待周期的工作方式。而后备电池支持技术的采用，可使控制组态能够长时间的保存。

（4）I/O 扩展总线 I/O Expander Bus（X.B）。控制处理器以并行数据传输的方式，借助 X.B 总线与 I/O 模件通信。处理器通过该总线得到相应过程数据的输入、输出；而 I/O 模件通过这一总线接收处理器的控制，X.B 总线可加挂 64 个通道模件，其通信速率为 500kbit/s。

（5）I/O 部分。控制处理器通过这一部分，来读取用户在模件上完成的设置，如监控按钮的操作、驱动模件面板的状态指示灯显示等。同时，当处理器出现故障时，用它来表达已完成了冗余切换等信息。

（6）DMA 部分 Direct Memory Access。控制处理器的各种通信接口，采用直接存取的方式向内存读取数据。此时，中央处理器则处在旁路状态，这样的结果将大大提高数据吞吐的效率。DMA 部分包括：控制通道［Control Way（C.W）］、冗余链（Redundancy Link）和站链（Station Link）。

冗余的控制处理器之间可采用 1Mbit/s 的 DMA 方式通过冗余链通信。在正常工作时，控制处理器之间随时传递动态数据。一旦正在执行的控制处理器退出运行状态，备份的控制处理器将在线，并继续执行相应的控制任务。冗余的处理器在几毫秒内完成整个切换过程，并对过程控制不产生任何影响。也就是说，其组态建立起的控制与保护功能不会因为切换而丢失或中断。

控制处理器通过一个站链与具有旁路功能的硬手操站联系。在正常工作时，操作员在该手操站上的操作，通过该链告知处理器及更新相应的数据。当控制处理器发生故障时，该手操站可直接接受操作员的指令控制现场设备。

（7）串行通道 Serial Channels。为实现多种方式的开放结构，控制处理器装配了两个独立的通用串行接口，可就地与第三方设备进行通信，而不必经过 Symphony 系统的高层通信结构。

（四）I/O 子模件

I/O 子模件是 Symphony 系统与现场经过端子直接相连接的唯一通道，包括 AI、AO、DI、DO、CO 及特殊功能的子模件等。MFP 模件通过 I/O 总线可以连接 64 个子模件，而子模件又具有不同的信号通道，以满足现场各种信息连接的需要。

1. 模拟量输入模件

Symphony 提供了多种模拟量输入模件，其中包括 IMASI13、IMFEC12。其主要技术指标见表 3－8。

表 3－8　　　　　　　　　　　　　　模拟量输入模件的主要技术指标

型　　号	IMASI13	INFEC12
名　　称	模拟量输入子模件	模拟量输入子模件
带载能力	16 路	15 路
测量精度	4～20mA：0.02% TC/mV：0.03% RTD：0.05%	4～20mA（DC）：0.1% 1～5V（DC）：0.1% 0～5V（DC）：0.1% 0～10V（DC）：0.1% －10～＋10V（DC）：0.1% 0～1V（DC）：0.25%
A/D 分辨率	24 位	14 位（带极性）
输入信号类型	高电平：1～5V、4～20mA、0～5V、－10～10V、0～10V（DC） 低电平： TC：E、J、K、L、N、R、S、T、U、中国 E、S RTD：10Ω 铜电阻、Pt100Ω 铂电阻、Ni120Ω 镍电阻、中国 53Ω 铜电阻 MV：－100～＋100mV（DC）	高电平：1～5V、4～20mA、－10～＋10V、0～1V、0～10V、0～5V（DC）

IMFEC12 模拟输入子模件还可处理频移键控 FSK 信号，并以点对点方式或数字总线方式连接。这一模件不仅能够连接 15 台智能变送器，而且还能够用两条总线，连接 15 台与其通信协议相适应的智能变送器和其他智能设备。

IMASI13 模件的通道是独立的可分别进行组态，连接不同的现场信号。该模件的每一通道都具有隔离和开路检测器，来保证通道的可靠性。

2. 模拟量输出模件

Symphony 提供了多种模拟量输出模件，其中包括 IMASO11。其主要技术指标见表 3 – 9

ASO11 的每一通道可分别组态成 1 ~ 5V（DC）、4 ~ 20mA（DC）的输出，并且可均置在 0%、100%、当前值的隐含值状态，以保证在 MFP 故障时维持输出。ASO11 带用输出回读功能，将输出的模拟量送入 A/D 转换器，允许 MFP 通过回读值校正输出。

3. 数字量输入模件

Symphony 系统的数字量输入模件包括 IMDSI12/13/14/15，它们适用于两位式信号的输入。数字量输入模件主要技术指标见表 3 – 10。

表 3 – 9　　　IMASO11 的主要技术指标

通　　道	14 个独立的模拟输出通道
输　　出	1 ~ 5V（DC）、4 ~ 20mA（DC）
分辨率	10 位
输出精度	电压方式：≤0.15% 电流方式：≤0.25% D/A 分辨率：10bit 输出负载：最小 22kΩ（电压） 最大 750Ω（电流）

表 3 – 10　　数字量输入模件主要技术指标

通道数量	16 路具有光电隔离的数字输入通道
通道性质	IMDSI12：24V（DC）/48V（DC）/125V（DC）/120V（AC） IMDSI13：24V（DC） IMDSI14：48V（DC） IMDSI15：125V（DC）/120V（AC）

4. 脉冲量输入模件

Symphony 系统的脉冲量输入模件为 IMDSM04。其主要技术指标见表 3 – 11。

表 3 – 11　　　　　　　　　脉冲量输入模件 IMDSM04 的主要技术指标

通道数量	8 路独立的脉冲输入通道			
		逻辑 0	逻辑 1	输入
通道性质	范围 1	0V ~ 1V（DC）	4V ~ 6V（DC）	4V ~ 6V（DC）
	范围 2	0V ~ 2V（DC）	21.6V ~ 27V（DC）	21.6V ~ 27V（DC）
	范围 3	$-5Vp ~ -25mVp$	25mVp ~ 5Vp	50mVp ~ 10Vp
防止抖动时间	ON：8.5ms　　OFF：8.5ms			
输入信号频率限	该电路对 40Hz 以上的信号具有防抖特性			
方式精度	累加方式：±0 计数 频率方式：±1 计数 周期方式：±1 计数			
最高输入频率	50kHz			
时间基准精度	±0.033%			

DSM04 输入的脉冲可选，最高频率为 50kHz，计数器为 16 位，对脉冲的测量从 20ms ~

655000s。对脉冲的计数主要针对上升沿、下降沿、沿之间的时间。DSM04 有三种工作方式，即累加方式、频率方式和周期方式。在累加方式，每一个脉冲输入信号被分别累加，最大累加计数 65534 或直到计数器复位。在频率计数方式，模件按预先设置的参数，采集该周期间隔中的输入脉冲，并将其计数。其输入通道的频率范围为 0.15mHz ~ 50kHz。周期方式是对基本时钟产生的时钟脉冲进行计数。模件的基本时钟可设置成：0.1ms、1ms、10ms、0.1s、1s、10s 等 6 个时钟范围。用户对具体基准时钟的设置，应根据需要来选择。

5. 数字量输出模件

Symphony 系统的数字量输出模件包括 IMDSO14/15，分别用于集电极、电磁继电器等的输出。主要技术指标见表 3 – 12。

表 3 – 12　　　　　　　　数字量输出模件 IMDSO14/15 的主要技术指标

型号	IMDSO14	IMDSO15
名称	数字输出子模件	数字输出子模件
通道	16 路光电离的数字输出通道	8 路光电隔离的数字输出通道
通道性质	IMDSO14：250mA/24VDC、125mA/48VDC	额定电流：3A 最大 开关容量：1.5A/48V（DC）（电阻），0.6A/48V（DC）（电感） 3A/120V（AC）（电感）

每一种数字输出子模件均设置隐含值，一旦模件故障，隐含值逻辑将自动启动，达到组态所需要的数值。

6. 控制输入输出模件

Symphony 系统提供了支持回路控制的控制输入输出模件 IMCIS12。它为多功能处理器提供专门的，具有一定分散度的模拟输入、模拟输出通道，以及数字量输入、输出通道。其主要技术指标见 3 – 13。

表 3 – 13　　　　　　　　控制输入输出模件 IMCIS12 的主要技术指标

通道数量	AI：4、AO：2、DI：3、DO：4 等通道		
通道性质	AI：1 ~ 5V（DC）、4 ~ 20mA（DC） CO：1 ~ 5V（DC）、4 ~ 20mA（DC） DI：24V（DC）、48V（DC）、125V（DC）、120V（AC） DO：24V（DC）/48V（DC）	输入、输出精度	AI：± 0.1% CO：D/A 10bit 负载：600Ω/600mH（电流） 电压：> 1kΩ

CIS12 支持两路输出，具有较高的离散度。所以对控制来说安全可靠，即使出现问题也只有较小的影响。CIS12 模件可以通过硬件设置能做到差动输入、单端输入、内部或外部提供 + 24V，以及输出回路所需要的隐含值，即 0%、100% 或当前值。这样，即便 MFP 发生故障也能使现场仪表至安全值或保存值。其中的模拟量输出通道具有回读功能。

（五）电源模件

MPSⅢ是 Symphony 系统最新推出的模块化电源系统，它采用了标准的电源模块，可以根据用电的负载及等级，来选择不同的电源模块，以满足不同用户现场的需求。

Symphony 系统提供了 15 种不同的型号的块状电源。这一电源即可为系统运行提供如 + 5、+ 15、 – 15V（DC）工作电源，也可提供现场如 + 24、+ 48、+ 125V（DC）等电源。

块状电源支持冗余设置，系统具有的共担电路，可由冗余的电源承担输出电流，并且

AC 输入电源的有效电源系数调整最大可为 0.95。块状电源监视它的输出和内部温度，并通过 LED 显示电源的当前状态。

一个典型的 MPSⅢ系统的单电源安装系统结构包括：

（1）1 个电源输入盘 PEP。

（2）1 个电源安装架。

（3）1 个风扇组件。

（4）2 个块状电源：每一个块状电源由一电缆导线连接至 PEP。

（5）1 个总线监视组件。

二、现场控制单元 HCU 的组态软件及算法功能块

1. HCU 组态软件

HCU 的组态工作需用 Symphony 系统的工程师工具 Composer 提供的自动化设计师（Automation Architect）组态软件完成，Automation Architect 是建立和管理 HCU 控制应用程序的功能码组态编辑器。工程师可以用下拉图标的方法方便地组态功能码控制图，机柜布置图，电源分配图等。可以编辑下装组态，也可以在线地对过程进行监视、调整。Automation Architect 的画面结构如图 3-12 所示。

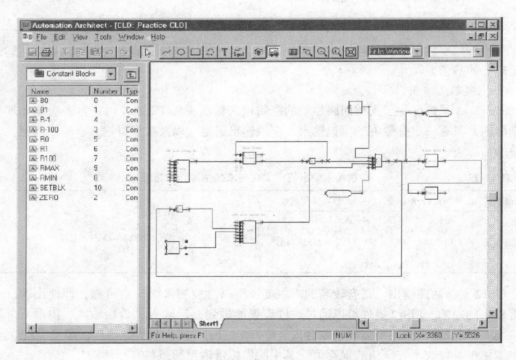

图 3-12 HCU 组态工具画面结构

2. 功能码

（1）概念。Symphony 分散控制系统提供了一系列完成不同功能的软件模块，为了便于使用这些软件模块构成具体的功能，对每个软件模块都编排了不同的代码，称为功能码 FC（Function Code）。Symphony 系统总共规划了 255 个功能码（FC1～FC255），目前已完成了 220 多个，并逐步在完善。

电厂分散控制系统

每一种功能码代表的是一种具体的局部功能软件，那么所有功能码的集合就代表着一个具有各种功能子程序的软件库，即功能码数据库，就好比一系列不同功能的仪表组件，因而有时也把这些功能码称为软仪表。

功能码数据库存放在各种多功能处理器 MFP 模件的只读存储器 ROM 中。每一个多功能处理器 MFP 模件的只读存储器 ROM 中只存放该模件组态所能使用的功能码。这些功能码的编号实际上就是相应标准子程序在只读存储器 ROM 中的地址。

Symphony 系统提供的功能码一览表可参见附录 1。

（2）功能码的规格参数。功能码的规格参数是指功能码的输入个数，在一个功能码中，S 代表规格参数号。规格参数有两类，即地址类规格参数和内部规格参数。

地址类规格参数定义本功能块与其他功能块间的连接关系，其作用是实现各功能块的连接，如 FC19 的规格号 S1、S2 定义过程变量和设定值来源于哪个功能块，块地址为 S1、S2。而 < S1 > 、 < S2 > 表示 FC19 的输入值，即过程变量和设定值的大小。

内部规格参数是指影响功能块内部运算的规格参数。如 FC19，其规格参数 S6、S7、S8 定义 PID 调节器的比例、积分和微分时间常数，S9、S10 定义输出的高限值和低限值等。

3. 功能块

在组态控制策略时，当选用一个功能码 FC 时，必须指定一个块号，即块地址 N。该选定了的功能码称为功能块 FB（Function Block）。MFP 模件的后备电池供电的 RAM 中准备了足够容量的功能块空间来存放用户组态。功能块的块号表示每个功能块在后备电池 RAM 中的相对位置，表示在一个组态好的控制策略中各个功能块之间的相互关系，同时也表明了各功能块在一个组态的控制策略中的执行顺序。

功能块的块号实际上还代表着该功能块的一个输出。有的功能码只有一个输出，有些功能码有多个输出 N、$N+1$、$N+2$ 等。

4. 应用示例

功能码 19，如图 3-13 所示，这是以 PID 为核心的标准算法，主要应用于回路控制。这一功能码共有 12 个规格参数来描述功能码的详细功能及参数，只要填写参数就使功能码用于实际的 PID 控制。

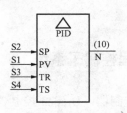

图 3-13 功能码

功能码 19 的输出为：

块号	类型	描述
N	R	输出信号（工程单位 EU）

规格：

规格号	是否可调	缺省值	类型	范围	描　述
S1	N	5	INT	9998	过程变量输入块地址
S2	N	5	INT	9998	设定值块地址
S3	N	5	INT	9998	跟踪参考信号块地址

规格号	是否可调	缺省值	类 型	范 围	描 述
S4	N	1	INT	9998	跟踪切换信号块地址 0 = 跟踪；1 = 释放
S5	Y	1.000	REAL	FULL	增益放大倍数 K
S6	Y	1.000	REAL	FULL	比例常数 K_p
S7	Y	0.000	REAL	0 - 9.2E18	积分时间常数 K_i（1/min）
S8	Y	0.000	REAL	FULL	微分时间常数 K_d（min）
S9	Y	105.000	REAL	FULL	输出高限
S10	Y	- 5.000	REAL	FULL	输出低限
S11	Y	0	B	0 或 1	设定值改变 0 = 正常；1 = 只有积分（$K_i \neq 0$）
S12	Y	0	B	0 或 1	控制器误差作用 1 = 反作用误差；0 = 正作用误差

在组态时凡是需进行 PID 功能的控制策略，均可以使用这一功能码，组成单回路、串级、比值、超驰等调节回路。

图 3 - 14 为一单回路并具有 M/A 手动站的调节信号输入输出控制回路组态示意图。

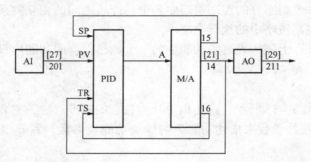

图 3 - 14 单回路控制回路组态示意图

第三节 Ovation 分散控制系统的过程控制子系统

Ovation 分散控制系统的过程控制子系统称为 Ovation 控制器。Ovation 控制器完成生产过程数据的采集、信号电平转换和处理、模数和数模转换、运算、模拟调节、程序控制、高级控制、信息交换等任务。它向上通过插以太网或分布式光纤数据接口 FDDI，与操作管理装置或同层的控制器进行通信。

一、Ovation 控制器的硬件组成

Ovation 控制器是由 Ovation 控制器、输入输出模块、I/O 总线及电源等组成。它的核心是 Ovation 控制器。Ovation 控制器的硬件组成示意图见图 3 - 15。

（一）Ovation 控制器的柜内通信系统

Ovation 分散控制系统的控制器机柜仅提供了一层通信网络结构，即控制器与 I/O 模块之间的通信总线。该通信需要控制器配置 PCRL 卡以实现 Ovation 控制器与 I/O 模块的通信。Ovation 系统的 I/O 基座通过"Base To Base"连接器首尾相连，即自然形成了 I/O 通信总线。

（二）Ovation 控制器

Ovation 控制器采用 Intel 奔腾处理器结构，通过流行的接口和基于最新网络技术的网络相连。控制器用实时多任务操作系统（RTOS）内核处理数据。控制器采用标准的 PC 结构和相应的 PCI/ISA 总线接口，使控制器可以与其他标准 PC 产品连接和运行。控制器外观及其安装基架结构见图 3 – 16。

Ovation 控制器由奔腾处理器（Pentium CPU）、闪烁存储器，网卡和 IO 接口卡 IOIC（PCRL、PCRR）组成。它的结构示意图见图 3 – 17。

1. Pentium 处理器

Pentium 处理器是 Ovation 控制器的指挥中心，它在晶振时钟基准、内部定时器、存储器、中断控制器的配合下，负责控制器的总体运行和控制，即按预定的周期、程序和条件对相应的信号进行处理、运算，对控制器和 I/O 模块进行操作控制和故障诊断。

2. 闪烁存储器

闪烁存储器用于存储操作系统、控制算法和控制策略。

3. 网卡

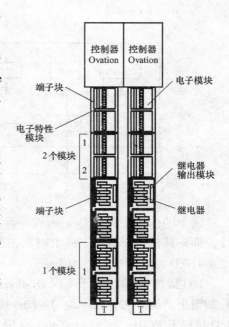

图 3 – 15　Ovation 控制器的硬件组成示意图

(a)

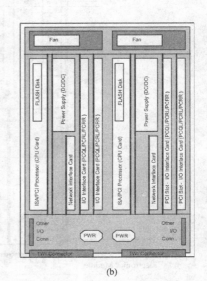

(b)

图 3 – 16　控制器

(a) 控制器外形；(b) 控制器安装基架

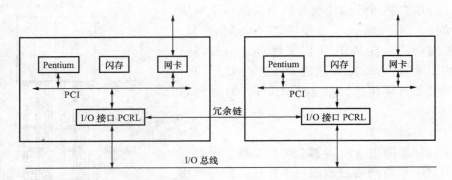

图 3 - 17   Ovation 控制器的结构示意图

网卡的作用是实现 Ovation 控制器与控制网络（Ovation 系统称之为数据高速公路）的连接，即与其他控制器站点或 HMI 站点通信。

4. I/O 接口卡 IOIC（IO Interface Controller）

I/O 接口卡 IOIC 用于实现 Ovation 控制器和 I/O 模块的连接，完成控制器的数据采集和控制输出功能。它包括本地 Q - Line 接口卡 PCQL、远程 Q - Line 接口卡 PCRR、就地 Ovation I/O 接口卡 PCRL、远程 Ovation I/O 接口卡 PCRR 以及第三方 I/O 卡。

每个控制器可配 2 个 IOIC 卡，每个 PCRL 可带 8 个 I/O 分支，每个分支 8 个 I/O 模块，则

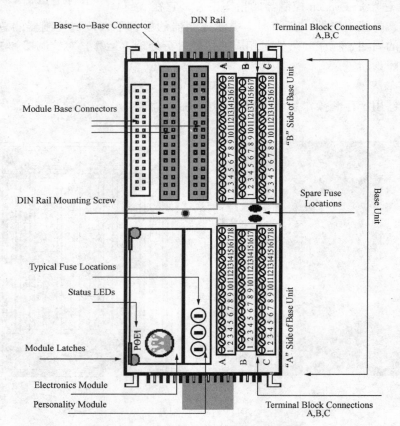

图 3 - 18   I/O 基座及标准模块安装示意图

电厂分散控制系统

一个控制器最多可带 128 个本地 Ovation I/O 模块。每个 PCRR 可带 8 个节点，每个节点包括 8 个 I/O 分支，每个分支 8 个 I/O 模块，则一个控制器最多可带 1024 远程 Ovation I/O 模块。

在 PCRL、PCRR 卡上有 8 个 LED 灯指示控制器 8 个本地 I/O 支路、或 8 个远程 I/O 节点的状态。四个 LED 显示器用于控制器出错的错误码。

（三）输入输出子系统与 I/O 模块

1. 输入输出子系统

输入输出子系统用于实现 Ovation 控制器和生产过程的连接。它的基本作用是对生产过程的模拟量信号、开关量信号、脉冲量信号进行采样、转化，处理成控制器能接收的标准数字信号，或将控制器的运算输出结果转换、还原成模拟量或开关量信号，去控制现场的执行机构。

I/O 子系统由极具特色的 I/O 模块基座（Base）、I/O 电子模件（Electronics Module）及与之配套的电子特性模件（Personality Module）构成。I/O 模块基座提供了现场到 I/O 模块的信号连接的接线端子块（Terminal Blocks），以及用于安装 I/O 电子模件和与之配套的电子特性模件的插座。I/O 基座串行连接在一起就形成了 Ovation I/O 子系统的一个分支（Branch）。I/O基座及标准模块安装如图 3－18 所示。

Ovation 分散控制系统支持两种不同类型的 I/O 模块，即标准 I/O 模块和继电器 I/O 模块。

标准 I/O 模块由三部分组成，即特性模块、电子模块和安装在 DIN（德国工业标准）导轨上的基座，如图 3－19（a）所示。基座设计为通用形，它提供 DIN 制导轨，现场连接端子，I/O 通信，I/O 模块电源和为两个独立的 Ovation I/O 组件提供附加电源。每个基座可容纳两个标准 I/O 模块，每个标准 I/O 模块占用一个逻辑地址，每个标准 I/O 基座占用 2 个逻辑模块地址。

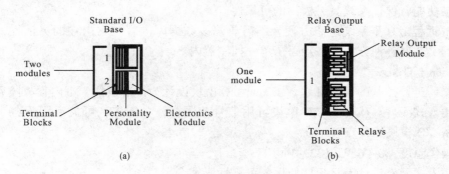

图 3－19　I/O 模块示意图

(a) 标准模块；(b) 继电器模块

继电器输出模块由两部分组成，即基座和继电器输出电子模块，如图 3－19（b）所示。继电器模块包括带有连接器的基板，塑料外壳和 DIN 导轨夹紧装置，可同时容纳多个与现场接口的继电器。每个继电器输出基座可容纳 1 个继电器模块，占用 1 个逻辑地址。由于需要额外的空间容纳继电器，其长度是标准 I/O 组件的 1.5 倍。继电器输出电子模块是可在线更换的模块，他提供了继电器输出电路板，电路板线圈驱动接口、I/O 总线和总线电源接口。

每台 Ovation 控制器可带 2 个 IOIC 卡，每个 IOIC 卡带 8 条分支，每条分支安装 4 个 I/O

基座，8 个标准 I/O 模块。在控制器机柜可安装 4 条分支，其他 I/O 分支可安装在扩展机柜中。在控制器机柜或扩展机柜的左侧，模块由上向下安装，右侧则相反。如图 3 - 20 所示。如果继电器输出模块和标准 I/O 模块混合安装在同一分支上，标准 I/O 模块必须从分支的奇数开始，如 1/2、3/4、5/6 或 7/8，继电器模块则可安装在奇数或偶数位置，例如 1、2、3、4、5、6、7 或 8 槽位。

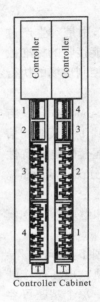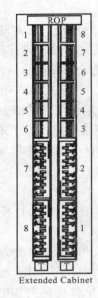

图 3 - 20　模块安装示意图

为了保证系统兼容性 Ovation 控制器还支持 WDPF II 系统中的 Q_line 系列 I/O 模件。

与控制器配套，远程 I/O 子系统提供灵活低成本的方法实现对整个工厂的各个部位的分散 I/O 控制。远程 I/O 子系统采用已通过工业现场考验的高速、标准工业化通信技术，这样可以保证远程 I/O 子系统满足大范围工业场合下的控制和信息处理要求。将 I/O 模块放置在越靠近现场设备，整个工厂的电缆需要量的减少就越明显。

远程 I/O 子系统要比传统的本地 I/O 控制结构更加灵活。在远程 I/O 中，用户可以选择光纤通信或同轴电缆通信，可以将本地和远程 I/O 连接在一台控制器上。根据所选的通信介质不同，每个远程 I/O 接口能支持 8 个远程节点，而每个远程节点最多可以支持 64 个 I/O 模块。

和 Ovation 的其他系统一样，远程 I/O 子系统除了处理器具有冗余功能外，还具有冗余通信、周期通信诊断和纠错功能，保证系统具有极高的可靠性。

Ovation 远程 I/O 子系统组态方便，不需要修改数据库内容。它内在的灵活性，允许将本地和远程 I/O 以各种方式组态到一个单一控制器内。

2. Ovation I/O 模块

为了保证过程控制的长期可靠，Ovation I/O 模块设计为标准模块，带内置故障容错和诊断功能的插入式元件。Ovation I/O 模块可用信号范围宽，功能多，可灵活用于各个工业领域。Ovation I/O 模块的特点表现在：

（1）操作温度：0～60℃（32～140F）。

（2）插入式元件设计满足长期使用的可靠性要求。

（3）用单点 DIN 制标准导轨固定的模块，可快速方便的安装和组态。

（4）内置连接器取消了供电和通信连接导线。

（5）利用电子 ID，识别模块类型、组、系列号和版本号。

（6）提供冗余电源，确保大系统的可靠性。

（7）每个模块都有标准化的状态指示等和彩码诊断信息。

Ovation 分散控制系统的输入输出模块安装在 I/O 基座中，I/O 基座容纳 Ovation I/O 电子模块、特性模块，并提供现场到 I/O 模块的信号连接的接线端子，I/O 基座串行连接在一起就形成了 Ovation I/O 子系统的分支。

为了保证过程控制的长期可靠，Ovation I/O 模块设计成外形标准的，带内置故障容错和诊断功能的插入式模块。模块内置的连接器取消了电源和通信之间的连接导线。由于用软件组态模块功能和地址，所以不需要跳接件。

Ovation 系统提供的 I/O 电子模块、特性模块的名称及主要技术指标见表 3 – 14。

表 3 – 14   **I/O 模块的主要技术指标**

	I/O 模块名称	电子模块	特性模块
模拟量输入	模拟量输入（14 位，高速）	5X00070G01 – G03	1C31227G01 – G02
	模拟量输入（14 位，热电偶）	5X00070G04	1C31116G04
	模拟量输入（14 位）	1C31224G01 – G02	1C31227G01A – G02
	模拟量输入（13 位）	1C31113G01 – G06	1C31116G01 – G04
	RTD	1C31161G01 – G02	1C3116401 – G02
	HART 模拟量输入	5X00058G01	5X00059G01
模拟量输出	模拟量输出	1C1129G01 – G04	1C31132G01
	HART 模拟量输出	5X00062G01	5X00063G01
数字量输入	数字输入	1C31107G01 – G02	1C31110G01 – G02
	Compact 数字输入	1C31232G01 – G03	5X00034G01
	接点输入	1C31142G01	1C31110G03
	Compact 接点输入	1C31234G01	1C31238H01（插入）
	顺序事件输入	1C31157G01 – G03	1C31110G01 – G03
	Compact 顺序事件输入	1C31233G01 – G04	5X00034G01 或插入
数字量输出	数字量输出	1C31122G01 – G03 继电器模件： 5A22410G01 – G02 5A22411G01 5A22412G01 – G03	1C31125G01 – G03
	继电器输出	1C31219G01	N/A
专用模块	链路控制器	1C31166G01	1C31169G01 – G02
	回路控制	1C31174G01 – G04	1C31177G01 – G03
	脉冲输入	1C31147G01 – G02	1C31150G01 – G03
	伺服驱动器	1C31199G01 – G03	1C31201G01 – G02
	速度检测器（RSD）	1C31189G01	1C31192G01
	阀定位器	1C31194G01 – G02	1C31197G01 – G04

二、Ovation 控制器的组态软件及软件功能模块

1. Ovation 控制器的组态软件

Ovation 控制器组态工作由安装在工程师站 ENG 上的组态工具软件进行。组态工具是一套工作在 UNIX 操作系统 X – Windows 界面上的集成组态软件包，用于生成和维护整套 Ovation DCS 系统的组态。对 Ovation 控制器组态主要依靠 I/O 生成器（I/O Builder）和控制生成器（Control Builder）软件。

I/O 生成器以友好的界面、分层方式配置控制器所属的 I/O 子系统。以控制器配本地 Ovation I/O 系统为例，在 I/O 生成器软件上可按照网络号（Network）、单元号（Unit）、站点号（Drop）、PCI 卡号（PCI）、分支号（Branch）的顺序逐级配置以建立 Ovation I/O 模块所在分支。在选定的分支上，按槽位号（Slot）、I/O 模块类型配置 I/O 模块及其通道参数。I/O 生成器界面如图 3 - 21 所示。

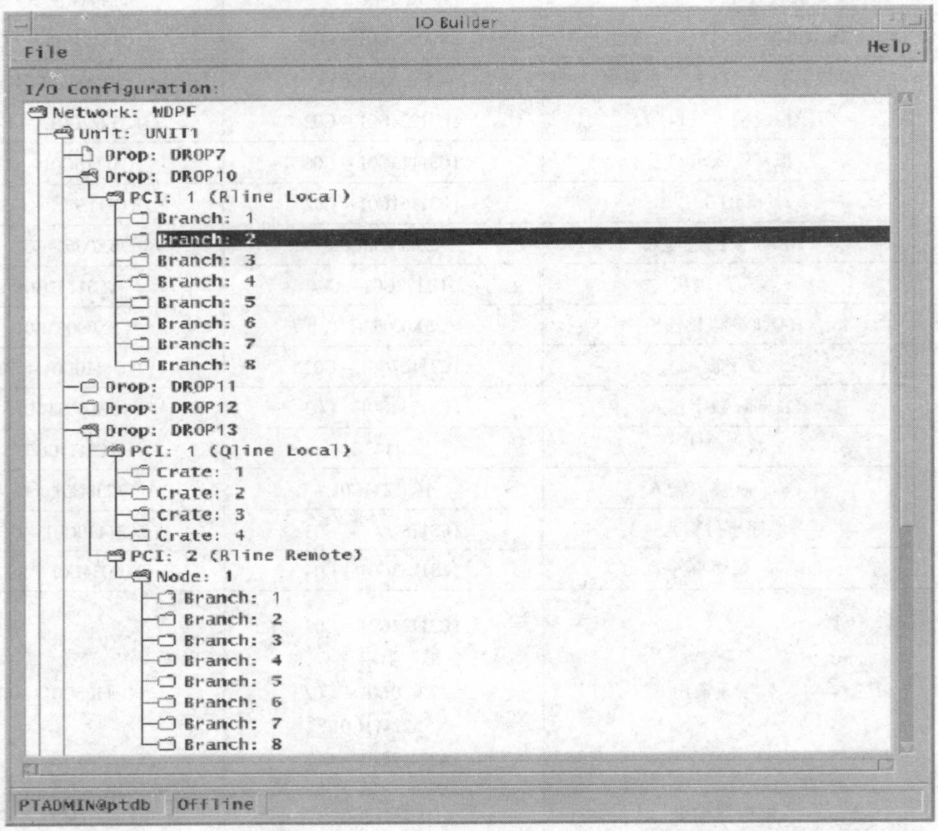

图 3 - 21 I/O 生成器界面图

控制生成器是一个界面友好的、直观的 AUTOCAD 型组态软件，用来快速建立 Ovation 控制策略，并自动生成控制器直接接受的执行码。控制生成器可按被控系统的实际控制需求，以控制页（Sheet）的形式在 AUTOCAD 图上利用 Ovation 所提供的算法功能模块自由绘制控制策略图。控制策略图的基本元素包括控制算法符号、信号名和信号联接线等。

Ovation 所提供的算法功能模块采用标准图形符号表示，模拟量控制采用标准的"科学仪器制造商协会"（SAMA）图符；开关量控制采用"布尔"逻辑符号。

作为 Ovation 控制器控制功能的主要编程工具，控制生成器可自动建立与控制算法有关的中间点和缺省点，并且支持画面生成过程中要求的新点的建立。控制生成器界面如图 3 - 22 所示。

2. 软件功能模块

Ovation 算法功能模块是实现控制器控制策略的基础，从简单的数学操作、质量检查，

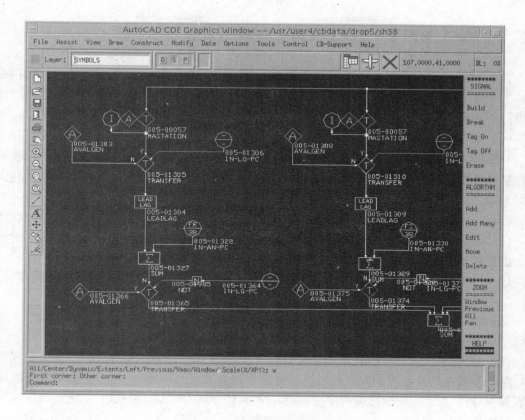

图 3-22　控制生成器界面

到复杂的控制算法种类繁多功能丰富。包括以下内容：

(1) 算术运算——执行一个数学运算；

(2) 人工 I/O——给一个数据量分配一个常数；

(3) 布尔——执行一个布尔（逻辑）功能，用数字量来表示；

(4) CRT I/O——是面向操作人员键盘和 CRT 的接口；

(5) 数字类——主要使用数字量；

(6) 现场 I/O——面向 I/O 卡的接口；

(7) 高级控制器——在一个算法中集成了几种相关的控制功能；

(8) 限幅装置——限定一个模拟量的值；

(9) 低级控制器——执行一个基本的控制功能；

(10) 监视器——监视一个或者多个数据量，当满足某一条件时输出一个值；

(11) 质量——处理数据量的质量；

(12) 选择器——基于某些条件选择一个模拟量；

(13) 序列发生器——实现顺序控制。

Ovation 系统提供的软件算法模块及功能见附录 1。

第四节　TELEPERM XP 的过程控制子系统　⇨

TELEPERM XP 分散控制系统（简称 TXP）的过程控制子系统称为 AS620 自动控制系统，在整个 TXP 系统中，AS620 作为与生产过程的接口，从生产过程采集信息并对采集的过程信息进行条件检查，进行开环和闭环控制，并将信息传到 TXP 最高层的操作与监视级。

一、AS620 自动控制系统的硬件组成

AS620 具有模拟量和数字量的数据采集、开环和闭环控制的功能。可以胜任从低级的自动控制任务直至厂级的自动化任务。根据火电生产过程不同的要求，AS620 系统提供有以下不同类型。

（1）AS 620B。这是一个基本系统，用于完成一般的自动化任务，如设备保护、顺序控制、自动调节等，能承担电站控制的大部分任务。AS 620B 系统既可集中布置在电子设备间，也可就近分散布置在生产现场。AS 620 系统配以下两种类型 I/O 模件。

1）FUM – B 型：当控制系统集中布置时，过程的传感器和执行器通过 FUM 模件接入系统。

2）SIM – B 型：当控制系统分散配置时，选用 SIM 模件。SIM 模件通过 SINEC L2 通信总线与控制器模件连接。

（2）AS 620F。这是一种故障—安全型系统，它用于与安全有关的保护任务，如锅炉保护；与安全有关的开环控制如锅炉燃烧器管理系统 BMS。AS 620F 包括带有故障安全自动化处理器（APF）和故障安全可编程序控制器（AG – F）两种类型。AS 620F 系统配以下两种类型 I/O 模件。

1）FUM – F 型。用于故障安全 APF 自动化处理器的 I/O 子系统。

2）SIM – F 型。用于 AG – F 可编程序逻辑控制器的 I/O 子系统。

（3）AS 620T。用于汽轮机控制器和在汽轮机装置中的其他高速控制任务。配 SIM – T I/O 模件。

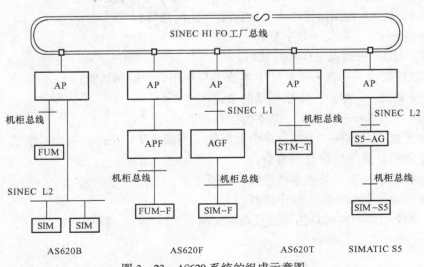

图 3 – 23　AS620 系统的组成示意图

AS620 自动控制系统的数据采集点具有很高的时间分辨率标签，达 1ms，可组成 SOE 系统，因而不需另配其他的 SOE 装置。图 3 - 23 给出了 TELEPERM XP 过程控制系统的概况。

（一）AS620 的柜内总线系统

在 AS60B/F/T 系统机柜中存在着机柜总线、SINEC L1、SINEC L2 DP 等几种总线。

1. 机柜总线

在 AS620B 系统中，机柜总线位于 EU901 机架背板上，该总线通过预置电缆将 IM614 接口模块与 AP 基架中的 IM304 相连，形成了 AP 与 FUM - B 之间通信的总线系统。

在 AS620F 系统中，机柜总线则位于 EU910 机架背板上，APF 与 FUM 通过机柜总线相连，由于 APF 和 FUM - F 可安装在同一个 EU910 机架，机柜总线位于机架的总线底板上。当 FUM - F 模件较多时，可通过接口模件 IM641 扩展机柜总线。

2. SINEC L1 总线系统

SINEC L1 总线是用于西门子 S5 系列 PLC 可编程控制器之间小量数据交换的低速通信网络；通信速率 9.6Kb/s；总线接口为 RS485 标准；通信方式为主从式，一个主站最多可挂 30 个从站。

3. SINEC L2 DP 总线系统

SINEC L2 DP 总线系统的传输速率为 1.5Mb/s，可以用铜电缆也可用光纤电缆。SINEC L2 DP 总线是基于 PROFIBUS 现场总线，经过这个总线可将智能现场装置接到 TELEPERM XP 系统上。

（二）自动处理器 AP

自动控制系统 AS620B 和 AS620F 的核心是自动处理器 AP。它基于 SIMATIC S5 系列的高性能 CPU 948/948R 进行设计。AP 通过 SINEC 工厂总线连接 TXP 过程控制系统的操作与监视级。在 AS620T 系统中，需要一个特定的自动处理器 APT（SIMADYN D）来完成汽轮机的快速闭环控制功能。

自动处理器的硬件由安装在控制器基架（ZG135U/155U）上的电源模件、CPU 模件、SINEC 网络接口模件及 I/O 接口模件等组成。按照要求，AP 可以组态成简单的单 CPU 自动处理器或一个高性能的双重冗余 AP 自动处理器。结构示意图如图 3 - 24 所示。

插入的模件有：

CPU948　　自动处理器；

IM611　　接口模件，连接故障—安全型自动处理器 APF；

CP530　　通信处理器，连接故障—安全型 AG—F 系统；

CP1430　　通信处理器，连接 SINEC 工厂总线；

IM324R　　接口模件，冗余配置时耦合两个 AP；

IM304　　接口模件，耦合 FUM - B 模件；

IM308—B接口模件，耦合 SIM - B 模件。

（三）AS620B 系统及其功能模件、信号模件

1. AS620B 基本型结构

AS620B 由两部分组成：自动处理器 AP，功能模件 FUM - B 或信号模件 SIM - B。自动控制处理器 AP 是 AS620B 自动控制系统的核心，它用以完成开环控制、闭环控制和保护等自动化功能。它有一个内容丰富的电站专用软件——功能码的数据库，使用 ES680 工程系统完

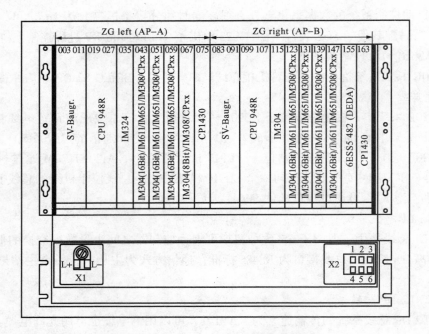

图 3 – 24 AP 自动处理器的标准插槽配置

成 AS620B 自动控制系统的组态。AS620B 通过通信处理器将自动处理器连接到 SINEC 工厂总线上，同 TXP 其他子系统进行通信。AS 620B 的结构示意图如图 3 – 25 所示。

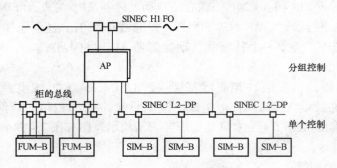

图 3 – 25 AS 620B 结构示意图

AS620B 用以连接过程设备的 I/O 模块分为两个类型：

（1）集中布置的功能模件 FUM – B。FUM 模件安装在电子设备间的机柜内，通过机柜总线与自动处理器 AP 连接。单个控制级别是由 FUM 模块组成的，它们被安装在一个 EU901/EU902 机架中（见图 3 – 26）。FUM 模件通过 AP 中的接口模件 IM304 和安装在机架 EU901 中的接口模件 IM614 与 AP 相连，一个 IM304 模件可最多连接 4 个机架，4 个机架通过 IM614 串行接入系统，最后一块 IM614 模件与 AP 的最大长度限定在 10m 以内，以保证一个短的读写周期。连接链中的最后一块 IM614 模件必须装有总线终端器。

（2）分布式结构的信号模件 SIM – B。SIM 模件安装在 ET200M 远程 I/O 站（见图 3 – 27）中，通过 SINEC L2 DP 总线系统与自动控制处理器 AP 相连。它既可以集中安装在 TELEPERM XP 柜中，也可就地安装在靠近现场设备处。ET200M 单元由 IM153 模件与 AP 系

电厂分散控制系统

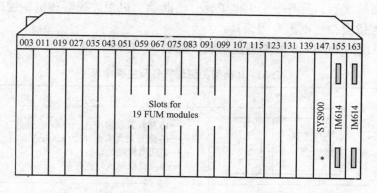

图 3 – 26　EU901 机架

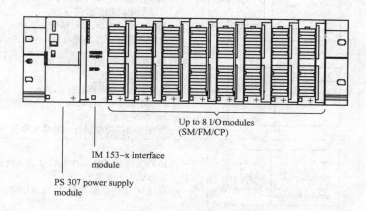

图 3 – 27　ET200M 远程 I/O 站结构

统的 IM308 – C 相连接。

AS620B 自动控制系统可以灵活地采用集中式结构的 FUM 模件或分布式结构的信号模件 SIM，也可在同一 AS620B 自动控制系统中混合使用 FUM 和 SIM。

AS620B 自动控制系统可以进行如下冗余配置：

（1）自动处理器 AP 冗余配置（包括到机柜总线和到 SINEC 工厂总线的冗余配置）。

（2）功能模件 FUM 冗余配置。

2. 基本型功能模件 FUM – B

（1）基本型功能模件 FUM – B 的基本任务包括以下几个方面：

1）信号的采集、调整、处理和监视，以及向变送器、传感器的供电；

2）自治的开环和闭环单项控制器；

3）时间特性是 1ms 的时间分辨率，10ms 的系统广域精确度；

4）故障诊断高区分能力的监视功能；

5）经 ES680 的信号仿真。

模件插槽由 ES680 工程系统赋值和参数化，模件能自治地赋予它自己参数、模件事件引起的变化，系统能自动地赋予模件正确的参数而不需操作员的干预。功能模件集中地布置在有机柜总线的机柜内，每个机柜分几层支架，每层支架可安放 19 个功能模件 FUM。在一个机柜内多达 4 层的支架，具有一个供电单元、熔断器、机柜监视器和机柜连接部件。所有的模件都允许带电插拔，且不需专用工具。

（2）TXP 系统的 FUM – B 的类型及功能（见表 3 – 15）。

表 3 – 15　　　　　　　　　　FUM – B 类型、图形符号及主要指标

模　件	图形符号	主　要　指　标
FUM210 监视和信号模件	Monitoring and signalling module	——16 路开关量输出； ——16 路开关量输出（120 mA）； ——监视机柜相关设备； ——触发机柜指示灯点亮
FUM210 二进制信号的传感器调节模块	Sensor conditioning module for binary signals	——提供 DC24V 传感器电源； —— 28 路开关量/传感器信号调节； ——传感器电路和信号监视； ——通过软件功能的信号模拟； ——16 路开关量信号输出（DC24V/120mA）
FUM210 驱动控制模件	FUM 210 Drive control module	带有 FUM210 的驱动控制胜任于 ——8 个单点驱动； ——5 个马达、电磁阀、开关设备、传动机构； ——4 个伺服驱动、电磁阀、开关设备、传动机构； ——3 个反向驱动； ——所有驱动器类型组合，屏幕和操作台操作的可行性
模拟信号传感器调节模件 FUM230	Sensor conditioning module for analog signals	——16 路变送器（0/4～20mA）2 或 4 线制连接； ——每通道 4 个限制信号； ——可达 16 个传感器的 DC24 电源供应
模拟信号传感器调节模件 FUM230	Sensor conditioning module for analog signals	——16 路模拟（0/4～20mA）； ——每通道 4 个报警信号； ——可达 16 个传感器的 DC24 电源供应； ——软件功能实现的信号模拟
热电偶调节模件 FUM232	Conditioning module for temperature sensors	——14 路 Pt100 热电阻或 28 路热电耦（或组合）； ——传感器信号的标准化、线性化； ——传感器和传感器信号的检测； ——每通道 4 个限制信号； ——软件功能的信号模拟
连续闭环控制的控制器模件 FUM280	Controller module for continuous closed–loop control	屏幕操作或屏幕与控制台面操作 ——2 个连续控制器或 2 个连续驱动器（两个模件并行接入电路可能形成冗余）； —IPD 串联或关联 PID 控制器类型； —可实行的反馈控制； —每个控制器可对 2 路模拟输入进行信号调节； —每个控制器 3 路模拟信号输出
模拟和开关信号接口模件 FUM280—I/O	Interface module for analog and binary signals	——6 路模拟信号（0/4～20mA）的调节； ——13 路开关量信号的调节； ——6 路模拟信号（0/4～20mA）的输出； ——13 路开关量信号的输出； ——软件功能的信号模拟

模 件	图形符号	主 要 指 标
欠压监视模件 FUM920	Undervoltage monitoring <U	
开关量信号的故障安全型传感器调节模件 FUM310	Fail-safe sensor conditioning module for binary signals Test #	—8 个切换触点； —16 个单触点； —4 个开关量信号输出（120mA）； —16 路输入信号的模拟
开关量信号的接口模件 FUM511	Interface module for binary signals #	—16 路开关量输入（8.5mA）； —16 路开关量输出（120mA）
模拟量信号的接口模件 FUM531	Interface module for analog signals #	—4 路模拟输入 　0V…+1V　　　0mA…+1mA 　0V…+10V　　0mA…+20mA 　+2V…+10V　+4mA…+20mA 　-1V…+1V　　-1mA…+1mA 　-10V…+10V　-20mA…+20mA -4 路模拟输出 　0V…+10V　　0mA…+20mA 　+2V…+10V　+4mA…+20mA
热电偶信号调节模件 FUM532	Sensor conditioning module forthermo-couples U #	—4 个热电偶； —每通道 4 个信号； —2 路模拟量输出（每通道 200Ω 负载）； —4 路开关量输出（120mA）； —输入信号的模拟
热电阻信号调节模件 FUM533	Sensor conditioning module for resistance thermometers #	—2 个热电阻； —每通道 4 个信号； —2 路模拟输出（每通道 400Ω 负载）； —4 路开关量输出（120mA）； —每通道信号模拟
驱动控制模件 FUM560	Drive contra module M	屏幕控制 —4 个马达、电磁阀或开关设备； —2 个执行器； —2 个伺服驱动； —2 个反向驱动
连续控制接口模件 FUM580	Interface module for continuous closed-loop control	—1 个连续闭环控制器； —2 个切换触点或 4 个单触点的信号调节

3. 信号模件 SIM

信号模件 SIM 用于采集数字量或模拟量过程信号或输出数字量或模拟量的控制指令。信号模件 SIM 插在 ET200M 分布式站内，SIM－B 模件的 ET200M 站允许同时插入多个 SIM 模件。TXP 系统常用的 SIM 模件有 SM323 DI 模件、SM322 DO 模件、SM331 AI 模件、SM332 AO 模件。详细资料可参考西门子《S7－300 模件规范手册》。

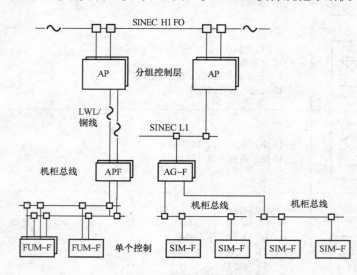

（四）AS620F 系统及其功能模件

1. AS620F 故障安全型系统结构

AS620F 故障安全型系统主要用在电站 FSSS 控制系统中，由自动处理器 AP，故障安全自动处理器 APF 和故障安全的功能模件 FUM－F 组成。一个 AP 最多可连接 7 个 APF。小型系统的 AS620F 可采用 AP，由故障安全自动控制装置 AG－F 和故障安全的信号模件 SIM－F 组成。AS620F 的结构如图 3－28 所示。

图 3－28　AS 620F 的结构示意图

故障安全自动处理器 APF 通过电缆或光纤连接到自动处理器 AP 上，经机柜总线与故障安全型的功能模件 FUM－F 相连。APF、IM 接口模件和 FUM 模块被安装在 EU910 机架中，如果需要的模件超过 12 块，则安装在 EU911 机架中。为了提高安全性，每个 APF 有两个 APF120 CPU 模件，这两个 CPU 模件同时运行，具有相同的程序和相同的时钟脉冲，又同时被二取二比较器所监控。如果比较器动作，例如由于任一处理器或存储器故障，APF 立即转换到工厂安全状态。APF 还可以冗余设置。EU910 机架结构如图 5－29 所示。

故障安全自动控制装置 AG－F 用于小型工厂，一个 AG－F 由两个中央控制器（AGA 和 AGB）组成，它们通过接口模块 IM 304 和 IM 324 彼此相连。安全信号模件 SIM－F 总是双通道配置，一个 AG－F 控制一个 SIM－F 模件，另一个 AG－F 控制另一个 SIM－F。AG－F 和 AP 之间的连接是通过 SINEC L1 总线连接的，在 TELEPERM XP 中，最多 8 个 AG－F 系统可连接到一个 AP 上。在 AP 中的输入/输出功能算法块完成 AG－F 系统与 AS 620 的逻辑连接。由它们适应 TELEPERM XP 和 AG－F 系统的不同数据格式，并完成数据交换。

2. 故障安全型功能模件 FUM－F

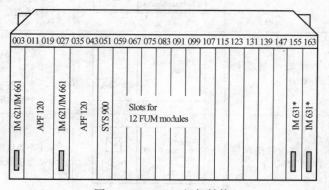

图 3－29　EU910 机架结构

故障安全型功能模件 FUM – F 与 FUM – B 结构相同，但 FUM – F 的故障安全型结构要求至少有两个通道和永久性的输入和输出自动检查。可以采用更高的三取二结构通道，在保证性能的前提下，提高模件级的可用率。

FUM – F 模件除具有 FUM – B 模件相同的基本功能、监视和诊断功能（如传感器断线检查）外，还具有下述测试功能：

（1）用于模件输入回路故障识别的二进制输入信号短期中断；

（2）为了检验模拟量输入的固有功能，可插入模拟量试验信号。

TXP 系统提供的故障安全型功能模件 FUM—F 如表 3 – 16 所示。

表 3 – 16　　　　　　　　　　FUM – F 模件类型、图形符号及主要指标

模　件	图　形　符　号	主　要　指　标
用于开关量信号的故障安全型传感器调节模件 FUM310	Fail–safe sensor conditioning module for binary signals　Test　#　﹏	—8 个转接触点； —16 个单触点； —DC24V 变送器触点供电； —16 路输入信号模拟
用于模拟量信号的故障安全型传感器调节模件 FUM330	Fail–safe sensor conditioning module for analog signals　Test　#　∩	—4 个 2 或 4 线制连接的传感器（0/4 ~ 20mA）； —每通道 4 个限制信号； —校正因素； —4 个测量传感器的 24VDC 电源供给； —4 输入信号的模拟
故障安全型控制模件 FUM360	Fail–safe control module　Test	—24 路开关量输出（120mA）连接电磁阀触点（通过耦合继电器）

（五）AS620T 系统及其信号模件

AS620T 由用于汽轮机自动控制的处理器 APT 和相关的外围模件 SIM – T 组成。实际上是将西门子在大型传动（如钢厂热轧机）应用得非常成功的高速数字控制系统 SIMADYN 移植到 TXP 系统中，由于反应时间和循环周期短，APT 能够处理像汽轮机控制那样的快速闭环控制任务。AP620T 中的信号模件 SIM – T 用于采集信号。因为 APT 不能直接与 TELEPERM XP 进行通信，所以必须采用一个包含输入/输出功能块的特定的 AP 负责 APT 与 TELEPERM XP 之间的通信（见图 3 – 30）。AP 中的输入输出模件将数据进行格式化，以便能在 TELEPERM XP 各部件中进行交换。也就是说，同 OM650 或其他部分的数据交换是经过一个 AP。APT 通过通信处理器连接到工厂总线上。

APT 可冗余，它是通过双通道结

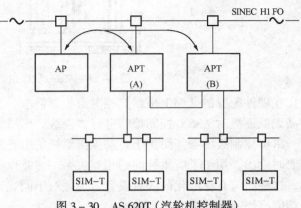

图 3 – 30　AS 620T（汽轮机控制器）
通过系统总线和—AP 的连接

构来实现的，即有两个相同的闭环控制器，其中一个以从属方式运行，两个控制器之间的通信通过就地数据总线进行。当主控制器故障时，通过监视机构的作用，主控制器的功能由另一个控制器继续下去。冗余的传感器信号也是并行输入到两个控制器，并行处理，而输出信号仅由主控制器产生。

此 APT 是一个冗余的结构（两个冗余中取一个）。它是由子系统 APT（A）和 APT（B）组成的，两者都连接到 SINEC H1 FO 系统总线。在 APT 系统内部，各子系统是通过一个 DUST4 连线相互连接的。

二、AS620 自动控制系统的组态软件

AS620 自动控制系统的组态、修改以及现场调试都是通过工程师系统 ES680 的编辑功能来完成的。工程师系统 ES680 是 TXP 的组态中心，它的功能是组态自动控制系统 AS620，过程操作与监视系统 OM650 以及硬件连接所需要的总线系统。ES680 实质上是一个由数据库支持的全图形编辑系统。

通过 ES680 以直观的图形和对话框的方式，从概要到细节，逐层对 AS620 机柜硬件进行配置。首先设置 AS620 系统在 SINEC H1 网络中的名称等参数进行网络拓扑结构配置；其次配置 AS620 机柜 AP 机架及 I/O 机架进行机柜布置；最后逐一对插入 I/O 机架的模件参数进行配置。见图 3－31。在硬件配置的过程中，ES680 系统可依次自动进行信号连接并对连接进行管理，自动控制系统子部件间的信号连接是自动生成的，信号也是自动分配的。而用户只需通过功能图对信号的逻辑连接进行组态就可以了。

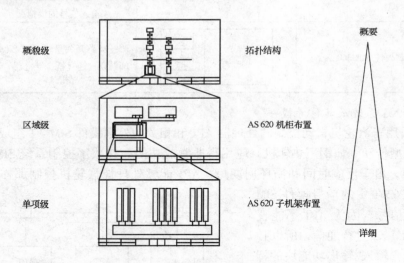

图 3－31　AS620 硬件组态过程示意图

在硬件配置的基础上根据热控对象控制需求，通过 ES680 以直观的图形和对话框的方式由高到低逐级对 AS620 控制策略进行概貌级、区域级、单项级组态，见图 3－32。

单项控制级的功能图用于自动控制系统的组态和参数化。区域级或全厂级的功能图仅在需要时绘出，用于了解系统间的相互关系。在制作各级功能图时利用了专为电厂设计的图符集，这些图符有标准化的缺省设置，只须对不同之处进行组态。TXP 系统提供了一系列的软件功能模块，具体情况见附录 1。

图符之间的输入/输出连接能自动生成功能图的逻辑连接。对于过程设计参数，仅在需

要时，才被输入到对应图符下出现的对话框里，而自动控制参数是不需要输入的，它们由 ES680 系统自动地进行分配和管理。同样，也由系统决定功能块调用的顺序。

为了有效地制作功能图，ES680 具有强大的拷贝功能。为了确保程序和功能以正确的顺序被执行和逻辑连接的正确，ES680 对功能图进行检查。这些检查同时还确保了对地址和参数的正确使用。

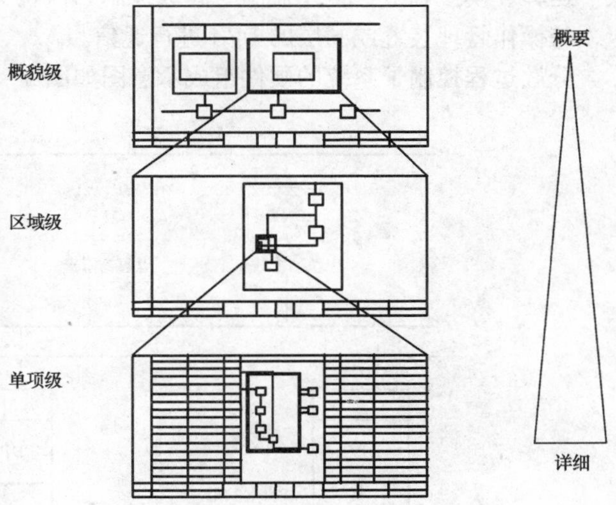

在自动控制系统中，由图符、参数和逻辑连接组成的单项控制级的功能图由代码生成器直接变换成用户程序软件。生成的软件通过电厂总线下载于相对应的自动控制系统中。为了便于系统调试，系统具有离线装载和在线装载功能。

图 3－32　功能图组态示意图

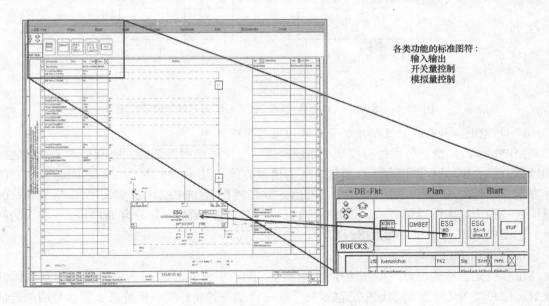

各类功能的标准图符：
输入输出
开关量控制
模拟量控制

图 3－33　功能模块与功能图

第五节　XDPS－400 的过程控制子系统

一、XDPS－400 分散控制装置的硬件组成

XDPS 分散控制系统的分散过程控制子系统是由分布式处理单元 DPU、站控制卡、位总线、输入输出卡和端子板及电源等组成。它的核心是分布式处理单元 DPU（Distributed Processing Unit）。分布式处理单元完成生产过程的采集、信号电平转换和处理、模数和数模转

换、运算、模拟调节、程序控制、高级控制和信息交换等任务。DPU 通过插在内部的以太网卡，与操作管理装置或同层的 DPU 进行通信。

分散过程控制子系统的硬件组成示意图如图 3-34 所示。

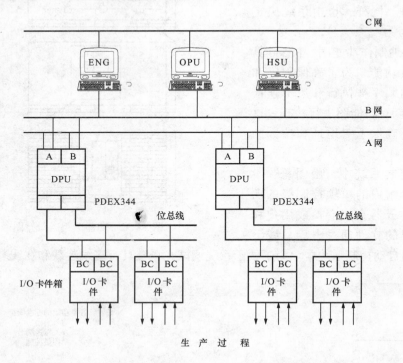

图 3-34   XDPS-400 分散过程控制子系统的硬件组成示意图

（一）XDPS-400 分散过程控制子系统的通信网络

XDPS-400 系统的分散过程控制子系统提供了二层通信网络结构，即 DPU 与 I/O 站之间的通信总线、BC 站控制卡与 I/O 模块之间的通信总线。其中 DPU 与 I/O 站之间的通信有两种方式，一种采用 Bitbus 通信方式，该通信方式需要配置 PDEX344 以实现 DPU 与 I/O 站的通信；一种为以太网通信方式，该通信方式是在 DPU 内再增加一块符合 IEEE802.3 协议的网卡，它完成 DPU 与 I/O 站的数据通信。

1. 位总线 BitBus 通信方式

位总线是主从式的总线型高速串行通信网。1984 年由 Intel 公司为单片机间的互联而开发的。位总线为工业控制领域中分散控制系统提供了一种高性能、低价格、灵活易用的通信网络。位总线的电气接口采用平衡传输的 RS-485 通信标准，传输介质可以是双绞线或同轴电缆，链路协议符合 IBM 的同步数据链路控制标准 SDLC。此外，Intel 公司为位总线提供了专门的 8044BEM（8744、8344）位总线增强型微处理器和应用开发软件。

位总线是应用于工业现场的、分布式实时通信现场总线，它具有传输速率高、距离远、可靠性高等优点，被广泛应用于工业控制的各个领域。

位总线互连通信采用物理层、数据链路层、网络层和应用层等 4 层。

物理层符合 RS-485 通信标准，采用平衡差分长线驱动器/接收器的半双工传送，通信介质可以是双绞线或同轴电缆。有两种运行模式，即外同步模式和自同步模式。

在外同步模式运行时，8044 第 15 引脚的串行数据同步时钟信号 SCLK 来自 8044 以外的某个锁相环，采用不归零编码进行数字传输，即数据输出时，在 SCLK 下降沿处移位，数据输入时，在 SCLK 上升沿采样。最大传输距离 30m，传输速率可达 2.4Mbps，可连接的节点达 28 个。

在自同步模式运行时，使用 SIU 内部数字锁相环 DPLL，从接收数据流中恢复出同步时钟信号，采用不归零反相编码进行数字传输，即不变化的电平是 1，变化的电平是 0。最大传输距离 1200m，相应的传输速率是 62.5kbps，也可连接 28 个节点；如传输距离 300m，传输速率可达 375 kbps。

数据链路层符合 SDLC 规范。SDLC 是基于公共通信链路上，主站和一个或多个从站间数据交换的通信规范。主站负责控制整个网络，它向从站发送各种命令，从站按照主站的命令执行，并对主站命令做出回答。主站可选择任一从站交换数据信息，被选中的从站能接收主站的信息，或根据主站的命令向主站发送信息。

网络层规定信息层的信息协议，它是通信传输中的主要内容。位总线标准规定各节点间通信采用命令/应答结构。命令被定义为主站任务，是通过位总线传送给从站任务的消息，应答被定义为从站任务，通过位总线传回到主站任务的消息，它作为对主站任务命令的回答。这里，主站任务是主站或主设备扩展器（主模板）上运行的执行某种功能的程序，从站任务是从站或从设备扩展器上运行的执行某种功能的程序。

应用层用于定义远程存取控制 RAC（Remote Access Control）的一系列命令，它是对从站定义的特殊命令，即定义传送数据的具体格式及相应代码，这样，从站接收到一帧信息后，可从命令中取出代码，确定属于远程存取控制的命令类型，并据此从数据中确定地址和数据内容。

XDPS－400 分散控制系统采用 PDEX 控制卡和 BC 站控制卡实现位总线通信。PDEX 卡安装在 DPU 的 ISA 总线底板上，BC 站控制卡安装在输入输出卡件箱内，采用自同步方式，传输距离 300m，传输速率可达 375 kbps。采用光隔 RS－485，以提高抗干扰能力，可实现点—点的半双工，多点的半双工通信。PDEX 控制卡作为主站，BC 站控制卡作为从站，实现位总线的通信。

2．以太网通信方式

XDPS 中 DPU 和 I/O 站之间的通信，也可以采用以太网的方式通信，以实现 DPU 与 I/O 站的数据交换。

3．X－BUS 总线

X－BUS 总线是并行总线，实现 BC 站控制卡和 I/O 模件之间的通信。I/O 卡件专用导轨箱后背有总线插槽，X－BUS 总线由它实现，所有的 I/O 卡件插入其中，自然形成 X－BUS 总线。

（二）DPU 分布式处理单元

XDPS－400 分散控制系统的分布式处理单元 DPU 采用冗余的两套工业控制计算机组成。它采用 Intel 公司的 Pentium 芯片作为 CPU。安装 CPU 的母板通过 ISA 总线卡进行内部总线的扩展，带有位总线控制器的 PDEX344 卡与 ISA 总线连接，同时又与位总线连接，起到了两类总线间通信的网桥作用。它的组成结构示意图如图 3－35 所示。

在 XDPS 分散控制系统的 400 系列产品中，其 DPU 控制器采用高集成度的工业控制计算

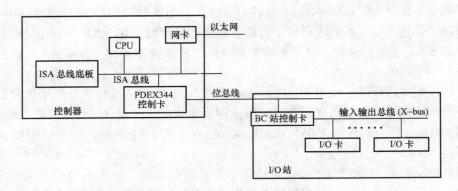

图 3 - 35　DPU 分布式处理单元的组成

机，主要由 ISA 总线底板、CPU、网络通信板、I/O 与双机切换板等组成。

1. 总线底板

总线底板是采用符合工业控制总线标准的 PCI 或 ISA 总线。电源输入端即可以用标准的 PC 电源，也可以用稳压电源来供电。

2. 主处理器

主处理器选用 Intel 公司的 Pentium 或更高档次的 CPU 板。它具有处理速度快，能够快速响应各种事件并能准确地完成诸如 I/O 输入输出、PID 运算、网络通信、位总线通信、逻辑运算、事件处理等功能。

CPU 板上具有标准的 VGA 显示接口，键盘等其他标准接口。

24 ~ 32MB 的存贮器 DOC（Disk On Chip），用于存储 DPU 的操作系统、应用程序和组态信息等。

3. 以太网卡

DPU 的每台计算机有 2 块互为备用符合 IEEE 802.3 协议的网卡。它们承担着实时数据的交换工作，主要特性如下：

（1）系统总线：ISA 16bit。

（2）网络接口：BNC。

（3）通信方式：IEEE802.3。

（4）板基地址与中断号，A 网的板基地址为 320H、IRQ 为 11，B 网的板基地址为 340H、IRQ 为 10。

（三）PDEX344 控制卡（CCC2.908.246A）

PDEX344 控制卡是由新华公司自行研制开发的智能 PC 接口卡，它安装在 ISA 总线底板上。它的主要功能是：

（1）建立 ISA 总线与位总线的通信连接，即实现 DPU 与 I/O 站的通信。

（2）实现双 DPU 的自动跟踪和逻辑切换。

（3）作为位总线的主站，它与位总线上的其他站，即 BC 站控制卡进行主从通信和协调。

PDEX344 控制卡的主要特性如下：

（1）CPU：Intel8344（或 Intel 8031）。

（2）EPROM 16Kbyte。

（3）RAM 32Kbyte。

（4）通信接口：位总线 Bitbus（主站或从站）。

（5）PC 总线存取：ISA 总线 8 位 FIFO 方式，查询或中断可选。

（6）双机仲裁与切换。

（四）输入输出卡件

XDPS 分散控制系统配置了多种类型的输入输出卡，用于生产过程的数据采集和控制输出。XDPS－400 的 I/O 卡件是带 CPU 的智能型输入/输出卡件。表 3－17 列出了主要的输入输出卡的名称和产品号。

表 3－17　　　　　　　XDPS－400 分散控制系统主要的输入输出卡件名称和产品号

输入输出卡件名称	产品号	输入输出卡件名称	产品号
BC 站控制卡	CCC2.908.242A	SMC 脉冲量计数卡	CCC2.908.294B
AI 模拟量输入卡	CCC2.908.245B	MCP 测速卡	CCC2.908.306
AO 模拟量输出卡	CCC2.908.252A	MCP－OPC 高速采样卡	CCC2.908.353
SOE/DI 开关量输入卡	CCC2.908.248	OPC 超速控制和超速保护卡	CCC2.908.308
DO 开关量输出卡 DO－251	CCC2.908.251	VCC 阀门伺服控制卡	CCC2.908.247D
DO 开关量输出卡	CCC2.908.340	LPC 逻辑保护卡	CCC2.908.363
PI 脉冲量计数卡	CCC2.908.249	SYN 同期控制卡	CCC2.908.371
LC 双回路控制卡	CCC2.908.244A（或 B）	BZT 备用电源自投保护卡	CCC2.908.360
LC－S 伺放控制卡	CCC2.908.341	SDP 转速检测与保护卡	
		VPC 阀门伺服控制卡	

1.BC 站控制卡

在 XDPS 分散控制系统中，BC 站控制卡用于连接 PDEX344 卡和输入输出卡。它的主要功能是：

（1）作为从站，完成与 PDEX344 卡的通信，通过位总线，PDEX344 卡与 BC 站控制卡进行主从式通信，实现与 DPU 的数据交换。

（2）作为主站，用于与输入输出卡进行通信，在输入输出总线（新华总线）中，BC 站控制卡作为主站，实现与输入输出卡的数据交换。

（3）实现冗余控制，采用冗余结构时，可实现冗余控制和通信。

此外，新华控制公司还提供了 BCnet 网络型站控制卡（以下简称 BCnet）。它是应用于 XDPS－400 产品中的一个功能卡，承担着管理 I/O 站内各卡，同时又完成与上位计算机进行以太网（EtherNet）通信接口任务。

BC 站控制卡上的软件程序由 DCX51 和应用程序两部分组成。DCX51 是 Intel 专为 BitBus 应用提供的一个实时多任务操作系统，在应用中起任务调度、系统定时、通信处理等；应用程序主要处理 IO 模件的扫描、DEH 中的阀门管理、双 BC 冗余控制等。

2.I/O 卡件简介

I/O 卡件通过端子板与现场信号相连，通过并行新华总线与 BC 站相连，构成一个完整的输入输出站。表 3－18 列出了 XDPS－400 所有的输入输出卡件的主要技术指标。

表 3 – 18   XDPS – 400 输入输出卡件主要技术指标

类 型	通 道	信 号 范 围
模拟量输入 AI	8 – 16	电流 4～20mA 热电偶 – 50 ～ + 50mV 电压 0～10V，– 5～ + 5V 热电阻 Pt100，Pt50，Cu50
数字量输入 DI/SOE	32	干触点/晶体管/BCD 码输入 软件消抖动处理，作 SOE 时分辨率 < 1ms 查询电压 24V 或 48V
模拟量输出 AO	8	电流 4～20mA/电压 1～5V，0～10V
开关量输出 DO	16	功率继电器 NO/NC 输出 AC220V / 10A 或 DC30V/10A
脉冲量输入 PI	8	1～20kHz 无源晶体管输入，查询电压 5V/15V/24V 有源波形输入 $V_{PP} > 0.2V$ 旋转编码器相位信号输入
脉冲量计数卡 SMC	4	1Hz～50kHz
回路控制卡 LC	双回路，每个回路接模拟后备手操器	数字量输出 4 路继电器触点 NC/NO 输出 DC30V/2A 模拟量输入 8 路 4～20mA/0～10V/– 5～ + 5V 模拟量输出 2 路 4～20mA/1～5V 数字量输入 2 路，干触点/晶体管输入/采样电压 24V 或 48V
伺服控制卡 LC – S	双回路，可接开关后备手操器	模拟量输入 8 路 4～20mA/0～10V/– 5～ + 5V 模拟量输出 2 路 4～20mA/1～5V 数字量输入 2 路，干触点/晶体管输入/采样电压 24V 或 48V 数字量输出 6 路，其中 4 路可直接作为伺服放大输出
测速卡 MCP，SDP	4	1～8000 r/min $V_{PP} > 0.2V$ 30 齿/37 齿/60 齿可选
伺服阀控制卡 VCC，VPC	一个伺服阀	模拟量输入 2 路位移传感器直接波形输入 模拟量输出 1 路 0～40mA/– 40～ + 40mA 数字量输入，8 路干触点/晶体管输入/采样电压 24V DEH TV/GV/IV 手/自动逻辑 MEH LP/HP 手/自动逻辑
通信控制卡 BCbit	可冗余	RS485 物理接口 2Mbps BitBus 通信方式
网络通信卡 BC – net	单网	以太网 IEEE802.3
备用电源控制卡 BZT	12 + 10	数字量输入 12 路 数字量输出 10 路
汽轮机逻辑保护卡 LPC	三选二	数字量输入 24 路 数字量输出 6 路

类　型	通　道	信　号　范　围
汽轮机超速控制与保护卡 OPC	三选二	数字量输入 8 路 数字量输出 2 路
同期控制卡 SYN	检同期 同步发电机并网	8 路 PT 交流量输入 100VAC/50Hz 8 路 DI 查询电压 24V 12 路 DO

（五）端子板

XDPS 分散控制系统为每个输入输出卡配置了相应的端子板，表 3 – 19 列出了主要端子板和产品号。

表 3 – 19　　　　　　　　XDPS 分散控制系统主要的端子板名称和产品号

名　　称	产品号	名　　称	产品号
AI – TC 热电偶输入端子板	CCC2.908.277	LC 双回路控制端子板	CCC2.908.284B
AI – RTD 热电阻输入端子板	CCC2.908.278	LC – S 伺放控制端子板	CCC2.908.347
AI – MA/V 电流/电压输入端子板	CCC2.908.279A	VCC 阀门控制卡端子板	CCC2.908.296
AO 模拟量输出端子板	CCC2.908.283	PIE 脉冲编码器接口端子板	CCC2.908.331
DI 开关量输入端子板	CCC2.908.281B	信号转换端子板	CCC2.908.258B
DO 开关量输出板	CCC2.908.342A	功放端子板	CCC2.908.348
PI 脉冲量输入端子板	CCC2.908.280		

（六）电源

XDPS – 400 系统的电源放置在 DPU 机柜的上部，提供 5V、24V 电源，1:1 冗余配置，为 I/O 模件及现场变送器提高可靠的供电电源。I/O 模件采用了隔离技术，现场与控制系统的电源完全隔离。

在 XDPS 中，电源有两种供电方式：一种为电源直接并联，即进线并联，输出也并联；另一种方式为一个电源对应一台计算机，采用交流切换技术，确保 DPU 的安全供电。

所有的电源模块可根据系统的配置情况，分别安装在机柜上部的电源导轨箱内或者直接安装于 DPU 内（一般采用后者）。

1. 电源组件

XDPS 系统直流电源可分成内电源与外电源两大部分。内电源是供机柜内计算机系统的电源，由两部分组成：一组供 DPU，电压为 + 5、+ 12、– 12V；另一组供导轨箱内的 I/O 模件，电压为 + 5、+ 15、– 15V 或 24V。外电源是供信号调理端子板及外部变送器的电源：一组供模拟量信号调理及外部变送器，电压为 + 24V；另一组专供开关量查询，电压为 + 48V（开关量查询电压也可用 + 24V）。

直流电源都是按冗余要求配置，可在线维护与替换，而且内电源与外电源在电气上相互隔离。

新华 XDPS 分布式控制系统中有 3 种高性能、高可靠开关电源，每种电源冗余配置，每对电源可互为备用。每种开关电源提供的电压等级和供电能力见表 3 – 20。

表 3 – 20		XDPS 使用的开关电源一览表		
种 类	应用范围	标称值	正常范围	输出功率
+5、±15V 电源	I/O 模件	5，±15V	5.20V±0.15V ±14.8V±0.5V	300W
+24V 电源	端子板、手操器	24V	24V±1.0V	150W
+48V 电源	端子板	48V	48V±1.0V	150W

根据 XDPS 系统电源可靠性要求，新华自行设计了一套适合 XDPS 系统的电源模块，由新华设计、组装好的电源模块，就可以直接把两个相同等级的电源连接起来，构成互为备用的电源，保证了系统电源的可靠性。

各种电源都安装在一个相同尺寸的电源组件中，它的外型、尺寸、结构、引出线都有一个标准，这使得 XDPS 电源很方便和灵活地应用。

所有的电源组件可根据系统的配置情况，分别安装在机柜上部电源导轨箱内。

2．配电箱组件

现场控制柜以单相工频交流电源供电，额定电压为 220V，电压允许范围在 180V ~ 260V 之内。电源采用冗余配置，即双路供电：两路独立单相电源，同时接入配电箱，经内部切换后再送至各直流电源组件的输入端。配电箱的另一作用是提供现场的维修电源。

电源配电箱采用 2 路 220V（AC）输入，经过滤波之后作为 DPU 和 I/O 电源，并提供一路切换后的电源，作为应用设备和其他调试设备的电源。同时，配电箱还具有报警功能，可分别输出各路电源的掉电报警。

二、分散控制装置的组态软件及算法模块

1．XDPS400 的组态软件

DPU 在线组态软件主要完成对 DPU 或 VDPU 的在线组态、调试、组态文件保存。软件可对一个组态文件进行离线组态，并保存到磁盘上。可读入磁盘上的组态文件下装到 DPU。可上装 DPU 中的组态，再保存到磁盘上。可在图形组态界面上直接对 DPU 进行修改、操作、调试、观察趋势曲线等。组态界面符合 IEC – 1131 – 3 中功能块图形组态的标准。

2．软件功能模块

XDPS 的标准算法模块，包括各种 PID、自整定控制模块、算术逻辑运算、手操器、开关操作器、超前滞后、数字逻辑等。SOE 分辨率小于 1ms，提供 C 语言接口，用户可生成其他特殊算法，如状态变量和模糊算法。

（1）功能模块有一个功能模块名称和它被调用的地址，它被调用的地址是指它被哪个 DPU 调用，存放在该 DPU 的哪一个页面的位置。

（2）为了便于在系统中识别功能模块，功能模块在系统中有一个唯一的识别号 ID，它与学生的学号相似，用于快速识别和调用。功能模块还有一个执行先后的执行号，它表示在 DPU 中该功能模块的执行次序。

（3）功能模块通常有一组输入引脚（或端口）和一组输出引脚（或端口）。功能模块连接时，只要将前面功能模块的输出引脚与后续功能模块的输入引脚（称为指针）连接，数据就能进行传递。

（4）功能模块的输入数据可以定义为一个立即数（常数）、B.I 指针和空指针。立即数

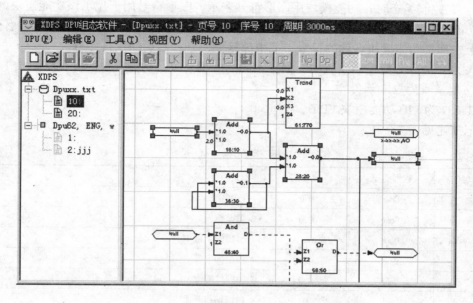

图 3-36 DPU 组态画面结构

必须是浮点数、长整数或布尔型数据中的一种。B.I 指针是用于说明输入信号的源地址。在 XDPS 系统中，同一页内的地址用功能模块号（Block）和某个输入（Input）来描述。即 B.I 指针表示连接到功能模块号是 B 中输入 I 序号的引脚。对不同页和不同 DPU 的数据，要通过页间传递数据的功能模块、网间传递数据的功能模块来进行数据的传递。空指针（Null）是指功能模块号和输入序号均为 1 的指针，它表示该输入引脚没有可取的数据。

（5）功能模块的输出数据也可以是浮点数、长整型数或布尔型数据中的一种，输出量状态是一个字，它包括了该功能模块的状态（计算允许或静止）、功能模块的输入是否有坏点而使输出不可信、功能模块接收点是否超时等信息。

（6）功能模块参数用于定义功能模块行为的方式和范围。参数可以是浮点数、长整型数或布尔型数据中的一种，也可以是字等。在组态和数据修改时，用户可以定义和修改参数值。一旦用户设置好参数值以后，就不会在计算过程中发生变化。

（7）每个功能模块都有一个状态字，用于描述该功能模块的运行状态。状态信息可以按用户定义的传递方式进行传递，可以定义的传递方式有不传递、或传递、与传递等。用传递字表示传递方式。0、1 和 2 分别表示不传递、或传递和与传递，约定的缺省值是不传递（0）。空脚不参与状态品质的传递。

（8）功能模块需要初始化，它对状态、中间值和输出进行设置。其中，输出初值是用户可定义的。

（9）在 DPU 中，由于过程变量执行的周期不同，需要分为不同的页面存放功能模块。在同一页面内的功能模块具有相同的执行周期。因此，页面执行号就是 DPU 执行的先后次序的顺序号。在同一页内，功能模块也有执行的先后，因此，也需有功能模块的执行号。用户可以更改页面的执行号和功能模块的执行号，以便调整执行功能模块的顺序。执行号小的页面和功能模块被先执行。

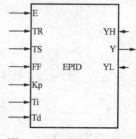

图 3-37　EPID（ID=38）
功能模块图形描述

（10）在控制组态时，功能模块用图形符号表示，图形符号用于显示该功能模块的输入、输出、功能模块名称（符号）、模块号和执行序号等。图形符号的左面表示输入、右面表示输出，上中部是功能模块名称的符号，下中部是模块号：模块的执行序号。

在 XDPS—400 分散控制系统中，根据不同的应用要求，功能模块的分类见附录 1。

2．功能模块的应用示例

图 3－37 为 PID 功能模块 EPID，ID ＝ 38。

标记描述见表 3－21。

表 3－21　　　　　　　　　　标 记 描 述

标记名		数据类型	缺省值	描　　　述
输出	Y	float	0.0	PID 输出
输入	E	float	0.0	偏差输入
输入	Y_H	float	100.0	输出的上限
输入	Y_L	float	0.0	输出的下限
输入	T_R	float	0.0	被跟踪变量
输入	T_S	bool	0	跟踪切换开关
输入	FF	float	0.0	前馈变量
输入	K_p	float	1.0	比例放大系数，$K_p = 0.0$ 时无比例项
输入	T_i	float	0.0	积分时间，单位为秒，$T_i = 0.0$ 时无积分项
输入	T_d	float	0.0	微分时间，单位为秒，$T_d = 0.0$ 时无微分项
参数	K_d	float	0.0	微分器放大系数
参数	E_{db}	float	0.0	积分器停止积分时的偏差值，如 $E > E_{db} > 0$，停止积分
参数	D_k	float	0.0	积分器停止积分时 K_p 的修正值，修正后 $K_p =$ 原 $K_p + D_k$

算法描述：

EPID 的拉氏变换式为：

在自动时，$Y\left(s\right) = \left(K_p + \dfrac{1}{T_i \times S} + \dfrac{K_d \times T_d \times S}{T_d \times S + 1}\right) E\left(s\right) + FF\left(s\right)$

在跟踪时，$Y\left(s\right) = \mathrm{TR}\left(s\right)$ 然后，将 Y 限制在 YH 和 YL 之间。

本功能模块还具有抗积分饱和的功能。

图 3－38 为一单回路并具有 M/A 手动站的调节信号输入输出控制回路组态示意图。

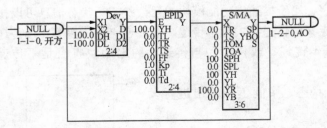

图 3－38　单回路控制回路组态示意图

第四章

分散控制系统的HMI

第一节 概 述

人机接口子系统 HMI（Human Machine Interface）是操作人员、管理人员、控制组态和维护人员与分散控制系统交互的界面，其最主要功能是完成操作者与计算机之间的信息通信。根据人机接口子系统 HMI 所安装软件的不同和使用人员要求的不同，在分散控制系统中的人机接口子系统有不同的名称。其中，操作员站是供生产过程的操作人员操作用的人机接口子系统，工程师站是工程师用于系统组态、维护用的人机接口子系统。有的分散控制系统还设有历史记录站，该站是用于数据存储的人机接口子系统，主要供生产管理人员进行数据分析、统计和报表打印等。不同的应用要求对人机接口子系统的要求不同。

一、HMI 系统结构

DCS 的 HMI 系统有两种典型结构：分布式数据库结构和客户机/服务器结构（C/S）。

1. 分布式数据库结构

分布式数据库结构如图 4－1 所示。

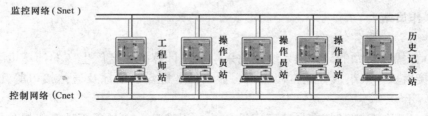

图 4－1 分布式数据库结构 HMI 系统

这种结构的显著特点是：HMI 系统所有站点均与控制网络冗余连接，各自根据自己所显示的画面内容收集控制网络中传递的实时数据并进行显示；操作员的操作指令由操作员站通过 DCS 控制网络直接以指令报文的形式发往相应的过程控制柜；系统所有的实时数据被分散在各个 HMI 站内，总体上看实时数据冗余度较大。

采用这种结构，操作员站实时数据显示和刷新速度快，对 HMI 计算机硬件配置要求较高，而对控制网络性能要求则不高。例如 Ovation 系统的上代产品 WDPF II 型 DCS 系统，其控制网络（数据高速公路）的通信速率仅为 2Mbps，但在 300MW 机组控制中有上佳表现。

为了提高系统对历史数据的使用效能，系统借鉴了 C/S 结构的优点。将历史记录站设置成历史数据服务器供各操作员站（客户）调用，这是为了不影响控制网络性能在 HMI 系统中设置高速冗余的监控网络进行历史数据的传输。

目前 ABB 的 Symphony、EMERSON 西屋的 Ovation、新华的 XDPS－400 系统的 HMI 系统均

采用分布式数据库结构。

　　2. 客户机/服务器结构

　　客户机/服务器结构如图 4－2 所示。

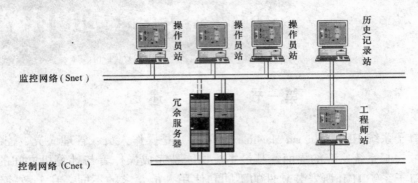

图 4－2　客户机/服务器结构 HMI 系统

　　这种结构的显著特点是：操作员站、历史记录站不与控制网络直接连接，DCS 系统实时数据由冗余的过程服务器通过控制网络进行收集然后向系统操作员站、历史记录站（客户机）发布；操作员的操作指令需经过服务器通过 DCS 控制网络发往相应的过程控制柜；系统所有的实时数据被集中在冗余服务器内，实时数据冗余度小。

　　采用这种结构，HMI 计算机硬件配置要求较低，而对服务器及网络性能要求较高，系统配置和管理简便。

　　目前西门子的 TXP、Honeywell 的 PKS、和利时的 SmartPro 系统均采用客户机/服务器结构。

二、操作员站

　　1. 操作员站的硬件结构

　　当前 DCS 操作员站的计算机系统往往采用通用计算机生产厂生产的计算机配以 DCS 厂商的人/机接口软件来组成，通常由主机、显示器、键盘、鼠标及通信接口等几部分组成，如图 4－3 所示。

　　各 DCS 的操作员键盘都有自己厂家设计的专用键盘，它与通用计算机操作键盘的功能和工作原理相似，但是，在结构上更加坚固，功能键的数量更多，按键的排列位置也有所不同，并带有防水、防尘等功能。

　　2. 操作员站的软件结构

　　操作员站的软件主要包括操作系统和用于监控的应用软件。

　　操作系统通常是一个驻留内存的实时多任务操作系统。目前，常采用的有 Windows 2000/NT、UNIX 操作系统，有的也采用其他类型的多任务操作系统，如 Symphony 系统的操作员站 Conductor 采用的是 DEC 的 OPEN VMS。

　　实时高效的操作站监控软件有画面及流程显示、控制调节、趋势显示、报警管理及显示、报表管理和打印、操作记录、运行状态显示等等。

　　3. 操作员站的画面类型

　　操作员站的显示画面是由 DCS 厂家的组态工程师和电厂操作人员根据多年的经验，在系统中设定的显示功能，通常有以下画面类型构成：

电厂分散控制系统

图 4 – 3　DCS 中操作员站的示意图

（1）总貌图画面。

这是系统中最高一层的显示，如图 4 – 4 所示。它主要用来显示系统的主要结构和整个被控对象的最主要信息。同时，总貌显示一般提供操作指导作用，即操作员可以在总貌显示下切换到任一组他感兴趣的画面。

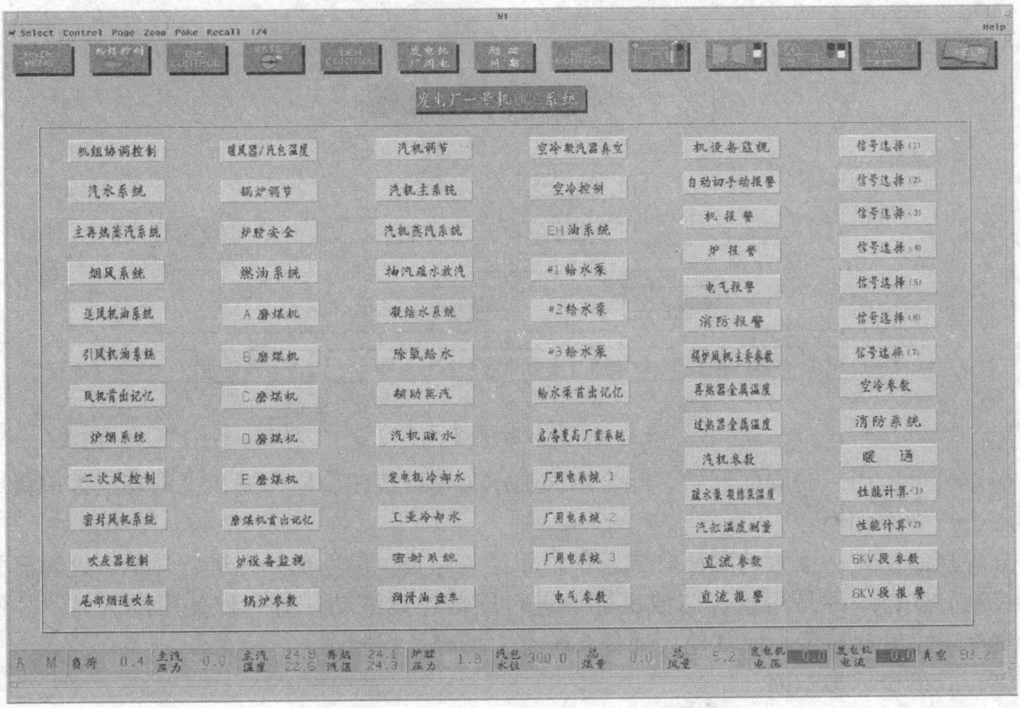

图 4 – 4　总貌画面

（2）生产工艺流程图类画面。

流程图画面是运行人员监盘时的常用画面，它将热力生产过程形象地展现在操作人员面前，如图4-5所示。流程图画面较多，通常采用分层分级显示或分块显示的原则将一个大的生产工艺流程由粗到细地进行展示。分层分级的画面结构，如图4-6所示。

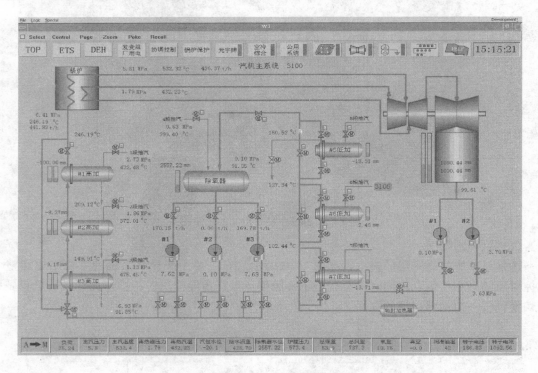

图4-5 生产工艺流程图画面

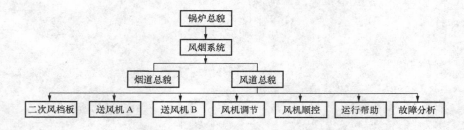

图4-6 分级分层显示结构图

操作员可以由总貌画面开始，配合画面提示菜单或按钮，应用键盘上的相应控制键或鼠标逐层进行画面切换。

分块显示是将一幅大的画面分成若干幅相连的画页，然后部分地进行显示。这时有两种显示控制方式：一种是用轨迹球或鼠标等进行屏幕连续滚动，另一种是用翻页显示。例如TXP支持连续滚动显示，而其他大部分系统都支持翻页控制。

（3）成组显示类画面。

在实际应用过程中，为便于监视和操作，运行操作人员往往需要将生产过程相关的参数和状态显示以及操作控制，以组的方式集中在一起。如重要参数的集中列表显示（如图4-7所示）、重要状态的光字牌显示（如图4-8所示）、重要设备操作器的集中监控等。

电厂分散控制系统

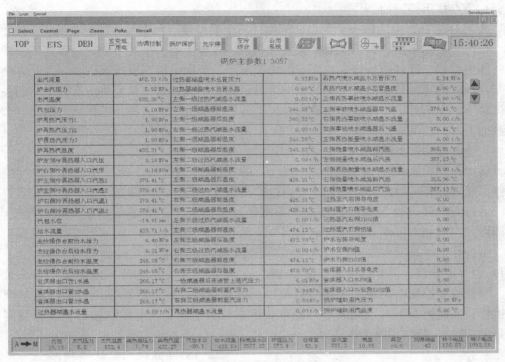

图4-7 参数成组显示

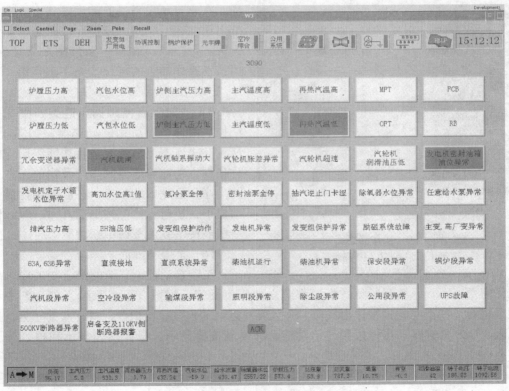

图4-8 光字牌

第四章 分散控制系统的HMI

（4）单点显示类画面。

该画面对应 DCS 中的每一个测点，例如，一个模拟量点包含很多信息：测点 KKS 编码、名称、单位、显示下限、显示上限、报警优先级、报警上限、报警下限、报警死区、转换系数、转换偏移量、硬件地址等。在测点的详细显示功能中可以列出所有内容，并允许操作员修改某一项的内容。该功能在不同的系统中显示方式不同，有些系统将所有信息一起显示在整个屏幕上，而另外一些系统则是显示在屏幕的一小部分上，这样，操作员可以同时监视另一幅画面，并修改某点的信息。

（5）设备操作器类画面。

设备操作器类画面在 DCS 画面系统中是一类很重要的画面。运行人员对生产过程的设备启停，重要过程参数的调节等都需要通过这类画面进行。此类画面往往以弹出式窗口形式出现，运行人员通过键盘或鼠标点击流程图画面上的某个活动显示元素（如：汽包水位）后，即可弹出汽包水位调节器进行水位调节，调节任务完成后关闭此弹出窗口。根据设备类型，设备操作器类画面主要有调节器画面、手操器画面、功能组启停画面等。

1）调节器画面。调节器画面如图 4－9（a）所示，它显示调节回路的三个相关值，即给定、测量值和控制输出值的棒图、数值以及跟踪曲线，此外还提供该控制回路的调节参数。操作员在此画面下可以完成下列操作：改变控制给定、改变控制输出、改变控制方式（手/自动切换）、修改回路的参数等。

（a）　　　　　　　　　（b）

图 4－9　操作器画面
（a）调节器画面；（b）手操器画面

2）手操器画面。这类画面主要是控制开关量设备启停的操作画面，如图 4－9（b）所示。它显示设备目前的启停状态、控制方式（手/自动状态）、启停允许状态、闭锁状态等。运行人员在操作条件满足的情况下，可按动操作器上的操作按钮，进行解/闭锁、手/自动切换、设备启停等操作。

3）功能组启停画面。这类画面主要是顺控启停设备时所用的操作器，如图 4－10所示。操作器上显示有进行功能组启停的允许条件、功能组启停的步序及当前正在进行的步序和已完成的步序。在启停条件满足的前提下，运行人员可按下启/停按钮启/停功能组或按下复位按钮中断功能组启停过程。

（6）报警类画面。

工业自动控制系统的最重要的要求之一是在任何情况下，系统对紧急的报警都应立即作出反应。报警有很多原因，在 DCS 中不但要求系统对一些重要的报警作出反应，并且要对近期的报警作出记录，这样有助于分析报警的原因。DCS 具有以下几种报警显示功能，即强制报警显示、报警列表显示和报警确认功能。

强制报警显示是指不论画面上正在显示何种画面，只要此类报警发生，则在屏幕的上端强制显示出红色的报警信息、闪烁，并启动响铃。如 Ovation 系统画面的基本报警图标、TXP

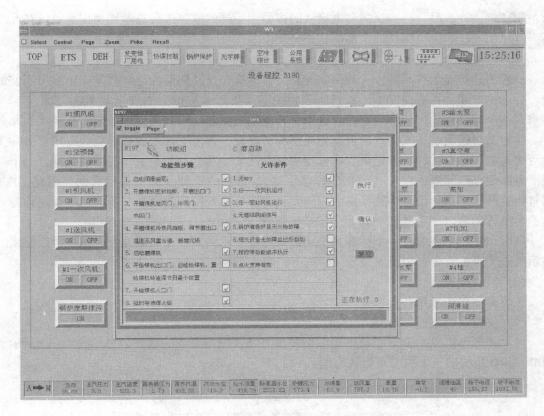

图 4-10 功能组成组显示及操作器画面

的公共报警指示，Symphony 系统的最小报警窗口等。

报警列表显示是指 DCS 存有一个报警列表记录，该记录中保留着近期几十个或几百个报警项，每项的内容包括报警时间、测点 KKS 编码、名称、报警性质、报警值、极限、单位、确认信息等，如图 4-11 所示。其中报警时间记录该项报警所发生的具体时间，格式为日/时/分/秒，报警性质为上限报警、下限报警等，报警值为报警时刻的物理量值，报警极限为对应的极限值。操作员可调出报警列表画面，将各报警记录列表分页进行显示。

报警确认功能是指在报警信息产生时运行人员按下确认按钮表示已知晓该报警信息并复

Total:	Alarms	282	Unacknowledged:	282	Resets:	0				
Date	Time	Alarm Type	Point Name		Point Description		(A)Value/Q (D)State/Q	Units	Limit	Incr.
30-Jul	11:34:41	RETURN	CUTOUT0018		Alarm Cutout Test Point		0			
30-Jul	11:34:31	RETURN	CUTOUT0017		Alarm Cutout Test Point		0			
30-Jul	11:34:26	RETURN	CUTOUT0016		Alarm Cutout Test Point		0			
30-Jul	11:34:21	RETURN	CUTOUT0015		Alarm Cutout Test Point		0			
30-Jul	11:34:16	RETURN	CUTOUT0014		Alarm Cutout Test Point		0			
30-Jul	11:34:11	RETURN	CUTOUT0013		Alarm Cutout Test Point		0			
30-Jul	11:34:06	RETURN	CUTOUT0012		Alarm Cutout Test Point		0			
30-Jul	11:34:01	RETURN	CUTOUT0011		Alarm Cutout Test Point		0			
30-Jul	11:34:00	RETURN	CUTOUT0010		Alarm Cutout Test Point		0			
30-Jul	11:34:00	RETURN	CUTOUT		Alarm Cutout Trigger Point		0			
29-Jul	23:01:45	ALARM	DROP110		WEStation DROP110				FAH 175	31

图 4-11 报警列表显示

归报警音响。列表时，已确认的和未确认的报警用不同的颜色进行显示。操作员可以在此画面上可单项确认、单页确认或全部确认报警项。

（7）趋势类画面。

一般的趋势显示有两种：一种是实时趋势，即操作员站周期性地从数据库中取出当前的值，并画出曲线。一般情况下，实时趋势曲线不太长，通常每个测点记录 100～300 点，这些点以一个循环存储区的形式存在内存中，并周期地更新。刷新周期也较短，从几秒到几分钟。实时趋势通常观察某些点的近期变化情况，在设定调节器控制参数时更为有用。另一类为历史趋势，这是一种长期记录，通常用来保存几天或几个月甚至更长时间的数据。每个存档测点即使存储间隔比较长（如几分钟存一次），占用的存储空间也是很大的。因此，DCS通常将这种长期历史记录存放在磁盘或磁带机上。这些长期历史数据一方面用来长期趋势显示，另一方面可以用来进行一些管理运算和报表。

同时，系统中还设有一个标准的长期历史趋势显示画面。在该画面上操作员可以键入要显示的若干点的点名，以及要显示的时间等信息，就可以看到这些曲线。

（8）报表类画面。

该类画面用于显示各类报表。

（9）仪控系统监控类画面。

这个画面可以显示 DCS 系统的组成结构和各站及网络干线的状态信息，图 4－12 显示了XDPS－400 系统的一个典型系统状态图。

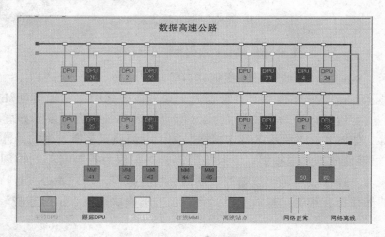

图 4－12　系统状态图

在该状态图中，各个网络节点通过网卡连至系统的两条冗余的数据高速公路上，这两条道路在图上以两条颜色不同的粗实线表示，一条为蓝色，另一条为深黄色，它们构成了XDPS 的主干网。

主干网上的各个节点在图上用一小方块表示，每个节点根据作用性质可分为分散处理单元（DPU）和人机接口单元（HMI）两大类。而 DPU 根据其工作状态，又可分成三种状态。即：主控状态 DPU；跟踪状态的 DPU 和初始状态的 DPU。HMI 根据处理功能的区别又分成工程师站（ENG）、操作员站（OPU）及历史数据记录站（HSU）。

DPU 的状态以不同的颜色表示，该颜色在配置文件中设定。在一般情况下，颜色表示如

电厂分散控制系统

下：

①主控状态的 DPU 为绿色小方块。

②跟踪状态的 DPU 为蓝色小方块。

③初始状态的 DPU 为黄色小方块。

④人机接口子系统的颜色一般为粉红色。

故障状态的计算机节点以红色小方块表示。在图 4-12 所示的画面中，每个节点小方块内，还有该节点的类型和节点编号。如果方块代表的节点处于故障状态，则显示时无节点类型显示。每个小方块上有两根细线与主干网络相连，它们代表每个节点的两个网卡上的连线。如果这两个短线为实线，则代表双网工作；若有一根线为实线，而另一根为虚线，则代表该节点为单网工作，即实线网正常，虚线网故障；若两根短线都处于虚线，则代表该机与主干网已脱离，处于非正常状态。在 XDPS 系统中，DPU 双网正常是最好的工作状态，而单网工作也是允许的，但两条网络全脱离是绝对不允许的，应引起特别注意。

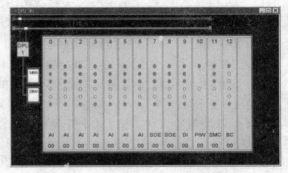

图 4-13　DPU 节点 I/O 站的状态监测图

在系统状态图中，将鼠标器光标移至处于主控状态的 DPU 节点方块中，单击鼠标器左键，就能弹出图 4-13 所示的 DPU 节点 I/O 站的状态监测图，用鼠标器点击网络级的其他区域就可关闭 DPU 的 I/O 站窗口画面。

在 DPU 节点 I/O 站的状态监测图中，窗口标题显示该 DPU 的节点地址号，左上角的方块代表该 DPU 节点的网络通信状态。左下角位置有若干个小方块，表示该 DPU 下所带的 I/O 站。有几个方块就代表有相应的几个 I/O 站，每个 I/O 站方块中的数字代表该站的站地址编号。在整个画面的右半部显示 I/O 站内卡件的安装情况，用于指示每个 DPU 下可能有多个 I/O 站，而画面中每次只能显示一个机箱内的卡件情况。所以，卡件箱内的卡件的显示图与 I/O 站之间有着对应的关系，两者之间用一粗实线相联接。用鼠标左键单击 I/O 站小方块，就可改变显示的对应关系，使操作员能观察到 DPU 下每个 I/O 站内的卡件布置情况。

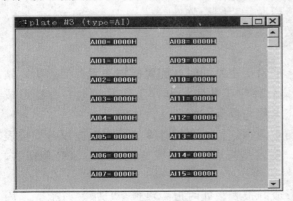

图 4-14　卡件通道状态图

在图 4-13 所示的 DPU 节点 I/O 站的状态监测图中，将鼠标器光标移至任一 DPU 节点方块中，单击鼠标器右键，就能弹出 DPU 中所运行软件的最后修改日期。这对软件升级是很有用的。

在图 4-13 所示的 DPU 节点 I/O 站状态监测显示图的基础上，用鼠标器左键单击标有卡件类型的卡件，屏幕就会出现如图 4-14 所示的卡件通道状态图。

在卡件通道状态图中，窗口标题代表该卡件的板地址及板类型，窗口中显示该板上各通道的采样数据。共有六种数据类型：

(1) 模拟量输入 AI（十六进制 A/D 转换值）；

(2) 模拟量输出 AO（十六进制 A/D 转换值）；

(3) 开关量输入 DI；

(4) 开关量输出 DO；

(5) 模拟量直接输入 FI；

(6) 模拟量直接输出 FO。

对于不同的卡件类型，其显示的通道数据也有所不同。

(1) PI 和 PIW 板显示 8 个通道的脉冲计数值的十六进制。

(2) DI 板显示出 32 个通道和开关量状态。

(3) AI 板显示 16 个通道输入模拟量的十六进制 A/D 转换值。

(4) DO 板显示 16 个通道的开关量输出值。

(5) AO 板显示 8 个通道的输出/模拟量的十六进制 D/A 值。

(6) SOE 板显示 32 个事件开关量输入通道的当前状态值。

(7) LC 板显示 8 个输入模拟量的十六进制转换值，2 个输出模拟量的十六进制 D/A 转换值，4 个开关量输入状态值，4 个开关量状态输出值。

用鼠标点选在不同的 I/O 卡件上，可显示出相应 I/O 卡件的通道数据情况图。在 I/O 通道上双击，可调出与此通道对应的全局测点的单点显示。

三、工程师站

工程师站是整个 DCS 系统组态和日常维护的工具，目前计算机性能都很高，因此分散控制系统的工程师站一般采用与其他 HMI 站相同的硬件配置。在系统初始组态时，工程师站可作为组态服务器，而临时将其他 HMI 站作为组态客户机使用以便组态工程师共享一个项目的资源，提高组态效率。DCS 系统投产后，一般只留一台工程师站用来保存项目组态文件和进行系统日常维护。

工程师站的操作系统软件与其他 HMI 站的差别不大，通用的是 Windows 2000/NT、UNIX 等操作系统。与其他 HMI 站有显著差别的是其用于组态开发的工程设计软件和其他辅助性通用软件。

工程设计软件是各 DCS 进行工程组态的软件，一般包括数据库组态软件、过程控制策略组态软件、图形组态软件、报表组态软件，以及趋势组态软件等。

其他辅助性通用软件指的是办公软件和数据库系统软件等。

四、历史站、报表站

历史站主要用于历史数据的收集和存储，通常历史站同时被配置成报表服务器。历史站是 DCS 系统中的重要组成部分。历史数据收集软件用于收集控制网上实时数据并存档形成历史数值，包括模拟量和开关量，收集的测点名称与周期在配置文件中定义。

报表站主要将历史站收集的实时数据和历史数据进行必要的计算然后将数据以各类报表的形式再现。DCS 系统报表包括周期型报表、触发型报表、追忆数据型报表、SOE 型报表、事件型报表、自定义周期报表等。

(1) 周期型报表是指在一定的时间内所形成的报表，如时报、班报、日报、月报等，周期性报表的最小时间单位为 1 小时。

（2）触发型报表是指当给定的条件满足时生成的报表，此功能未开放。

（3）事故追忆是对事故发生过程的记录，一般过程为当某一开关量发生跳变时，记录跳变之前一段时间的数据和跳变之后一段时间的数据。

（4）事故顺序报表（SOE）是指事件跳变序列，它是高速采样（＜1ms）开关量板采集到的开关量跳变序列，SOE 型报表就是记录这些跳变序列，主要用于事故分析。

（5）事件型报表记录开关量变位和模拟量越限事件，用于监视重要测点的状态。

（6）自定义周期型报表可以根据用户指定的起始时间，指定的时间间隔（最小时间单位为 1 分钟）生成用户需要的报表。自定义周期型报表的数据选自历史数据，因此不需要启动相应的数据收集程序，但所用点必须在历史数据收集配置文件中定义。

五、系统监控与诊断站

DCS 是一套复杂的网络控制系统，各类网络连接的设备、模件不计其数，系统监控诊断站的任务就是负责整套 DCS 的网络系统、HMI 系统、过程控制子系统各类设备的性能监控和故障诊断工作。在 DCS 大量采用现场总线和远程 I/O 技术的今天，系统监控和诊断范围已由传统的 DCS 机柜延伸到了工业设备现场，监控和诊断的范围和数量成倍增长，因此有的 DCS 系统将系统监控与诊断任务从工程师站分离出来单独设站进行监管。

第二节 Symphony 的 HMI ⇨

Symphony 系统的人机接口子系统 HMI 包括操作员站和工程师工作站。其中操作员站称为人系统接口设备 Conductor，工程师站称为系统工具 Composer。

一、人系统接口

1. 操作员站的硬件组成

Conductor 设备采用 32 位的奔腾工作站作为系统的硬件平台，其相关的外部设备，用户可根据需要做相应的选择配置，例如：CRT 尺寸、分辨率，硬盘、软驱、CD－ROM，键盘、鼠标、跟踪球，触屏及背投大屏幕等。

Conductor 设备可运行于 Windows 2000NT 或 OPEN VMS 操作系统。

Conductor 采用开放的通信网络结构，TCP/IP 标准协议，以 ABB 贝利多年从事过程控制经验为基础，把画面技术与过程控制软件结合在一起，并与过程控制单元的高效实时运行设备相结合，给使用者以友好的界面展现了大量的过程信息，帮助用户了解和掌握生产过程。

2. 操作员站的功能

Conductor 设备为工程师、操作员和维护人员提供所有与过程和系统有关的信息。

Conductor 采用交互式的运行方式。操作员可以借助相应外部设备完成，监视和控制所有来自过程控制单元的模拟控制回路及开关量控制设备；满足用户需要的过程画面显示，报警汇总，历史和实时趋势等功能。过程画面为用户提供了对过程状态和操作员信息的及时访问。多优先级报警可以有效地对瞬间的报警情况做出响应。操作员可组态的画面，使关键数据成组地在画面上显示。专门设计的操作员站画面为 Symphony 系统提供在线状态和故障显示等。

Conductor 为维护人员提供了监视网络上任意系统设备操作状态的能力。它可以从网络中任何一个操作员站上；诊断系统中设备的运行及故障情况。

3. Conductor 的画面显示系统

Conductor 为操作员、检修工程师和维护人员提供以窗口为基础的界面展示热力和电力生产过程信息。操作员站的基本过程画面如下：

(1) 工艺过程画面；

(2) 结构画面（包括总貌画面，成组画面和点画面）；

(3) 快捷键调用画面；

(4) 趋势画面；

(5) 系统状态画面；

(6) 过程报警画面；

(7) 系统事件画面；

(8) 信息（包括服务信息和操作员生成的信息）画面；

(9) 事件历史画面；

(10) 打印画面。

二、工程师工作站 Composer

Symphony 系统的工程师工具 Composer，是进行 Symphony 系统设计、组态、调试、监视和维护的管理系统。

1. 硬件组成

系统工具 Composer 在以 Intel 奔腾处理器为基础的 PC 机上运行，采用客户机/服务器结构。Composer 运行于 Windows 2000/NT，支持在网络环境下运行的多用户客户机/服务器结构。一般，一个服务器最多支持 10 个客户。Composer 客户机被安装在网络的任何一个地方，这一结构为工程师提供一个分散的多用户工程设计的环境。

Composer 的组态服务器除给客户机提供系统共享的组态信息外，还管理并储存项目或系统组态数据库中的相关数据。

Composer 系列客户机应用软件既可以使用户离线开发控制应用程序及人系统接口画面，也可在线地访问 Symphony 系统，以及用 Composer 软件调整、监视系统，使过程对象的性能满足工艺的要求。这一结构为工程师提供了分散的多用户工程设计的环境。

2. 工程师站的功能

工程师站的主要功能包括：

(1) 控制系统组态管理。对现场控制单元的控制逻辑进行在线、离线的组态。

(2) 人机接口组态管理。对操作员接口站进行数据库和显示图形及打印报表的设计组态。

(3) 系统诊断。Composer 通过系统配置的通信接口，把组态下装至过程控制单元内。同时，它也利用系统网络完成对系统的诊断。

(4) 系统调试管理。在线操作时，Composer 是通信网络上一个独立的计算机节点。它能够从网络中得到信息，同时也能够为系统提供调整功能。

(5) 文档设计。由于系统工具是在个人计算机基础上形成的管理及工具性设备，所以带有许多个人机的优点，如使用灵活，应用广泛及容易掌握等。加上各种软件的支持，使其功能不断增加和完善，成为分散控制系统中一个非常重要的设备。

3. 工程师站的软件功能结构

Composer 包含了对贝利控制系统进行组态、维护的所有功能。在它的软件系统内具有两个基本程序，即资源管理器和自动化结构。基本的 Composer 应用程序能组织和完成分散控制系统组态。它的软件有以下几部分构成：

（1）资源管理器。资源管理器为组态服务器的文件和数据库查看提供了一览窗口。该资源管理器与微软的文件管理器格式相同，窗口右面是系统文件路径结构。当选择某一对象时，窗口左面即显示组态服务器中相应的详细文件目录。

（2）自动化设计师 Automation Architect。建立和管理控制应用程序的功能码组态编辑器。工程师可以用下拉图标的方法方便地组态功能码控制图，机柜布置图，电源分配图等。可以编辑下装组态，在线地对过程进行监视，调整。

（3）图形编辑器。建立和管理操作员画面的工具。可以为 Conductor 离线地编辑和组态画面。Conductor NT 的画面组态软件为 Grafx，Conductor VMS 的画面组态软件为 GDC。

（4）标签管理器。生成和管理 Symphony 系统数据库。用户可以在此查看，定义和修改整个系统的标签数据库。

（5）对象交换。对象交换窗口为用户打开一个建立控制系统组态时需多次调用的元素的查看的窗口。对象按文件夹分类，标准的系统元素，如功能码，标准图形和符号都在系统文件夹中。用户可以使用这些元素。由于它们是 Composer 的标准对象的一部分，程序不允许用户从对象交换窗口中删除这些项。

第三节　Ovation 系统的 HMI ⇨

Ovation 系统的 HMI 的人机接口包括操作员站 OPR、工程师站 EWS 和历史数据记录站 HSR 等。Ovation 分散控制系统的操作员站是基于 UNIX 的工作站或基于 NT 的工作站，可采用多种类型的输入输出设备来完成信息的输入和输出。

一、操作员站 OPR

操作员站 OPR 采用 Solaris 操作系统的 SPARC 工作站，也可采用以 PC 机为基础的 Windows 2000/NT4.0 工作站。

Ovation 分散控制系统的操作员站软件由报警管理软件、趋势显示软件、点信息管理软件、诊断显示软件、综合显示软件、班报显示软件和记录用户接口软件等组成。

1. 报警管理软件

操作人员通过分级报警显示查看和确认报警情况，报警管理软件易于识别非正常情况。Ovation 提供了一些报警显示功能，包括以下几个方面：

（1）报警表。按时间顺序显示所有当前报警输入。报警状态的变化将在输入中更新。也可显示特殊报警返回，但仅限于组态中规定的报警。当报警发生时，通过点击窗口上的 acknowledge 图标或操作员键盘了解所选报警情况。

（2）报警历史表。按时间顺序显示最近的 5000 个报警事件。包括新增报警和已恢复的报警。新增加的报警出现在报警表的顶部。

（3）未确认报警表。以反时间顺序显示未确认的报警。新增报警放在表底部。当报警发生时，通过点击窗口上的 acknowledge 图标或操作员键盘，可以了解所选报警情况。

（4）复位列表。可识别系统中所有可复位的报警返回，并允许操作员将它们复位。已复位的报警将从报警表和复位报警表中清除。在完成确认后，报警必须重新复位以便于从报警清单清除。报警复位功能标明所有系统中可重新恢复的报警，允许它们复位。

（5）图标报警（可选）。最多显示 200 个代表报警测点组的图标，一旦发生报警，相应的图标会改变颜色，提供快速的视觉指示。根据用户定义的优先权和未确认状态，标记报警图标的颜色。过程图中的报警图标也可由用户定义，也可使用位图制作图标。图标可以直接链接至专用的过程图。这些图可以以任何格式显示，如过程全貌、手/自动站或测点组。

2. 趋势显示

趋势显示是以图形或表格形式显示在一段选择的时间间隔内从网络采集的有用测点的数据采样。提供的趋势有 X—Y、曲线趋势和表格趋势。X—Y 图显示的是一个或多个变量与另一个变量之间的关系。表格趋势图是以表格方式显示若干测点的变化情况。曲线趋势图是以图形方式显示测点随时间的变化情况。操作员可以查看实时趋势显示或历史趋势显示。操作员可建立专门的趋势组，以便快速访问预先确定的一组测点有关的信息。

3. 点信息管理

点信息管理软件允许浏览数据高速公路和点生成器的完整点数据库记录和点状态信息，并可以调整点的属性，如扫描状态、报警状态、报警限位和数值等。

（1）测点信息。操作员可以查看所选过程测点的完整的数据库记录，如果使用者被授权，还可调整测点属性如扫描状态、报警限值和参数值。测点信息有下列内容：测点、组态、完全性、数值/状态、硬件、初始化、报警、仪表、限值、显示等。

（2）测点查阅。用户可以查阅和调整有关信息的测点，如从含有特性、状态和质量的表生成测点。查阅类型包括：数值极限、设计范围、限值报警、响应极限、数值箝位极限、传感器极限、SID 报警、报警检查删除、结束禁止、由报警起结束、设计范围检验、数值箝位关断（clamp off）、输入值、外部标定、扫描移动、标记完毕、测试模式、未在使用的、质质差、质量较差、质量一般、质量良好、超时（Timed out）等。

4. 操作员事件信息

操作员某些动作使 Ovation 操作员工作站将事件信息发送至事件专用记录站，然后记录站产生一个标有时间的 ASCII 信息并送至 Ovation 网络历史数据库。可以在屏幕上检索、显示或在本地打印机上打印操作员事件信息。每个操作员事件信息包括事件子类型、日期和时间（到最近时间为止，以秒计）和事件描述。根据事件类型，每条信息还可包括下列数据：

（1）测点、设备或站名。

（2）测点描述。

（3）历史值/方式和新值/方式。

（4）回路号、算法名、算法类型。

由 Ovation 操作员启动的事件信息可以包括由扫描状态、报警/限值检查状态、输入值或变更的报警限值决定的数据采集系统功能和故障。其他类型包括：

（1）算法调整和故障。

（2）最新时间。

（3）强制值（forced values）。

（4）故障清除/确认。

Ovation 控制器启动离散控制信息，调制控制信息和杂项信息。由控制器软件逻辑决定的故障信息也由控制器发布。

5. 系统状态

系统状态显示分散控制系统的组态，显示 Ovation 网络和网络上站点的组态及运行情况。从系统状态显示中可以利用的功能包括：

（1）进入到站点的详细图。

（2）进入到定制的系统概貌图。

（3）报警确认。

（4）清除已标明站点的报警。

6. 测点回顾

测点回顾软件允许用户通过一系列特性、状态、质量码来回顾点的生成。例如，具有通用特征（如物理或功能工厂区域、设备或子系统）的数据库中的各点、状态（诸如报警或传感器报警等）、质量（好、坏、差）和特性。如果被授权，可以调整点的操作状态。

7. 班报显示和通用信息显示

班报显示软件包括交班记录和通用信息显示软件。交班记录是由操作员通过信息高速公路发送给操作员站和历史数据站 HSR 的过程事件日记录，交班记录包括日记录和硬件记录。通用信息显示软件显示就地操作员站产生的信息或其他站点通过高速公路发送来的信息。

（1）通用信息显示软件。通用信息显示软件列出最新 400 条信息，最新信息出现在表尾。如果超出 400 条信息，则窗口关闭，在窗口的底部出现错误信息，并列出额外的信息数。当窗口关闭时接收到信息，该信息将标识星号。一旦窗口打开，信息被浏览，则所有星号都将消失。在班报记录窗口产生的信息也会出现在通用信息窗口。

（2）日记录。可以发送信息给产生信息的操作员站、其他操作员站、工厂区域（几个操作员站）和历史数据站 HSR。

（3）硬件记录。只发送信息到历史数据站，用户可通过历史文件列表窗口检索这些文件。

（4）班日志。操作员可以在班日志中输入意见或观察到的情况，班日志可以被传送给其他操作员站或存储历史数据中。典型的输入可包括设备情况、步骤偏离或过程观察情况。

8. 过程图

过程流程图软件能方便地显示生产过程的模拟流程图和概貌显示、并且可以进行生产过程的控制操作。它包括下列特性：

（1）通过动态使用图素的颜色、形态和大小，显示设备状态。

（2）用户定义链接和内存分页层可提供灵活的导航。

（3）过程图中的测点值可以快速显示与所选测点有关的应用（如趋势、测点信息或其他图形）。

（4）不是系统被分配网络测点的部分条件可被定义和嵌入到过程图中。

（5）标准显示图符库对外特征的一致性和执行速度起辅助作用。

（6）测点组使一个图可以适合于两个以上的子系统或设备。

（7）Ovation 可组态最多 25,000 个以上的过程图，每个 CRT 最多显示 4 个过程图窗口，每个过程图的动态字段可达 700 以上，每个图的颜色可达 256 种，图更新速率 1 次/s。

二、工程师站 ENG

工程师站软件（工具库）是一套先进的软件程序的集成，用于生成和保存 Ovation 的控制策略、过程画面、测点记录、I/O 位置、报表生成以及全系统的组态。工具库同 Ovation 嵌入式相关数据库管理系统相辅相成，协调维护系统内全部数据的汇编，同时又能容易地实现同其他工厂和商业信息网的互联。

Ovation 功能强大的工具库包括：

1. 控制生成器

控制生成器是一个友好的、直观的 AUTOCAD 型用户软件，能快速建立 Ovation 控制策略，并自动生成控制器直接接受的执行码。作为高性能工具软件包的图形前端，控制生成器具有生成自由格式画面的能力，包括控制符号、信号名和信号联接线。控制算法用标准图形符号表示，采用标准的"科学仪器制造商协会"（SAMA）和"布尔"的一组算法符号作为图符用于控制图中各个部位。

作为快速、完善的图形工具，控制生成器是 Ovation 控制器控制功能的主要编程工具，它自动建立与控制算法有关的中间点和缺省点，支持画面生成过程中要求的新点的建立。控制生成器还具有生成控制的能力，它采用一个修订过的标准算法集，将多种格式的布尔、文本和图形算法压缩成单一的算法集。

2. 图形生成器

由图形生成器创作编辑的画面通过全彩 Ovation 显示，分辨率可达 16000 像素。采用标准的移位击键法可以拖动、移动和改变对象大小，并可通过滚动菜单选取色彩、线宽、填空、文本格式等图形属性。用户可根据需要建立自己的图形工具，如按键、查询框、选项单、事件菜单和滑块等。图形生成器设有一个扩展的图符编辑器，可建立、定义和存储 256 个自定义图素。

另外，还具备支持条件码（IF 和 LOOP 命令）、数学运算以及源文件复用等功能。

采用图形生成器高性能工具、用户具有极强的能力，可以根据需要建立和编辑形状和符号、图形、颜色、宏指令和编辑源码。

3. 测点生成器

测点生成器可使用户增加、删除或修改系统的过程点，并立即实现对系统范围内所加点的一致性检验，即查实是否有点名的重复，确保点字段类别及范围的正确性。

在删除点时，点生成器可以查明其他区位确实不需要该点，并在有矛盾时立即通知删除者。本软件还支持用户定义每个点的 I/O 参数，并对任何数据点进行复杂的数据库查询。I/O 参数可以包括 I/O 类型、卡类型、硬件地址、终端信息、传感器类型、标定和转换系数。

4. I/O 生成器

I/O 生成器以友好、分层格式建立 Ovation I/O 模块分支。它显示出可用系统网络、单元和站点。用户可选择合适的站点，定义合适的 I/O 分支类型、I/O 卡插槽和要求的 I/O 卡类型。

5. 组态生成器

组态生成器主要用于定义和保存所有 Ovation 系统的设备组态数据，包括控制器参数。本软件还维护组态过程中周密的系统安全多级管理制度。

6. 点组生成器

点组生成器用公用接口建立过程图组、趋势组和历史数据组。历史数据组可以在线建立点，可以在 0.1s 的频率采集点数据。在线点建立保存在有效数据缓冲区内以保持历史数据。

128

7. 安全生成器

安全生成器为系统功能和测点数据提供一个建立/删除安全功能性的接口。安全子系统以站、作用和用户对象的形式使用组态信息。加密选择被保存在高性能工具数据库中并分布在整个系统中。

8. 报表生成器

报表生成器在工程师站运行，用于请求一个报表，查阅运行状态或完成或取消报表。通过与网络相连的其他 Ovation 工作站的生成软件完成冗余报表生成器设计。在由用户定义的条件下，用户可以设计和修改用于实时、历史或基于用户定义条件的文件数据的各种报表格式。

报表生成器为用户报表的制备提供了十分灵活的软件工具，在设计按一定周期、按需或按事件触发为条件的详实报表时尤为方便。报表生成器生成的报表类型包括：

（1）用户定义的绝对时间或间隔时间内的周期报表。

（2）各种条件触发的事件触发报表。

（3）由一个或多个数据网络点启动的故障报表。

（4）用户要求的报表。

三、历史数据站 HSR

1. 历史数据站结构

历史数据站为满足各种应用需求，被分为若干独立的软件子系统。每个子系统完成与扫描、采集、存储、检索或显示历史数据有关的一项功能。

每个历史数据/报表功能在客户机/服务器环境下运行，每个软件子系统的服务器部分运行与历史数据有关的内容。服务器从 Ovation 网络采集合适的数据，将采集的数据发送至档案存储器并响应检索请求。

相应的客户部分通常在操作员或工程师工作站运行。客户提供软件工具以显示、打印或存储模块的服务器部分采集的预先形成的数据报表。一个另外的客户，开放数据库连通性 ODBC 服务器，响应 SQL 对历史数据的请求。

在多数情况下，历史数据站功能与同一工作站的报表服务器功能相结合。采用具有两个功能的一套电子装置可使整个系统的硬件成本最小。如果必要，历史数据站和报表服务器可以在独立的专用工作站上操作。

通常情况下，历史数据站的组态可采用 1GB 硬盘用于主要信息储存，一个附加的 4GB 硬盘用于外存以及一个光盘驱动器用于长期存储。可选用附加光驱空间和光驱或光盘机。

2. 历史数据站软件

历史站软件包括基本历史站软件包、主要历史记录软件包和历史事件顺序 SOE，其中，主要历史记录软件包又包括报警历史软件包、操作员事件记录软件包、文件历史记录软件包、长期历史软件包。

（1）基本历史站软件包。基本历史站软件包提供了允许运行单个历史站软件模块的核心软件。它为单个历史站应用软件提供了计划、监视和磁盘管理功能。此外，基本软件包将收集到的数据归档到光盘内以达到长期存储的目的。

（2）主要历史记录软件包。主要历史记录软件包收集、存储和回复过程点数据。所有的点每秒扫描一次并收集点状态或数值的变化，提供最小的磁盘存储容量但记录最精确的过程活动。利用历史点回顾和历史点趋势功能访问和分析收集到的数据。主要历史软件包也向操作员界面提供趋势功能所需要的数据。

1）报警历史记录软件包。接收由其他站点如操作员站、工程师站用报警监视功能传送来的报警，并将报警状态文本化以便于今后的分析。

报警历史软件包用户接口 UI 允许操作员站或工程师站显示、打印收集到的报警或将报警存入文件中。UI 还提供按照各种因素对报警清单进行排序，如点名、时间范围或初始站点。

2）操作员事件记录软件包。按照时序创建一个系统操作行为记录，如手/自动切换、升/降命令、开/关命令、设定点变化、报警限位变化、点的扫描状态变化或人工键入的数值。任何动作都将被清楚的标明、打上时间标签并按照时序存储。

UI 提供回复和按照时序、时间范围、初始站点或事件类型等功能。这个清单可以显示、打印或按照 ASCII 码文件形式存储。

3）文件历史记录软件包。以数据文件的形式存储、归档操作员班组日志（由操作员站用户界面发出）和记录报表（由记录服务站输出）。

4）长期历史记录软件包。功能类似主要历史记录软件包，收集和存储数字量和模拟量点的数值和质量码，是长期存储关键的在线数据。长期历史功能为主要的测点提供在线确定的在线存储区，以使其能够在线保存很长时间（数月）。

（3）历史事件顺序 SOE 软件。历史事件顺序 SOE 软件从 Ovation 控制器收集事件顺序数据，根据时间顺序分类列表，并搜寻列表后首发事件。SOE 历史用户接口在操作员/工程师站上运行。它允许操作员查阅 SOE 报告并根据标签名、控制器或首发事件测点对报告进行过滤。Ovation 控制器配备有合适的事件顺序 I/O 模块来完成这项功能。

第四节　TELEPERM XP 的 HMI ⇨

TELEPERM XP 的 HMI 包括 OM650 过程控制和信息系统、ES680 工程系统和 DS670 诊断系统。

一、OM650 过程控制和信息系统

OM 意为操作（operation）和监视（monitoring），OM650 过程控制和信息系统在主控室中提供了一个运行操作员和电厂生产过程之间的窗口。通过该系统，可对全厂进行集中监控。

1. OM650 系统硬件结构

OM650 过程控制和信息系统如图 4－15 所示。

（1）硬件概述。在大中型电站控制系统中，OM650 过程控制和信息系统采用客户机/服务器结构，将 HMI 系统功能分散于处理单元（PU）、服务单元（SU）和操作终端（OT）。OM650 系统布局结构如同一个等级划分严格的组织机构，处理单元（PU）和操作终端（OT）经终端总线进行通信。

OT、PU、SU 都是 UNIX 个人计算机（UNIX－PC），所用的 PC 均为 32 位 Pentium 工控机，OT CRT 显示器分辨率可达 1280×1024，OM650 可采用大屏幕投影显示器（2m×1.5m）。为此，OT 还设有一个可连接四个彩色显示器的图形服务器用于大屏幕投影的拼接。OM650 其他外设有鼠标、键盘、打印机和 CRT 硬拷贝机。

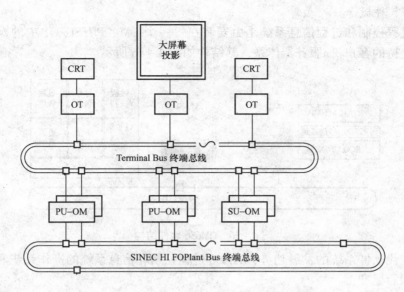

图 4 – 15　OM650 过程控制和信息系统结构图

处理单元（PU）和服务器单元（SU）采用 2 选 1 冗余配置，二者均通过接口连接在 SINEC 工厂总线上，实现与各 AS620 自动控制系统的数据通信。PU、SU 和 OT 又都连接在工业以太网终端总线上。

（2）处理单元 PU（Processing Unit）的任务。PU 主要负责实时过程信息的传递和处理，TXP 系统可根据 I/O 测点数决定冗余 PU 的数目。在系统中存在多对 PU 时，采取分片包干的办法，每对 PU 负责管理总 I/O 测点的一个子集。PU 主要通过以下功能实现其任务：

1）保持画面的当前值和所管分区的状态值。

2）将所辖分区数据变量存入短期档案数据库。

3）组合二进制状态信息和上位状态变化（总报警、事故追忆）。

4）处理过程信息功能。

5）为操作终端提供动态信息（画面动态显示信息的输出和更新）。

（3）服务器单元 SU（Server Unit）的任务。

1）在中央数据库（INFORMIX）中保存由 ES680 组态的所有的数据描述，为人机接口 HMI 功能和报表功能等提供信息。

2）报表功能。

3）长期存档功能（利用光盘 MOD 外部数据存储器）。

4）执行计算（性能、热平衡等）。

（4）操作终端 OT（Operating Terminals）的任务。TXP 的设计是将 PU/SU 的处理功能从 OT 的显示功能中分离出来。OT 和 PU/SU 之间就没有固定的指派关系，OT 与 PU/SU 之间只进行模拟量、开关量以及操作信息的交换。在 OM650 中使用多台 OT 时，它们彼此间是相互平行的冗余关系，如果一台 OT 发生故障，其他任意一台 OT 都能替代它进行工作。

电厂的所有显示画面及人机接口功能都存储在每一个操作终端 OT 的本机磁盘存储器内。通过终端总线，OT 可访问短期或长期档案数据库，从而每台 OT 均可进行全厂的监视和操作任务。

2. OM650 软件概念

OM650 过程控制和过程信息系统是由安装在每一个 OM – PU/SU/OT 中的操作系统和基础性软件所支持的客户机/服务器体系，其结构如图 4 – 16 所示。

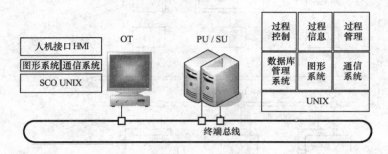

图 4 – 16　OM650 软件结构

考虑到现代软件系统的发展趋势，OM650 过程控制和信息系统的操作系统和基础性软件综合了许多国际标准：

（1）UNIX 操作系统。采用基于 System V 的 SCO UNIX。

（2）数据库管理系统。采用 INFORMIX 关系数据库系统。

（3）图形系统。采用 X Windows，OSF – Motif（OSF——open software function）和 DYNAVIS – X 标准。

（4）通信系统。采用 MMS/STF 和 TCP/IP 协议。

操作系统和基础性软件之上是 OT 的人机接口软件 HMI（客户端）及在 PU/SU 上运行的功能齐全的用户功能软件包（User Function Packages）。对应于电厂中涉及的任务，可将用户功能软件包归结为过程控制、过程信息和过程管理等三类服务软件。

（1）人机接口 HMI（man – machine interface）。OT 上的人机接口 HMI 为运行操作人员提供了一个统一的操作界面，以各种不同的显示来满足运行人员的监控需求。

1）工艺流程画面。整个电站的概貌显示或管道和仪表图（PI&D）显示，显示图上用数字指示、棒状图、颜色等显示温度、压力或报警指示的信息，供运行人员操作和监视。

2）过程信息显示。用曲线、条线或特性曲线指示过程测点的历史和目前的状态。

3）功能图。用来在线表达仪表和控制的开环控制功能。

4）画面选择。允许操作人员对显示内容快速或直接的键入显示，如重要的概貌显示、报警顺序显示 ASD 等。

5）过程操作。所有的过程操作都可经操作窗口进行。这些过程操作是：开关设备的开/关、手/自动运行方式的切换、改变设定值和位置变量、调整操作块等。

6）报警系统。显示报警等级和报警顺序。

（2）过程控制软件包。用于对电厂生产过程数据的直接存取，以服务于前台 HMI 画面显示和操作。包括以下方面：

1）生产过程数据的直接存取与组织。

2）故障检测与报警处理。报警顺序显示、总报警、按过程及系统的事件分类。

3）报表。报警/事件报表、运行报表、状态报表。

（3）过程信息软件包。"过程信息"包的功能主要包括过程事件的分析、优化和存档，以及快速故障分析和消除故障。并非每套装置都需要一切能得到的功能，因此功能包细分成：

1）长期存档。

2）事件检查文件。

3）操作事件计量和转换循环计数。

4）操作统计。

5）锅炉组件的寿命和寿命消耗使用监控。

6）蒸汽发生器和空气加热器的特征值。

7）汽轮机和凝汽器的特征值。

8）给水加热器和给水泵的特性值。

9）汽轮机特性值。

10）用于每天热耗计算的特性值。

11）热力学函数的特性值。

12）记事本。

（4）过程管理软件包。在 OM650 中，为优化运行过程管理软件包提供了下列设备的性能计算服务。

1）给水加热器。温差比、利用率。

2）给水泵。热效率/能量平衡。

3）锅炉。热效率。

4）空气预热器。效率、温差比、利用率、泄露率。

5）汽轮机。效率、轴输出功率。

6）凝汽器。温差比、利用率、污秽情况。

7）热力函数。蒸汽熵/焓、水焓、水、蒸汽量。

8）日热耗率。

9）锅炉部件寿命及寿命损耗。

其计算结果存储在短期档案数据库中，以曲线、棒状图、模拟量指示或记录形式表示，供运行人员监控参照。

二、ES680 工程系统

1.系统概述

ES680 工程系统是 TELEPERM XP 系统的中央组态系统，它运行在 UNIX 操作系统中，根据性能要求，（ES680）工程系统可装在 PC 机或 RISC 工作站上运行。

ES680 工程系统主要用于（AS620）自动化系统的组态、（OM650）操作监测过程控制和信息系统的组态、（SINEC H1）总线系统以及系统硬件的组态。用一个专用的组态软件包与每个目标系统相连。ES 系统集中地管理所有组态数据，数据只须一次输入。AS 功能的组态和在 OM 上的处理功能均基于 VDE（德国工程师协会）的规定。功能图在工程师系统上由功能图编辑器进行交互式输入。ES 系统在初始组态或修改组态后自动创建代码，这种方式保证了一个 AS 系统、OM 系统和与硬件系统功能相适应的总线系统随时有一个最新的组态文件，也保证了集中的开环控制和修改的管理。

2.AS620 自动控制系统的组态

ES680 工程系统对 AS620 自动控制系统组态是按功能图进行的，功能图是根据德国大电站运行员技术协会（VGB）的指南设计的，是使用功能块逻辑部件对火力发电厂的工艺过程进行描述的图形化表现。功能图提供的信息如下：

（1）具备什么条件可以使一个输出信号去控制或切除操作。从单个装置（马达、执行器、电磁线圈）到子系统（润滑油、盘车装置等）甚至整个电厂。

（2）使机炉进入正常运行需要具备的条件。

（3）对于启动/停止程序中的每一步，在其进入下一步之前需要具备的条件。

（4）哪些特定的信号将触发操作盘上的"分组报警"信号。

（5）来自机组的哪些输入信号将导致机炉跳闸。

（6）机组控制需要监视哪些温度输入信号。

功能图对机组的运行和维护人员来讲是一个重要的工具。功能图以分级结构构成，功能图的文件分为三级。

（1）概貌级：显示自动化系统功能、结构和它们之间的相互依赖关系，包括流动系统标示码，自动系统的设计构想和下一级功能图的交叉索引。

（2）区域级：显示开环和闭环控制功能，包括流动系统标示码，用符号表示的功能，下一级功能图的交叉索引。

（3）单项级：显示成组和单个的开环控制、包括保护逻辑、连锁、主控制器、设定值结构功能；显示单个的闭环回路，包括比较回路、限幅器、保护逻辑，使能连锁和输出命令保护信号等。

各级功能图生成后，就可使用电厂专用符号来设定，这些专用符号具有标准的缺省值，仅当与缺省值有偏差时，才需要组态。

图中功能块间的连接信号，可用作图法连接符号于表格空白中或由功能图逻辑连接自动生成。

当需要时过程的工程参数可直接输入指定符号的表征码。自动参数、地址或系统的运算量是不需要组态的，它们是由 ES680 工程系统自动指定和管理的。

ES680 工程系统自动管理信号的连接，用户只需经功能图组态逻辑连接。带有符号的单项控制级的功能图，参数和连接是直接由编码生成器转换为用户的自动控制系统程序软件。这个生成的软件经工厂总线载入相应的自动控制系统。

3.OM650 过程控制和信息系统的组态

OM650 过程控制和信息系统的组态内容包括：

（1）工艺流程图画面生成。

（2）画面到生产过程的连接。

（3）记录配置。

（4）过程功能组态。

OM650 和 AS620 组态原理相同。操作装置的信息和功能经工厂 ID 码组态，并输入到系统中，这就是说在工艺流程图画面和功能图中的图形对象是由工厂 ID 码编址和更新的。ES680 通过标准化、连续地匹配的功能块和显示库支持组态过程的进行。

4.系统硬件和现场设备组态

过程仪表和控制 I&C 系统硬件，包括现场设备（传感器）和相关电缆也能用 ES680 工程系统来组态。ES680 有 MSR（instrumentation、open - loop control、closed - loop control、测量系统、开环控制、闭环控制）子功能用于定义和处理传感器和执行器。程序包括测量点和驱动清单。

5．总线组态

SINEC 总线系统组态用拓扑结构图进行，拓扑结构图的生成是用与功能图生成相同的方法实现的。SINEC 局域网组态包括：

（1）按局域网 LAN 拓扑结构定义仪表和控制 I&C 装置的结构。

（2）生成局域网 LAN 连接，并对用户透明。

（3）生成对通信处理器 CPS 的信息。

（4）装载组态数据到局域网 LAN 上各部件。

6．调试功能

由组态生成的数据装载在 ES680 工程系统中，可供工厂调试时应用。当调试时，结构编码和参数经总线由 ES680 装载到相应的自动控制系统和操作监视系统中。对于大型电厂可以由几个仪表和控制工程师在连接成一个环的 ES680 工程系统上并行进行调试工作。仪表和控制结构的优化和修改是和同组态时一样的方法实现的，这时功能图可以显示过程变量的动态特性。调试工程师能够通过 ES680 系统进行所有模拟量和数字量信息的调试。

调试功能有：

（1）组态数据的传输。

（2）自动控制系统部件的"冷态调试"。

（3）装载功能。

（4）试验文件。

（5）自动控制系统功能调试、过程工程调试。

过程工程调试主要是为了优化过程，ES680 支持的调试所用的功能如下：

（1）修改组态。

（2）具有动态特性的功能图。

（3）软件信号仿真。

三、DS670 诊断系统

诊断系统 DS 是一个能够监视和详细解释组成 TELEPERM XP 系统的仪表与控制元件故障的工具。故障情况下，诊断系统引导操作员注意故障发生点，同时指示故障原因和快速消除方法。

1．DS 诊断系统

诊断系统 DS670 有两种结构可供选择，如图 4 - 17 所示。

第一种结构为采用压缩单元 CU，诊断系统压缩单元 CU—DS 分为两部分：诊断系统服务器（DS Server）和诊断系统客户端（DS client）。诊断系统服务器连工厂总线和终端总线，它通过诊断系统客户端接诊断系统的诊断终端（DT—DS），这种诊断系统适用于较小型系统，只用一个诊断终端。

第二种结构为采用服务器单元 SU，诊断系统的服务器（SU—DS）连接在工厂总线和终端总线上，诊断终端（DT—DS）经诊断系统客户端可接在工厂总线上和接在终端总线上。这种诊断系统适用于大型系统，系统可用多个诊断终端。

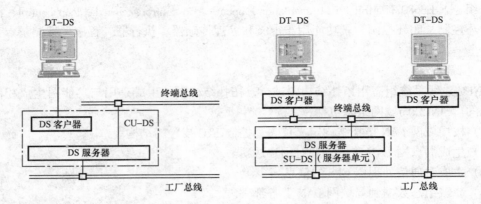

图 4 – 17　诊断系统结构示意图

2.DS670 诊断系统的主要功能

（1）故障分析。

1）I&C 故障的自动识别；

2）处理被识别的故障，在仪表控制布局图上以图形形式压缩（报警压缩）显示；

3）指导操作员通过装置结构找到故障发生位置；

4）图形方式故障显示，详细信息的文本故障显示，如果可能修复之。

（2）I&C 系统信息。提供 I&C 系统的相关信息，如：

1）I&C 拓扑结构；

2）AS 系统和机柜组态；

3）机柜分配；

4）硬件和软件版本号。

第五节　XDPS – 400 的 HMI

XDPS – 400 的 HMI 通常用工业 PC 或工作站构成，运行 Windows 2000 或 Windows NT 操作系统，外接任何 Windows 所支持的磁盘、CRT、激光/喷墨打印机、跟踪球、专用控制键盘等。人机接口子系统包括操作员站、工程师站、历史数据站、计算站，它们均采用相同的硬件平台，通过下载和运行各种新华公司开发的过程监控及信息管理软件包来实现对生产过程的全过程控制。

一、操作员站 OPU

XDPS – 400 分散控制系统的操作员站软件由 HMI 总控软件、XDPS 自检、图形显示软件、单点显示软件、数据库一览软件、报警一览软件、报警历史软件、实时趋势和历史趋势软件、报表打印软件和条件触发器软件等。

1.HMI 总控软件

HMI 总控软件 Netwin 是 XDPS – 400 的实时数据库管理及网络通信管理的软件。在启动其他任何 HMI 或 GTW 软件时，必须启动总控软件，即启动 XDPS 实时数据库管理和实时网络管理驱动程序。总控软件 Netwin 的作用如下：

（1）显示实时网络的状态；

（2）设置项目数据的路径，存放项目的组态数据；

（3）显示 HMI 节点号与 HMI 级别；

（4）显示当前实时网络上具有最高级别的 HMI 节点号和级别。最高级别的 HMI 具有网络管理权，能校对网上节点的时钟；

（5）允许用户启动操作员站的其他软件，如运行自检、数据一览等软件，具有工程师站级别的用户才能执行 DPU 组态，图形生成等组态软件。

2．XDPS 自检软件

XDPS 自检软件是一个软件的监测程序，主要作用如下：

（1）对冗余实时数据网上各节点的运行状态进行监测；

（2）对系统中各分散处理单元（DPU）中各输入输出站的工作状态进行监测；

（3）对各输入输出站内各输入输出卡件上各通道的状态进行监测。

3．图形显示软件

图形显示软件是操作员站的主要软件，是人机交互的操作界面。图形显示软件为操作员提供基于 CRT 的监视、操作和控制环境。操作员可以通过图形显示软件提供的各种界面实现对生产过程的监视、控制和管理。

（1）模拟流程图和总貌显示；

（2）实时数据的统计显示；

（3）过程的状态显示；

（4）特殊数据记录；

（5）历史数据的显示；

（6）趋势状态的显示。

4．单点显示软件

单点显示软件的作用如下：

（1）监测全局数据库中某一过程测点的实时数据的变化；

（2）能在线修改某一过程测点的状态、报警和实时值；

（3）与其他软件相配合，用于系统的调试和控制。

5．数据库一览软件

数据库一览 XList 用来监测全局数据库中测点实时数据的变化，具有简便直观的操作界面，绝大部分功能与设置均在画面的工具条上，使人一目了然。其显示画面与 Windows 应用程序相似。按下工具栏中的图标按钮，无需通过菜单或对话框中进行选择和操作，就可以调用有关的操作命令。

数据库一览软件的功能如下：

（1）根据测点的静态特性过滤输出：测点类型、服务器、节点号、测点组、测点名等；

（2）根据测点的动态特性过滤输出：品质坏点、扫描点切除、报警点、报警未确认点等；

（3）命令行中指定过滤参数，程序启动后直接显示目标测点；

（4）单个测点查找；

（5）测点显示输出项目选择；

（6）打印输出，支持本地打印及网络打印，打印格式"所见即所得"；

(7) 与系统中的其他软件配合，方便系统的调试和控制。如调用单点显示软件在线修改测点设置和实时数据；

(8) 可把指定测点拷贝到系统的其他软件，如趋势显示。

6. 报警一览软件

报警一览软件用来监测全局数据库中报警测点实时数据的变化，使用不同的字体颜色直观地标注了各报警测点的优先级。

报警一览画面显示工具栏、过滤栏、标题栏、测点视图、状态栏等，能采用与 Windows 应用程序相似的操作方法观察和操作相应的测点。报警一览软件提供的观察相关测点的方法有：

(1) 根据测点的静态特性过滤输出，过滤栏显示：测点类型、服务器、节点号、测点组、报警优先级；

(2) 在命令行中指定过滤参数，程序启动后直接显示目标测点；

(3) 测点显示输出项目选择；

(4) 测点视图中，报警测点按其发生时间由新至旧顺序排列，保留报警状态变化时数值与状态，符合过滤条件的测点进入报警一览，并出现在测点视图的顶端；

(5) 打印输出；

(6) 报警弹出功能，及时提醒操作员系统的状态；

(7) 状态栏显示报警一览中所有测点的统计数据，包括测点总数，测点总数中的报警点、坏点、复归点的数量。

报警一览软件提供了简便直观的操作界面，绝大部分功能和设置均反映在画面上，以图标方式显示，操作者无需通过菜单或对话框中查找，而直接用鼠标/跟踪球点击对应的图标，就可进行浏览操作，单个测点查看、系统调试、控制操作、打印输出操作和其他辅助操作。报警一览软件提供的操作有：

(1) 测点过滤，命令行过滤；

(2) 周期性扫描全局数据库，刷新测点视图，也可以停止扫描只是静态显示过去读取的测点；

(3) 测点输出项目选择；

(4) 行移动和视图翻页；

(5) 单个记录查看；

(6) 在线确认单个报警测点；

(7) 在线确认整页报警测点；

(8) 打印预览与打印，支持本地打印与网络打印，打印格式——"所见即所得"；

(9) 测点状态标注，以不同的测点行字体和背景颜色表示报警优先级，确认与未确认的状态。

7. 报警历史软件

报警历史软件用于显示报警实时队列和报警历史文件的记录，用不同的字体颜色标注记录的类型。

报警历史软件通过画面上的工具栏、过滤栏、标题栏、测点视图、状态栏等，以 Windows 常用的操作方式点击图标，观察报警历史文件中操作员所关心的记录数据，即

（1）报警记录的来源；

（2）报警记录类型；

（3）报警记录的静态特性：节点号、测点组、最低报警优先级；

（4）单个记录查看；

（5）打印输出。

报警历史软件的操作界面简便直观，绝大部分功能和设置均在画面上的工具栏，以图标方式显示，直接用鼠标/跟踪球点击对应的图标，就可选择实时队列/历史文件浏览记录类型、单个记录显示、打印预览、打印输出及其他辅助操作。报警历史软件提供的操作功能有：

（1）选择报警记录来源：实时队列与历史文件，实时队列可以记忆 1000 条记录；

（2）显示模拟点与开关点报警记录、品质坏点记录、通告记录、操作记录、操作回答与不同的记录类型；

（3）显示报警记录的报警时间、节点号、性能；

（4）显示报警记录的服务器号、节点号、测点组、优先级；

（5）单点记录显示；

（6）打印预览及打印，支持本地打印及网络打印，所见即所得的打印格式；

（7）定周期地扫描实时队列，刷新记录视图，也可停止扫描，仅静态地显示过去读取的记录；

（8）记录状态的标注，以不同颜色表示品质、报警级别、通告、操作和操作回答。

8. 实时趋势和历史趋势软件

实时趋势和历史趋势软件用于以图形的方式显示过程测点的实时趋势和历史趋势。在趋势显示界面显示工具栏、趋势窗口、趋势点数值显示状态栏等。通过点击工具栏上所示的图标，选择实时趋势、历史趋势、趋势组和趋势点的定义、修改、保存、修改趋势窗口的显示方式，数值趋势图、实时趋势视图、历史趋势视图、趋势图的时间范围时间游标的设定与修改，图形打印与数值打印的预览与打印。

（1）管理趋势组；

（2）趋势点配置；

（3）实时趋势：显示全局数据库中趋势点的实时值；

（4）历史趋势：显示历史收集记录点的历史值；

（5）图形方式与文本方式显示数据、显示数据的转换；

（6）打印输出。

9. 报表打印软件

报表打印软件提供选择报表格式和选择打印时间的用户界面。报表打印软件提供的报表类型有：

（1）周期型报表：选择打印的报表页名称和报表的起始时间；

（2）触发型报表、追忆记录、SOE 记录：选择打印内容的起始时间和结束时间。

10. 条件触发器

条件触发器软件用于当满足给定条件时推出相应的操作画面，或定时翻动画面。报警触发的方式有模拟量触发和开关量触发两种。

（1）模拟量触发：当模拟量到达低低限、低限、高限、高高限时触发推出相应的操作画面；

（2）开关量触发：当正常状态转变为报警状态时触发推出相应的操作画面。

二、工程师站 ENG

工程师站提供数据库生成工具、图形方式的流程图生成工具、图形方式的 DPU 组态调试工具，使用户工程师以可视的图形干预/组态/调试控制过程。

工程师站软件是工程师用于维护和管理 XDPS－400 分散控制系统的工具软件，这是一套先进实用的图形组态软件。工程师站软件主要包括全局点目录组态软件、DPU 图形组态软件、HMI 图形生成软件、报表生成软件、历史数据和日志记录的组态软件等。

1. 全局点目录的组态软件

全局点目录是 XDPS－400 的分布式数据库。它是 XDPS 各节点实现共享数据的基础。全局点目录是一个列表文本文件，直接采用字处理器进行组态。它定义了在节点间的全局点的定义信息，包括测点名、描述、所属 DPU 号、分组分区信息、单位。

全局点目录以文本文件的方式存放，全局点目录组态可用通用文本编辑工具、数据库生成工具进行离线组态。Windows 中的 NotePad 和 Writer 是很方便和常用的工具。

2. DPU 图形组态软件

DPU 在线组态软件主要完成对 DPU 或 VDPU（虚拟 DPU）的在线组态、调试、组态文件保存的任务。

DPU 图形组态软件可对一个组态文件进行离线组态，并保存到磁盘上。它可读入磁盘上的组态文件下装到 DPU，也可上装 DPU 中的组态，再保存到磁盘上。可在图形组态界面上直接对 DPU 进行修改、操作、调试、观察趋势曲线等。组态界面符合 IEC－1131－3 中功能块图形组态的标准。

DPU 图形组态软件是一在线组态软件，在开始在线 DPU 组态前，必须生成好所需的全局点目录。

XDPS 图形组态软件的特点：

（1）符合 IEC－1131－3 功能块图形语言标准；

（2）集离线和在线修改调试于一体；

（3）每个 DPU 可定义 999 个页，每个页可包含 999 个功能块。页的执行周期为 50ms～10s 可调；

（4）打印和显示采用所见即所得方式，形式类似于 SAMA 图。用户可不用画 SAMA，直接用本组态软件组态，再存盘打印存档；

（5）所有的组态内容，包括连线、注释等都可直接从 DPU 或磁盘文件中全部恢复；

（6）可脱离系统离线生成全局点和控制策略，便于大系统的分工实施；

（7）在单台 PC 机上开出虚拟 DPU，可对组态进行全面真实的仿真；

（8）具有近百种预定义的功能块，用户还可自定义新的功能块；

（9）功能块的添加和连线采用拖放形式，非常简单直观；

（10）在线调试时，功能块的输出脚上标出实时值，开关量连线用红和绿表示 1 和 0；

（11）在线调试时可禁止或开放页和功能块的扫描，可对功能块输出置值，进行局部调试；

（12）在线调试提供直观方便的趋势和操作器功能；

（13）DPU 或虚拟 DPU 都用本软件进行组态。而 XDPS 的虚拟 DPU 还可应用于单控制器、SCADA、RTU 等场合。因此，其组态功能极为强大；

（14）DPU 图形组态软件可以实现在线组态、离线组态和远程组态，组态功能已超过目前已经进口的 DCS 系统。

1）在线组态。HMI 站的级别由高到低依次是：SENG、ENG、SOPU、OPU 四种。OPU 级别只能读、对组态只能上装。SOPU 级别具有组态中修改功能块参数的权限。ENG 则具有对 DPU 的操作和所有组态的下装、增加删除页和功能块的权限、能修改 DPU、页和功能块的属性。SENG 在 ENG 权限的基础上，还有上下装文件的权限，可进行 DPU 软件升级。

具有 ENG 和 SENG 级别，可进行 DPU 在线操作和下装组态。

①DPU 属性编辑；

②组态页的增加、删除和页属性编辑；

③页编辑的缩放、平移、前一视窗、全景等变换；

④功能块的增加、删除和参数修改；

⑤功能块输入输出间的连接；

⑥功能块和连线的选中与编辑；

⑦在线修改和调试；

⑧查找 8 种不同功能块属性、相应的页。

2）离线组态。离线组态的组态对象是文件，用户具有增减修改页和功能块的所有权利。

3）DPU 的远程组态和调试。DPU 图形组态软件是基于 TCP/IP 的，因此，可利用 NT 内置的 RAS 技术，可方便实现算法远程组态和调试。

3．图形生成软件

图形生成软件是 XDPS – 400 分散控制系统用于组态流程图的工具软件。它以其特有的格式，按紧凑的二进制文件存放。图形文件的大小，以其复杂度有 3～50KB。

图形生成软件提供了三大类的图形目标对象，静态基图对象、动画连接对象和特殊对象。静态基图对象包含各种线段、填充形、文本、位图等主要绘画对象；动画连接对象用于与实时数据库连接，它包含数据变化或状态变化引起的颜色、闪烁、数字串、填充色、位移等动画显示，还包括鼠标或键盘操作发出操作命令的触摸连接；特殊对象包括类似于趋势图、X – Y 曲线、报警、特殊位图动画等。图形生成软件可利用这三类对象组态各种显示画面，也可组态成组对象，组对象还可以以库文件的方式存盘，极大方便了对象的重用、复制和共享，加快工程进度。

图形生成软件提供了对三类图形目标对象和组对象进行生成、编辑、拷贝、修改的手段，让用户在很短时间内生成彩色图形，通过图形显示软件，与实时数据库连接，并接收操作指令，完成实时数据的显示与操作任务。

图形生成软件是一个在 Windows 下运行的 32 位窗口软件，可同时编辑几个图形，并管理图形库、图形与图形之间、图形与库之间可很方便地进行图形对象的共享。

三、历史数据记录站软件

历史数据记录站用于历史数据的存储。它提供的软件用于历史数据的采集、存储和记录及数据的输出等，它主要由报表生成和再现软件、历史记录软件等。

1. 报表生成软件

XDPS 的报表生成和再现软件是基于 Microsoft Excel 电子表格软件之上的应用软件。XDPS—400 的报表收集软件将需收集和统计的数据按定义存放入数据库（一般采用 Access），由报表再现软件打印出报表。

数据收集软件运用了开放式数据库互连 ODBC 的概念，收集的数据可以写入用户定义的支持 ODBC 的数据源中，这样用户不仅可以运用数据再现工具、统计、打印记录的数据，而且可以运用通用的数据库管理工具再现收集的数据，提高了系统的开放性。XDPS—400 报表数据再现软件是基于 Excel 7.0 电子表格软件的应用程序，充分利用了 Excel 功能，方便了用户配置各种样式的报表。

由于报表生成是基于 MS Excel 之上的，用户可利用 Excel 的所有功能，直观方便地生成各种式样的报表，包括列表、统计、直方图、编辑图等等。除此之外，XDPS 还提供了编排和读取记录数据的 VBA 宏，使报表生成更为方便。

XDPS 报表包括周期型报表、触发型报表、追忆数据型报表、SOE 型报表。周期性报表是指在一定的时间内所形成的报表，如时报、班报、日报、月报等。触发型报表是指当给定的条件满足时生成的报表。事故追忆是对事故发生过程的记录，一般过程为当某一开关量发生跳变时，记录跳变之前一段时间的数据和跳变之后一段时间的数据。SOE 是指事件跳变序列，它是高速采样（＜1ms）开关量板采集到的开关量跳变序列，SOE 型报表就是记录和再现这些跳变序列，以供分析事故使用。

报表再现软件与报表生成软件集成在一起，也基于 MicrosoftExcel。再现软件提供了直观的界面，由用户选择已生成的报表类型和时间段，预览或打印各种报表。再现软件在 XDPS 系统中同时可作为服务器，接收来自远程操作站的打印指令，打印出指定的报表。

2. 历史记录软件

历史记录软件用于记录 XDPS 系统中所有的数据和事件，它分为历史数据和报警日志记录器软件、周期和触发报表记录器软件。

历史数据记录器软件用于记录模拟点和开关点的历史趋势。记录的测点及周期可由组态定义。测点数最多可达全部的全局测点，周期最小为 0.5s。记录存放的天数由磁盘容量、总数和周期综合决定。通常，2GB 的硬盘可存放一个月的历史数据。

报警日志记录器软件用于记录 XDPS 系统中所有发生的报警和系统日志，包含操作记录、软硬件的故障或异常、用户登录、软件启停等。从这些报警和系统日志中，可查出被控对象异常情况发生的原因。

周期和触发报表是按周期或定义的事件得到满足时产生的报表，记录在数据库中，可由再现软件随时调出。报表内容可以是对实时数据的统计结果。

追忆及 SOE 记录包含在触发报表中。追忆记录了触发事件前后一段时间的数据；SOE 则是分辨率达到 1ms 的开关量变化的排序列表，以便分析被控系统中哪一部分先出故障。

以上所有记录构成 XDPS 的历史记录。历史记录存放于磁盘上，达到一定容量（一般为几个月后），可手动或自动备份到后备磁盘或删除。

第 五 章

分散控制系统的组态

第一节 概 述

分散控制系统为用户提供了统一的分布处理平台软件。经过不同的定义或组态，可以构成不同功能的信息控制处理系统。节点间共享全局点、报警信息、通告信息和历史数据。但每个节点有不同的组态设置。因此，分散控制系统的组态主要分为全局点目录组态、过程控制子系统组态和 HMI 组态。

1. 全局点目录组态

全局点目录是分散控制系统的分布式实时数据库，是所有过程控制子系统上网点的集合，是分散控制系统各节点实现共享数据的基础。全局点目录主要定义了在节点间共享的全局点的定义信息，主要包括测点名、显示格式、描述、所属过程控制子系统、分组分区信息、单位等，还隐含定义了测点的索引号。索引号是节点间共享该测点的重要信息，是 DCS 在网上识别测点的标识。

分散控制系统的过程控制子系统将需共享的点以上网功能块的组态形式，按点目录定义的索引号广播到实时网上，HMI 按照点目录接收所有过程控制子系统广播的全局点，DPU 则以点目录定义的索引号为基础，用下网功能块挑选接收需要的全局点。这就是分散控制系统全局点共享的基本概念。

不同的 DCS 厂家，全局点目录的组态方法不同，有的采用通用文本编辑工具（如 NotePad 和 Writer）、数据库生成工具进行离线组态，也有的厂家提供了专门的点生成器，可进行离线、在线点的增加、删除、修改等操作。最终，全局点目录自动转换成 EXECL 数据库文件形式。

在进行过程控制子系统在线组态或运行 HMI 软件前，必须组态好全局点目录。

2. 过程控制子系统的组态

过程控制子系统的组态内容包括过程控制子系统内部的控制策略、内部点与 I/O 卡件的对应关系及内部点与全局点之间的对应关系等。控制策略用类似于 CAD 方式的图形组态工具进行组态，组态针对一个过程控制子系统进行，在需将内部测点送上网供其他节点共享或需引用其他节点测点时，会索引点目录，获取共享点的索引号。

3. HMI 的组态

分散控制系统的 HMI 对实时数据进行显示、打印、记录、统计等处理。它们不会输出共享测点，而只引用过程控制子系统输出的测点。

HMI 组态分几个独立的功能进行，如 HMI 节点配置、图形生成、历史和日志记录、报表记录等。其中各种画面是操作人员实现对生产过程的监视和控制的基础，因此画面组态是 DCS 系统组态的主要内容。

第二节　过程控制子系统的组态 ⇨

一、组态软件

由于过程控制子系统采用了以微处理器为基础的控制技术，它的硬件只能起到把信号输入到计算机或把信号从计算机中输出，并为程序的执行提供环境的作用。因此，要实现复杂的控制功能，必须有软件的支持。过程控制子系统的控制和计算功能是由程序存储器中的程序，以及工作存储器中的参数决定的。在过程控制子系统中存储的程序和参数都是以二进制的形式存在的，这和其他任何一种计算机装置都相同。然而，用户并不希望直接同二进制数打交道，因此，必须有一种合适的语言来使用户能够方便地描述过程控制子系统所要完成的控制和计算功能，这就是过程控制子系统的语言。

在分散控制系统的发展过程中，过程控制子系统的编程语言也在不断地发展和完善。早期的分散控制系统采用填表式语言，后来又出现了批处理语言。这两种语言均属于面向问题的语言。随着计算机图形化编程技术的发展，又出现了功能块图和梯形图语言。目前的分散控制系统大多采用这两种图形化编程语言。由于各 DCS 厂家推出的系统均使用自己的图形化编程语言，因此缺少通用性。有时用户不得不学习许多厂家的编程语言。为了制订统一的标准化编程语言，1979 年国际电工委员会 IEC 成立了 TC65 委员会，开始制订从硬件、安装、试验、编程一直到通信等各方面的标准，标准号为 1131。这个标准的第 3 部分，即 IEC1131－3 就是有关标准化编程的部分。IEC1131－3 一共制订了 5 种编程方法，其中有三种为图形化编程方法，它们是：功能图块 FBD（Function Block Diagram）、梯形图 LD（Ladder Diagram）、顺序功能图 SFC（Sequential Function Chart）；另外两种为文本化语言是指令表 IL（Instruction List）和结构化文本 ST（Structured Text）。除此之外，在许多分散控制系统中还支持面向问题的语言 POL（Problem Oriented Language）和通用的高级语言，例如 BASIC、Fortran 和 C 的编程，用户可以利用这些高级语言来实现一些特殊的控制算法。

目前全部的 DCS 都采用了图形化编程语言，图形化的编程语言有功能块、梯形图和顺序功能图三种，此外，还提供了若干种高级语言。

1. 功能块

功能块是一种预先编好程序的软件模块，每一个功能块完成一种或几种基本的控制功能，如 PID 控制、开方运算、乘除运算等。

在目前的分散控制系统中，功能块是在过程控制子系统一级最流行的方法。厂家把所有的控制和计算功能模块都编好程序存放在过程控制子系统的 ROM 之中，用户只要选择适当的功能块，把它们连接在一起，前一个模块的输出作为后一个模块的输入，每个算法模块完成一种特定的计算，从而就可以组成所需要的控制系统。

（1）功能块语言元素。组成功能块语言的基本元素包括算法模块、输入输出和信号连接线。这些元素按一定的规则组成网状图，构成一个程序。下面这些元素的意义和表示方法、它们之间的连接规则，作一简单的说明。

1）算法模块。算法模块是用图形表示的各种标准算法，是程序的主要组成单位。算法模块可以被理解成一个标准函数。标准函数具有输入变量、输出变量和函数名称，对应地，算法模块具有输入项、输出项和算法名。不同的是，一个具体的算法模块（即确定了输入项、输出项的算法模块）还具有其在全系统范围内唯一的算法名。有的 DCS 系统将这些计算名视同数据库名，可以被各个应用程序直接使用或引用。另外，算法模块还需要定义相应的参数。

2）输入输出。用来表示算法模块的处理对象，并传递算法模块之间的信息，它用有向线段表示。

3）信号流线。功能块语言中算法模块与算法模块、变量之间数据的流动通过连线来传递，这些连线称为信号流线。信号流线用一段直线或折线表示。它显式地表示了信号间的联系。信号总是沿着连线从起点流向终点。

(2) 功能块图定义。功能块语言基本元素相互连接起来构成平面网状图称为功能块图，它实质上是一段能完成一定计算或控制功能的程序。在组态功能块图时应注意：

1）功能块的连接。几个功能块之间不允许有重叠。

2）连线。一般 DCS 采用由线的起点和终点并拖动鼠标自由连线的方式。连线最好是水平线段和垂直线段，也可以是它们组合起来的折线。

3）功能块图的页与页之间的连接。功能块图按页编辑，把一个滚动屏的空间称为一页。对于比较复杂的控制策略，其功能块图可以由若干页来完成。多数 DCS 系统对页作如下规定：

①生成功能块图的编辑空间以页为单位。

②页与页之间没有连接关系，只能通过变量来传递相互关系。

③页与页之间有连接关系的，必须通过页连接器来进行连接。

④以页为单位设定该页的执行周期，不同执行周期功能块要放在不同页上。

2．梯形图

梯形图来源于传统的继电器逻辑控制图，因此特别适合于逻辑控制和顺序控制。例如电动机的启停控制、阀门的顺序开关，以及保护和报警系统等。在 IEC1131 - 3 标准中除了包含传统梯形图的常开、常闭接点和继电器线圈之外，还允许使用功能块。

(1) 梯形图的组态原理

梯形图由代表各类继电器、线圈、定时器等元件的标准符号组成，这些元件符号以一定的规则连接起来，形成一个个的梯形，最终形成梯形图。

梯形图基本元素的结构为梯形逻辑指令＋操作数（变量）。

其中梯形逻辑指令用图符表示成触点和线圈。操作数出现在图符的正上方，它是指令的操作对象，其类型可以是系统中定义的可引用项，也可以是系统在内存中定义了的中间变量，有些指令不需要操作数。

梯形逻辑程序由一系列的触点和线圈经串联或并联所形成的梯级组成，每一个梯级相当于一个表达式。

在梯形图语言中，每一组横向之间有连接的触点和线圈合起来称为一个支路，它相当于继电器控制中的一个回路。每一个支路可以包含一个或多个梯级，并可有一个以上的输出线圈。在一个支路中，信号的流向是从左到右的，即各指令单元按从左往右的顺序扫描执行，左边一个指令单元的输出信号是其右边指令单元是否执行的条件。如果左边指令的执行结果 ON，则继续往右扫描，一直到这一条支路执行完毕；如果左边的指令执行结果为 OFF，则不用再执行其右边的指令，直接把输出线圈置为 OFF，即完成一个支路的运算。

（2）梯形图的组成和定义。梯形图由触点、线圈、功能元件（定时器、计数器）、连接元素等组成。每个元素都有特定的功能，有的还用颜色表示了不同的状态。

1）触点。

—| |—：常开触点，当数字量为 1，能量流通；否则，能量不流通；

—|/|—：常闭触点，当数字量为 0，能量流通；否则，能量不流通。

如 Ovation 分散控制系统的梯形图组态，用触点的颜色表示了能量的流通情况，红色表示流通，白色表示不流通。

2）输出线圈。

—( )—：输出线圈，带电，能量流过时红色；不带电，能量流过时白色。

3）功能元件。顺序控制的任务即控制一些动作按预先规定好的时间或条件执行，因此，梯形图除支持逻辑运算外，还应当提供定时或计数功能。能完成这类要求的主要元件就是定时器和计数器。定时器和计数器一般都有启动和复位两个控制信号端，输出的是定时/计数是否到的状态。按照控制信号的不同，定时器可以分成几种类型，以供选择。

4）连接元素。连接元素有水平连线、垂直连线以及左右定界线。除了右定界线外，每种连接元素都有两个状态，即 ON 和 OFF，并把该状态传递给后面与之相连的元素。连接元素不是变量，没有标识符。

水平连线用一段水平连线表示。几个在同一水平线上，但相互隔开的元素之间要通过水平连线连接，两个相邻元素认为是自动连接。水平连线的状态等于它左边接点的右状态，并把它传递给连线右边接点的左状态。元素在水平方向的串接称为串联，并形成一个梯级。串联如同逻辑"与"运算等价。例如下面的梯级表示：

1N1   1N2   OUT　　　　OUT = IN1　AND　NOT　IN2
—| |—|/|——( )—　　垂直连线用一段垂直线表示，几个纵向排列的元素通过垂直连线并起来，它们可以集中在垂线的一边，也可分布在两边，表示的意义不同。垂直连线的状态是连在它左边的所有接点状态进行或运算得到的结果。该状态值传递给连在它右边的所有接点。连在同一垂线左边的元素，称为并联。垂直连线建立了梯级之间的关系。下面是一个例子。

OUT =（IN1　AND　（NOT IN2））OR　IN3

梯形图的梯级规定只能写在左右定边界线之内，它们是两条垂直线段。左定界符的状态在任何时候都为 ON，并传给与它相连的所有触点的左状态。

梯形图能表示"与"、"或"、"非"这三种基本逻辑运算，便能组合出更为复杂的逻辑运算。

3. 顺序功能图

顺序功能图是一个相对具有较高层次的图形语言。采用顺序功能图 SFC，可以很容易地实现清晰的、图形化的顺序控制程序。它常用以组织复杂的控制系统功能。例如，汽轮机的自启停系统是由盘车控制、转子应力控制、进水检测及疏水控制等。

复杂的控制由十几个控制功能组所构成的，每个功能组可以用功能块图或梯形图来实现。而各个功能组之间的协调就可以用顺序功能图来实现。顺序功能图可以分进程执行，以满足不同被控对象对控制周期的不同要求。

顺序功能图是用来描述顺序操作的一种图形化的语言，它是由"步"和"转折点"所组成的。

每一个步中所实现的功能可以用其他几种语言，例如 ST、IL、LD 和 FBD 来描述。步用一个单线方框表示，方框内的编号用来标识步，步右侧的长方形框中可以填写文本，用来描述该步的主要动作。这种描述是说明性的，并不是真正的程序，因此可以由用户随意填写。当程序运行时，有一个令牌 Token 用来表示哪一步正在工作，令牌以图形方式在 SFC 上表示出来。

有一种特殊的步称为初始化步，用双线方框来表示。当程序开始运行时总是由初始化步开始。一个顺序功能图至少要有一个初始化步。

顺序功能图中的步和转换点通过有向连线连接在一起，无箭头的连线隐含方向为由上至下。因此，当要表达由下至上的流程时，要采用有箭头的连线。若干个基本步可以合并在一起组成所谓的"宏步"（macro steps），宏步在主程序流程图中用一个符号来表示。

每个转换点具有一定的逻辑条件。转换点用两个步之间连线上的一个水平横线来表示，每一个转换点都有一个编号。与步一样转换点符号的右侧可以填写说明。

顺序功能图有两条重要的基本原则：两个步不能直接相连；两个转换点不能直接相连。图 5-1 为顺序功能图组态示例。

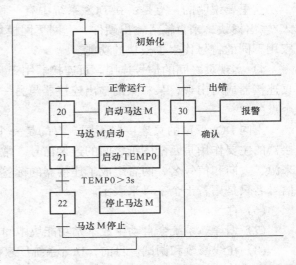

图 5-1　顺序功能图

二、功能块图生成操作

1. 功能块图生成操作步骤概述

不同的分散控制系统功能块图的生成操作不同，但就其原理和过程而言，有很多相似的地方。下面先简单说明功能块的生成步骤，然后以 XDPS-400 的组态进行详细的说明。

（1）启动功能块图组态软件，进入相应的组态环境。一般 DCS 系统厂家提供了标准的图纸边框，用户只要编辑标题栏即可得到相应工程的标准图纸。

（2）设置节点。DCS 系统由若干个过程控制子系统，不同的过程控制子系统，控制策略不同。组态要按照各节点来进行。

（3）页的增加、页的删除。比较复杂的控制策略不可能在一页上完成。功能块图的组态是按页进行。

（4）页运行参数编辑。DCS 系统组态的一个原则是，具有相同执行周期的功能模块要放置在同一个页，不同执行周期的功能模块应放置在不同的页上。过程控制子系统执行页也有先后顺序。在该环节中，应设置页的执行周期和页的执行序号。

（5）页内编辑的基本操作：

1）增加功能块。DCS 系统厂家提供了功能模块库、打开功能模块库，选中所需要的功能模块，拖拉在窗口中即可。此外，还可以对功能模块进行删除、移动、拷贝等操作，操作方式与平时所用的 Windows 应用程序的操作方式完全相同。

2）功能块的参数编辑。弹出功能块参数设置对话框，根据需要设置参数。

3）功能块之间的连线。一般 DCS 系统采用图形连线方法，只要用鼠标点击线的起点，拖曳到终点即可实现两个功能块之间的连接。但要注意的是，线的起点应是某功能块的输出，线的终点应是另一个功能块的输入。连线应是水平的、或垂直的，或是水平与垂直组合的折线。

如果对连线不满意，可先选中，按下删除键进行连线的删除。

此外，有的 DCS 厂家还提供了其他的连线方式，如在信号的输入功能块的参数设定中，设置某输入信号的来源即可。

这里要说明的一点是：在 DCS 系统中有一种特殊的功能模块，该功能模块属于一种输入/输出模块，来自输入输出硬件、上网下网模块、页连接符号等。它们没有模块名，但厂家用不同的符号代表了模块的功能。

4）实现页之间的信号连接。页连接器用于实现页之间的信号连接，或可能交叉控制区。页连接器成对出现，某一页的输出连接器与另一页的输入连接器配对。页连接器必须指定一个点。

不同 DCS 厂家的页连接器不同，有的是一个带有水平线的圆，有的是圆角矩形。页连接器的主要作用是匹配图纸之间的连接信号。常用的作法是在页连接器中标识了连接信号的来源、去向和信号名，两者组成了连接器的标签。信号的来源和去向常用图纸页号来表示，信号名只是用若干个字母来表示。

（6）存盘。

（7）编译。系统会自动生成本站功能块中间文件。

（8）在线修改和调试。目前，DCS 系统厂家都在控制组态时，为了调试和整定方便，提供了在线修改组态和调试的功能。

2. 功能块的执行过程

在过程控制子系统中，功能块是在运行管理程序的指挥和控制下执行的，比较流行的方法是按时间片顺序执行。一般把每个扫描周期划分为几毫秒到几十毫秒的时间片，分配给要执行的时间块。功能块的执行过程如下：

（1）将要执行的功能块程序，如 PID 算法功能块、乘法功能块，从 ROM 中调入 RAM 的工作区。

（2）将与功能块有关的参数，如比例带、积分时间、微分时间等，调入工作区。

（3）将与功能块有关的输入数据调入工作区，这些数据可能来自生产过程，也可能来自其他功能块的输出。

（4）执行功能块所定义的处理功能，得到计算结果。

（5）把计算结果存放在预定的位置，或者输出到生产过程。

（6）执行下一个功能块。

3. 功能块组态生成示例

下面以 XDPS – 400 系统的控制组态为例，说明该系统的系统组态步骤。

（1）启动组态软件。启动后，如图 5 – 2 所示，可以看到软件外观从上到下依次分标题

电厂分散控制系统

图 5-2　DPM 组态软件启动画面

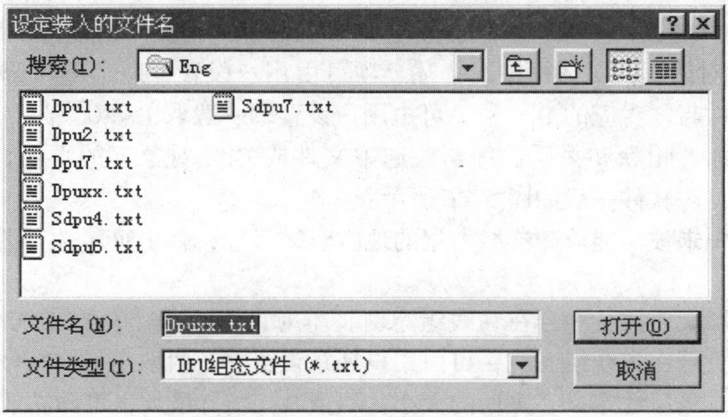

图 5-3　打开 DPM 文件对话框

条、菜单条、窗口客户区、状态条。窗口客户区分二个区域，左边为文件、DPU、页的列表区；右边为页或 DPU 属性的编辑区。状态条主要显示菜单命令的详细提示。

（2）打开组态文件，进入离线组态。启动后，可随时选 DPU 菜单中的"新文件"或"打开文件"打开 DPU 组态文件。New 菜单生成新的 Dpu 组态文件，缺省名为 New1.txt；Open 菜单打开一个现有的 Dpu 组态文件进行编辑。如图 5-3 所示，组态文件的扩展名缺省为 txt，如为 Dpu3 生成的组态文件一般命名为 Dpu3.txt。

打开成功后，文件名会出现在 XDPS 树下第一级节点上。选中文件名，可对此文件的"保存"、"另存为"、"关闭"等操作。

（3）连接 DPU 对象，进入在线组态及 DPU 操作。启动后任何时候，可选 DPU 菜单中的"连接 DPU"菜单命令与某一运行的 DPU 连接并进行在线的登录。此时，弹出如图 5-4 对话框：用户须输入与之连接的 Dpu 号、用户名、用户密码。"At IP"项用于 Dpu 号与其节点的 IP 号不对应的场合；如 9 号 Vdpu 运行在 42 号 MMI 上，此时，DPU 号填 9，但 IP 最后一项必须将 0 改为 42；如要连接的 Dpu 号与其节点的 IP 号对应，可不必填此项。如想通过 B 网连接 DPU，可将"At IP"

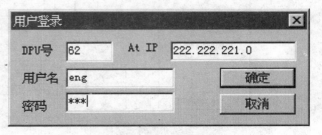

图 5-4　用户登录画面

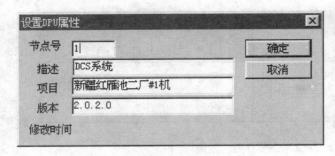

图 5-5 DPM 属性设置对话框

改为 222.222.222.xx；如 A 网正常，可不必填此项，因为其缺省即为 A 网。如 DPU 缩主在一特殊的 IP 地址上，则需填入对应的 IP 地址。

连接和登录成功后，对应 DPU 名会出现在 XDPS 树下第一级节点上。至此，用户已进入 Dpu 在线组态。

(4) DPU 属性编辑。在列表区点中一个文件或 DPU 对象，在编辑区就会显示 DPU 的总体描述。双击该区推出如图 5-5 所示的 DPU 属性定义对话框：对话框中，描述、项目由用户设置，版本不可修改。节点号在离线时表示组态文件与之对应的 Dpu 号，可由用户设置，一般取 1～100 号。

(5) 页的增加、删除和页属性编辑。选中文件或 DPU 对象下的页名，可进入页编辑。进入编辑状态的组态软件一般如图 5-6 所示：

在页编辑区中未被功能块和连线占据的地方双按鼠标，弹出页属性对话框，如图 5-7 所示。

其中：执行周期、执行序号在在线组态时，本对话框一确定就在 DPU 中起作用，故用户须小心处理。页号在离线组态时，可由用户任意设置，一般取 1～9999 号；在线组态时用户是不可修改的。页尺寸定义了页面的大小，取值 0～3，0 最大，可画功能块最多，页全镜时显示的功能块最小；3 时页尺寸最小，可画功能块最少，页全镜时显示的功能块最大；用户视需要设置页尺寸。页状态只在在线显示时显示页的当前状态，用户不可修改。

在列表区中选中文件或 DPU 对象，使用"工具"和对象右键菜单中"增加新页"菜单，

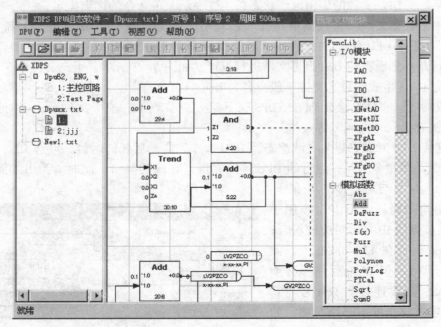

图 5-6 DPM 编辑画面

电厂分散控制系统

可在对象中增加了新的空白页。新页的页号由软件自动加入，一般取当前组态中最大页号加1。在离线组态时，用户可马上点出页属性对话框，修改此页号。

在列表区中选中文件或 DPU 对象下选中页，使用"工具"和页对象右键菜单中"删除页"菜单可删除选中的页，不过删除前，软件会让用户确定一下。

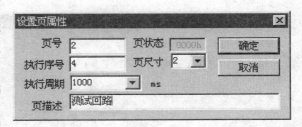

图5-7 页属性设置对话框

（6）功能块的增加、删除和参数修改。所有的 XDPS 功能块都已预定义在功能库中。功能库以对话框树列表的方式提供，方便查找和拖放。

用户可按"视图"菜单中"功能库"菜单或工具条上的相应按钮弹出或关闭功能库对话框。

如要在页中加入新的功能块，选中功能库中的功能块，将其拖放到页中相应位置，一个所需的功能块图形就出现在那儿。

用户可在功能块图形内双按鼠标，弹出如图5-8所示的功能块属性修改对话框。

选中想修改的参数、输入或输出初值，可观察到对本参数的描述。在列表框的上部编辑框中，输入修改值。再选中其他参数或按"确定"，如输入中无非法字符，修改就被接受。使用双按选中参数，可在输入新值时删去原来的值，加快修改速度。

对输入脚，如为立即数，则按以上的数据类型输入即可。如为指针，则以 <2.3> 的形式显示和输入，< > 中表示被引用的块号和输出脚号，输出脚号是从0开始编号的。

对输出脚，为上述三种数据类型中的一种。输出脚只能定义 DPU 启动时，它的初始值，初始值决定了 DPU 启动后控制策略的状态，也是相当重要的。只要输出被本页功能块引用过，显示的输出脚上就有半个小点。

只要在输入和输出脚任一种数据后加上小写的 n，即可在显示中隐去，以缩小模块。

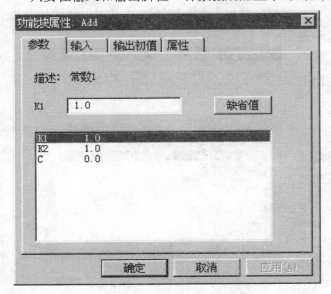

图5-8 功能块参数页对话框

参数中有些整数较为特殊。如方式字、周期等，一般为多选一的，输入时会提供一个下拉菜单，您只要选一个即可；如硬件 I/O 模块，其参数中的 I/O 地址用站号-板号-通道号的形式表示，您只需按显示的样子输入即可，如1-2-0或3-12-30等，对非标的地址，可查阅相关的硬件驱动程序说明，了解应怎样去虚拟化 I/O 通道。再如 PgAi 和 PgDi 二个模块，在其任一参数中可直接输入全局点名，软件自动会找到要被引用的 I/O 功能块。

对话框中属性页的内容如下：

它显示了功能块的描述、块号、

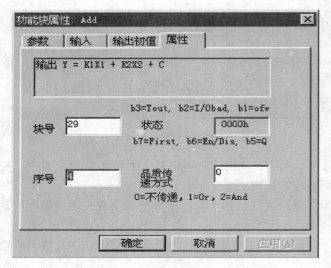

图 5-9　功能块属性页对话框

序号、品质传递方式和状态，如图 5－9 所示。

其中：块号只能在离线方式下可被修改；序号表示了本块在本页中被计算的次序，越小越先被计算；品质传递方式定义了本块是否传递品质，如何传递。序号、品质传递方式可由用户任意修改；状态描述了在线显示时，本块当前的状态。

（7）功能块输入输出间的连接。有两种方法连接功能块。一种是在功能块上直接用鼠标右键进行拖动连接。点中一个模块的输入或输出脚附近范围，拖到另一个输出或输入脚附近范围，放开右键；若被连接的一个是输入，另一个是输出，且同为模拟量或同为开关量，连接成功，连线被画出。

另一种方法是用"功能块属性"对话框中的输入对话页定义。双击需定义的功能块，"功能块属性"对话框弹出，点中输入对话页，如图 5－10 所示。

同定义参数一样，选中输入项，输入＜块号．输出脚号＞，表示本输入来源于本页某功能块第几个输出脚，0 为第一个输出脚。同直接连接一样，连接脚类型必须相同。

若在＜＞后加 n，则可让软件不画出连线，而只在输入脚标出被连入的模块号和输出脚号。对走乱页面的从右到左的反馈线，我们可用此办法不让其连线。

每一个模块的输入脚还可以是立即数。立即数的输入方法同参数的。在立即数后加 n 可隐去本输入脚，见图 5－10 中的 23.1n，这可使模块显示得小一些，便于图纸页的排列。

（8）功能块和连线的选中与编辑。要编辑修改目标，须先选中目标。点中功能块范围，可选中功能块。点中连线附近，可选中连线。选中新目标时，以前选中的自动取消选中状态。不点中任何目标，可取消原来的所有选中的目标。点中新目标时，如同时按着 Ctrl 键，可对已选中的目标进行加减。在选择工具下，点在页的空白处，拖动鼠标，可选中所有在拖动矩形范围内或与之相交的功能块。用编辑菜单中的全选命令可选中本页中所有的目标。

对选中的目标，可用编辑菜单中的复制、剪切、删除命令操作。用粘贴命令可将复制、剪切的功能块贴入正在编辑的页中。贴入的块的参数和输出与原来的一样，但会赋于新的块号以免与本页中存在的块

图 5-10　功能块输入页对话框

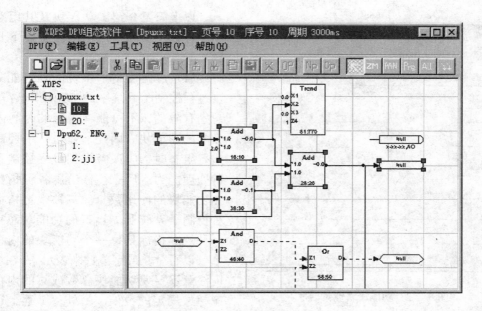

图 5 – 11　DPM 编辑画面

号重复，模块的连接或被保留或被置为无效。

点在已选中的目标上可对选中目标进行拖动。拖动被限制在图纸页范围内。

（9）页之间的信号连接。页间引用的跳转：有页间引用的功能块，按右键，再按"跳转"菜单，可跳转到引用或被引用功能块，如被多处引用，软件会弹出列表框，让用户选择跳到那个功能块。

（10）在线修改和调试。若以连接方式登录上 DPU，再经上装或下装后，本 DPU 对象就进入在线状态。之后所有的页修改和功能块修改都会直接修改入 DPU 中。

选中在线状态 DPU 中的页，可在页编辑区看到如前所述功能块和开关连线以颜色显示。而且可看到每个功能块的输出值。双击功能块弹出功能块属性对话框（如图 5 – 12 所示）后，可进一步看到被隐去的输出值、功能块的状态值等。

如被双击的是操作器模块，就有操作器对话框，可进行在线操作。

用右键选中任一功能块，可用"关闭功能块"禁止选中功能块的计算（其颜色变为粉红）。功能块被禁止后，可用"设置输出值"任意设定选中功能块的输出值，这样，用户可很方便的将组态前后"断开"，分别调试。完成后，用"开放功能块"恢复选中功能块的计算。

前面介绍功能块的三个要素，是和功能块程序的执行过程密切相关的。功能码实际上反映了功能块在程序库中的位置。当要执行一个功能块时，是根据功能码把它调入工作区的。同样，参数和输入数据是根据该功能块的参数说明表和输入说明表调入工作区的，而运算结果则是根据块地址存放在相应的存储单元。

功能块一般不分优先级，按照一定的顺序执行。执行的顺序取决于功能块在组态时的编号，这个编号又称为块号。在有些系统中，块号是单独编排的，而在另外一些系统中，块号就用该块第一个输出信号的块地址表示。

4.组态时应注意的若干问题

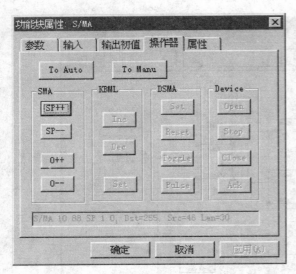

图 5-12　功能块属性对话框

以上简要介绍了功能块及其组态的基本原理，在实际应用中应注意以下几个问题：

(1) 过程控制子系统的处理能力。一个过程控制子系统中的 CPU 和内存等资源总是有限的，不可能在规定的时间内处理太多的功能块。因此，在对一个控制系统进行组态时，应该考虑到过程控制子系统的处理能力。厂家往往给出各种指标来限制功能块的使用数量。一种规定指标是过程控制子系统所能运行的功能块总数，另一种规定指标是每一个功能块的内存占有率（以百分数或字节数来表示），在组态时应注意不要使功能块总数或总的内存占用率超过规定的数值。另外，工程上还经常用 CPU 的负荷率作为过程控制子系统处理能力的指标。一般，CPU 的负荷率应小于 60%。

(2) 功能块的执行顺序。如前所述，功能块一般是按照其块号顺序执行的，所以在组态时要合理地编排块号，以减少系统中不必要的迟延。如果块号的编排不合理，会产生所谓的"绕圈"（Loop—backs）现象。要防止出现绕圈现象，就必须避免让后执行功能块的输出作为先执行功能块的输入。也就是说，要按照信息的流向去安排功能块的执行顺序，这样就能保证及时准确地获得输出信息。

功能块的执行顺序安排不当，不仅会影响系统的响应速度，甚至会使系统的输出产生"毛刺"（输出信号产生极短暂的错误），这对于某些要求很高的系统，如机组的保护系统，是不允许的，因为短暂的输出错误会造成保护系统误动作。

(3) 功能块的执行相位。如上所述，在分散控制系统中，功能块的执行按时间片进行的。一般，把功能块的最小执行周期定为系统的基本处理周期。例如，当一个系统的基本周期为 0.5s 时，一个执行周期为 2s 的功能块只需要每隔 2s 执行一次。在这 2s 的时间里，系统有 4 个基本周期。因此它可以 2s 内的第一个基本周期内执行，也可以在第 2、第 3 或第 4 个基本周期内执行。我们把一个功能块在它的执行周期内的第几个基本执行周期中执行称为该功能块的相位。显然对一个基本周期为 0.5s 的系统，如果功能块的执行周期为 T 秒，那么该功能块可选择的相位就是 $0 \sim 2T - 1$（注意，把第 1 个基本周期称为相位 0）。在进行功能块的组态时，不但要考虑过程控制子系统的处理能力，功能块的执行周期和执行次序，而且还要考虑功能块的执行相位。如果相位安排的不合理，就可能造成大量的功能块集中在某一个基本周期内执行，而另外一些基本周期内则没有多少功能块执行。其结果是造成 CPU 在某些基本周期时过负荷，系统的可靠性大大下降，甚至不能正常工作。

三、组态应用示例

前面介绍了各 DCS 系统厂家的功能模块和一般的组态步骤，下面简要说明模拟量控制策略和开关量控制策略的组态应用示例。

1. 模拟量应用示例

电厂分散控制系统

一个采用常规仪表组成的流量控制系统，由变送器、执行器、开方器、调节器、操作器等仪表设备组成。如果采用分散控制系统的过程控制子系统来实现流量控制，则只需要选用适当的功能模块，通过组态把它们连接在一起即可。具体步骤如下：

（1）根据控制系统的功能要求选择适当的功能块。为了把测量信号输入到系统中，并把控制信号送到生产过程中，需要设置模拟量输入和模拟量输出功能块（AI和AO）。由于采用差压变送器测量流量，所以模拟量输入模块应选择输入与输出的开方关系，以获得代表流量的信号，然后选用偏差模块和PID控制功能块完成所需的控制作用。为了保证生产过程的安全，还需要设置一个手动/自动（S/MA）操作站，以便在系统故障时可以手动控制生产过程。

（2）把所选用的各种功能块按照系统功能要求连接起来，如图5-13所示。

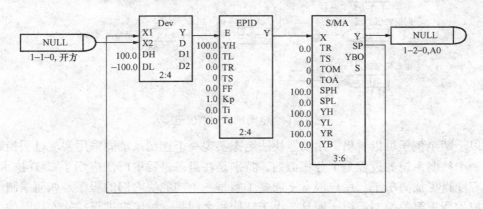

图5-13　流量控制系统的控制组态示意图

（3）根据每个功能块的输入信号来源填写输入说明表，根据控制和运算要求填写参数说明表。利用不同的组态工具进行组态时，这一步骤的具体情况会有所不同。有些分散控制系统采用具有计算机辅助设计CAD功能的工程设计工作站，只要在CRT上以作图的方法将功能块连接在一起，就自然形成了输入说明表，如XDPS-400系统，所以并不需要填写这部分内容。但参数说明表无论在什么情况下都是需要的。

2. 开关量应用示例

开关量控制系统的组态如图5-14所示。

这是一个电动机控制系统，当运行人员按下电动机启动按钮时，通过开关量输入功能块检测到这一变化，锁存器S端被置位，其输出端为逻辑1，这时如果润滑油泵如果处于运行状态，电动机闭锁开关处于断开位置，"与"门的三个输入端则均为逻辑1，通过开关量输出功能块输出开关量信号，分别接通电动机合闸继电器和电动机运行指示灯，电动机开始运行。当检修人员在现场检修电动机时，应接通闭锁开关，这时"非"门输出为0，即使运行人员按下启动按钮，电动机也不能运行，保证检修过程的安全。同时闭锁开关还输出一个开关量信号到闭锁指示灯，以表示处于闭锁状态。当运行人员按下电动机停止按钮时，"或"门输出为1，一方面把锁存器置0，使电动机合闸继电器和运行指示灯失电，另一方面输出一个开关量信号启动跳闸继电器，使电动机停止运行。另外，当润滑油压力低或者电动机振动大的情况时，电动机自动跳闸。在这个控制系统中，应用了"与"、"或"、"非"、RS触发器和开关量输入/输出共 6 种功能块。

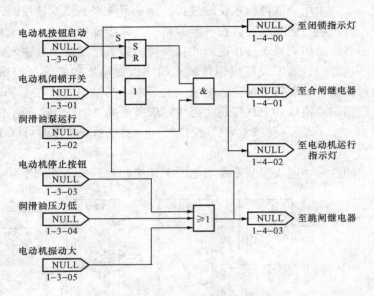

图 5-14 电动机控制系统组态

由以上两个例子可以看出，用功能块法组态实现一个控制系统同采用常规过程控制仪表来实现一个控制系统的过程是十分相似的，特别是在组态过程中广泛应用了 CAD 技术之后，这一过程变得更加简单了。用户根本不需要了解每一个功能块内部的程序是如何编制的，就可以组成他所需要的控制系统。而且，由于功能块之间是通过组态进行"软连接"的，所以修改控制方案十分容易。

第三节 HMI 的图形组态 ⇨

DCS 系统提供了一个高水平的图形组态工具软件，此软件可方便地绘制应用系统所需的各种概貌图、流程图和工况图。DCS 的图形生成软件环境上是 Windows 可执行程序或 UNIX 可执行程序，它为用户提供各种模拟观察对象的模拟基图目标，辅之以趋势图、X - Y、报警和动态位图等特殊目标，并可将图中各种目标与实时数据、报警记录进行动态连接。

一、图形生成原理

工业控制系统流程画面的内容包括背景图和动态点两部分，图形生成系统大致分为绘制背景图、设置动态点和动画连接等三个步骤。

（1）背景图。DCS 系统的图形生成软件为绘制背景图提供了多种绘图工具，包括点、线、矩形、椭圆等基本图形以及填充、放大、擦除等操作工具，只需用鼠标在工具箱中拾取相应的图标即可；此外，在工具箱中还提供了一些非常形象的立体图形，如管线等构件，用户在绘制过程中可随意调用这些构件并可进行拉伸、连接。该软件还提供了图形的剪切、拷贝、粘贴、滚动、旋转等操作手段，使用户可以方便快捷地生成更形象化的高质量图形。

（2）动态点设置。DCS 系统为工程画面提供了多种动态数据显示方式，包括数值显示、棒图、跟踪曲线、标尺、开关变图、开关变色等，定义指针类型的动态数据可以模拟仪表盘

电厂分散控制系统

显示；热点类型为用户提供了开窗户和图形切换的功能，在一幅画面上可以显示 10 个图形窗口，使用户可以在工艺流程图上直接进行控制仪表调节或对流程示意图的某一部分进行细节显示等工作，用户只需用鼠标在工具箱中拾取相应的图标即可启动某种动态数据的定义窗口，通过会话方式输入相应参数。

（3）动画连接。为动态点设置动态属性，即当数据库刷新时，希望画面上的各种动态信息以不同的方式表现出来。

二、图形生成画面的生成

不同 DCS 厂家提供的图形生成软件不同，图形编辑环境也有差异，但都属于工业控制组态软件，大同小异。下面将以 XDPS－400 图形生成为例进行简单介绍，希望起到抛砖引玉的作用。

1. 环境简介

图形编辑环境如图 5－15 所示。

图中包括下列内容：

（1）标题栏：显示图形生成软件名称及所绘制图形文件的文件名。

（2）功能菜单栏：列出了文件、编辑、显示、组、排列、工具、属性、窗口及帮助等几种主要的功能名称，用户可选择菜单中的某项功能。如果菜单中某项命令后面有快捷键注释，则可以不必进入菜单而直接按快捷键执行。但当某项功能变为暗显时，说明此条件不满足不能使用。

（3）工具条：对菜单中的某些功能列出了相应的图标按钮。用户既可从工具条的图标按钮中，也可从菜单上选择某项功能。

（4）工具箱：形象地显示了各种绘图工具按钮，各种绘图工具在工具菜单中也有显示。用户既可以在菜单上选择，也可以在工具箱中选择。

（5）调色板：颜色选择。

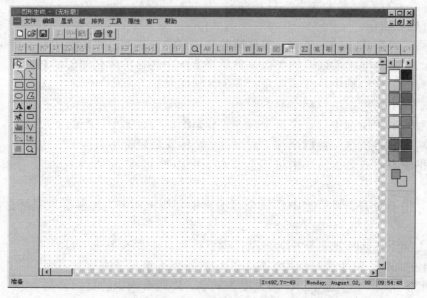

图 5－15　图形编辑环境

（6）工作区：工作区中可编辑底图、窗口、图片等画面。

2. 图形生成操作

（1）由文件菜单中的创建一幅新的图形文件，或打开一幅已有的图形文件。当图形编辑完成后，可保存或另名保存。

（2）设置图形属性。用于设置当前图形的一些特性，如图名、背景色、长度、宽度和上、下、左、右图等。

（3）利用基本目标编辑背景画面。基本目标可以从工具盒选择，也可从菜单中选择。DCS的图形生成软件一般包含的基本目标有：线、填充形、文本、按钮和位图，每种基图目标有许多画图属性，其中有一部分（不是全部）可连接到动画连接目标，这些属性叫做动画属性。

1）线。线是一条直线或几个直线组成的目标，具体有直线（包含水平线或垂直线）、多线以及填充形的外围封闭线（矩形、圆角矩形、多边形、椭圆）。线的画图属性有颜色、线宽和线型，其中线宽和线型不是可动画的，而是指定缺省属性，只有颜色是可动画属性。

2）填充形。填充形的实质是闭合线及由闭合线围成的内部区域组成的二维目标。具体包括矩形、圆角矩形、椭圆、多边形。填充形的画图属性有线色、线宽、线型、填充色。其中只有线色和填充色是可动画属性，填充色还可和"百分比填充"相连接。

3）文本。文本是由一行上一串字符组成的目标。文本目标的属性有字体、粗体、下划线、斜体、颜色、字符串内容。可动画的属性只有颜色和字符串内容。

4）按钮。按钮可视为是一种特殊的符号，按钮的画图属性只有按钮上的初始文本，只有触接连接才能连接按钮上。

图形绘制的方法是先选中，然后在工作区用鼠标点击选择起点，进行拖曳即可得到希望的图形。此外，可对上述各个基图进行属性设置，如笔属性、填充属性和字体属性等。

（4）图形编辑。DCS厂家提供了大量的图形编辑工具，如前面、后面、左对齐、右对齐、上对齐、下对齐、自上而下、自左而右、同宽、同高、同大小等11个菜单项，用户工具条中也有相应按钮。

1）前面。将所选中的一个或一组目标放到图形的最前面。要求至少有一个目标被选中。

2）后面。基本同"前面"的类似，只是将所选中的目标放到图形的最后面。

3）左对齐。将所选中目标全部左对齐，X坐标取最后选中目标的左边值。

4）右对齐。将所选中目标全部右对齐，X坐标取最后选中目标的右边值。

5）上对齐。将所选中目标全部上对齐，Y坐标取最后选中目标的上边值。

6）下对齐。将所选中目标全部下对齐，Y坐标取最后选中目标的下边值。

7）水平中心对齐。将所选中目标全部水平中心线上对齐，Y坐标取最后选中目标的水平中心。

8）垂直中心对齐。将所选中目标全部垂直中心线上对齐，X坐标取最后选中目标的垂直中心。

9）自上而下。将所选目标均匀地从上向下排列，至少选中三个目标。

10）自左而右。将所选目标均匀地从左向右排列，至少选中三个目标。

11）同宽。从第一个选中目标的宽度为基准，将所有选中的目标同宽。

12）同高。从第一个选中目标的高度为基准，将所有选中的目标同高。

13）同大小。以第一选中目标的宽度和高度为基准，将所有目标设置成同样的宽度和高度。

14）设置网格。选中该菜单项后，鼠标器在图形上按击只能在网格的位置上，而不是任意位置。如果要取消该功能，再次选中该菜单项。

15）缩小。将当前图形的显示沿 X 和 Y 方向均缩小一半。

16）放大。将当前图形的显示沿 X 和 Y 方向均放大一倍。

17）全景。将当前图形全部显示在当前窗口中。

18）取景框。将当前图形中的任意部分放大。具体操作为：首先选中菜单项（或工具条）"取景框"然后在图形中拉一个矩形框套住欲放大的部分。

19）恢复。将当前图形恢复到 1:1 的显示方式。

20）旋转。将当前选中的目标旋转，旋转有三个角度：90°、180°和 270°。

21）镜像。将当前选中目标按水平或垂直镜像。水平或垂直线取当前选中目标的中心线。

22）拷贝。将当前选中目标，包括动态属性（如果有的话）拷贝到剪贴板。

23）剪切。将当前选中目标，包括动态属性（如果有的话）拷贝到剪贴板，同时删除该目标。

24）粘贴属性。将剪贴板的内容粘贴到当前的图形中。

25）拷贝属性。将当前选中目标的动态属性（如果有的话）拷贝到剪贴板。

26）粘贴属性。将剪贴板的内容粘贴到当前选中目标的动态属性中。

27）撤消（Undo）。将刚刚的操作撤消，可重复多次。在保存文件或成组、打碎操作之前的操作不能再撤消。可以撤消的操作有删除、移动、拉伸。

28）重作（Redo）。恢复刚刚的撤消操作，可重复多次。直至恢复所有撤消操作。

（5）图库的应用。为了便于厂家提供了大量的图形组态，各 DCS 提供了大量的图，如阀门、管道等。为了使用图库，将库中的各项应用到某个具体的图形中。先选中所要使用的项，然后按钮该项拖至在图形中的目的地后放开。这样就完成了将该项放至相应的图中。

（6）进行动画连接。动画连接是附属基图目标上的，不能单独存在，也可以说是基图目标的动态属性，如果要将所选目标增加动画连接，选中该目标后双按该目标或选菜单项动态。图形生成软件提供的动画连接一般分四大类：触摸连接、输出连接、颜色连接和其他连接，以下分别叙述。

1）触摸连接。触摸连接以操作对象可分为 DPU 和 HMI，用于和按钮连接。

①DPU 型。DPU 型的操作对象是 DPU，主要是对所选定的 DPU 发一个操作指令，完成对某一测点的置数，报警响应，手操器操作等。

②HMI 型。HMI 型的操作对象是本 HMI 站，主要完成显示指定图形、弹出指定图形以及运行指定的 Window 程序。

2）输出连接。输出连接是测点的值输出，以字符形式，所以只能用于字符串目标，包括模拟量、开关量和测点定义。

①模拟量值输出。模拟量值输出使一个字符串和指定模拟量测点相连，动态显示该测点的实时值。

②开关量值输出。这种动画连接使目标根据开关量的值显示两个用户定义的信息之一。

其中需要定义当逻辑量为 1 时显示的字符串，当逻辑量为 0 时显示的字符串。

③测点描述。这种动画连接用于显示测点的测点名，中文描述或单位。

3）颜色连接。颜色连接可使所连接的基图目标的颜色具有动态特征。颜色连接包括开关量颜色连接（1）、开关量颜色连接（2）和模拟量颜色连接。

①开关量颜色连接。这种连接使所连目标根据开关量的值显示两种不同的颜色。该连接需要定义在基图目标的前景、背景，以及逻辑为 FALSE 时所取的颜色，逻辑为 TURE 时所取的颜色。

②模拟量颜色连接。这种连接将实数分为若干段，根据实时数据落在哪一段显示相应的颜色。该连接需要定义的是实数段对应的颜色。

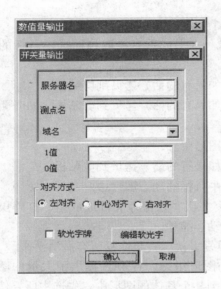

图 5-16 输出连接对话框

图 5-17 百分比填空连接对话框

4）闪烁。这样连接可以连到任何基图目标上，规定满足一定条件时，目标按指定间隔闪烁，这里所说的一定条件就是一个逻辑量，当为 TRUE 时，即为满足条件，反之，为不满足条件。闪烁速率应定义。

5）移动。这种连接可以根据模拟量的值移动所连接的基图目标。它可以连任何目标。该连接需要定义移动的方向（上、下、左、右四个方向）、所连接的基图目标所能移动的最大距离（单位是象素）、最小值（当所连测点小于或等于该值，不移动）、最大值（当所连测点大于或等于该值，移动至最大距离）。

6）隐含。这种连接可以根据指定的逻辑量，显示或隐含所连目标。应定义当所连逻辑量为真时隐含，为假时显示，或所连逻辑量为真时显示，为假时隐含。

7）缩放。这种连接可根据所连模拟量的值，任意缩放连接的静态目标。应定义缩放的方向（左、右、上、下、中心几个方向）、最小值、最大值。

8）百分比填充。这种连接能按模拟量的值改变填充的填充范围，可用于显示容器的液位。所有目标可以水平填充也可以垂直填充。应定义填充方向（水平或垂直），填充所用颜色，最小填充值，最大填充值等。

9）有关软光字牌。软光字牌是一个逻辑量，它定义一组测点，通过报警优先级和测点的特征字定义。当定义的一组测点中有报警，则为真值（TRUE），反之为假值（FALSE）。

（7）画面切换。画面的切换可有几种方式实现。

1）按钮。按下画面上的按钮，切换到所希望的画面上。

2）设置菜单系统。

3）设置功能键。功能键连接到不同的画面，可以实现按一次按键即可直接进行目标画面的目的。

第六章

分散控制系统的性能指标评价

分散控制系统是综合性很强的系统，因此它的评价方法也就比较复杂，涉及到很多因素，而且各种因素之间有密切的联系。从不同的角度，有不同的性能评价指标；不同的部门，也各有其自己的评估方法。系统的评估本身具有相对性，受各种制约因素的影响，尚难定量评估。本章从使用的角度介绍分散控制系统的主要性能指标和选用准则。

第一节　分散控制系统的性能指标 ⇨

用户选用分散控制系统，应从可靠性、易操作性、可组态性、可扩展性、实时性、环境适应性和经济性等方面来考虑。

一、可靠性

分散控制系统的主要作用是对生产过程进行控制、监视、管理和决策，因此要求它必须具有很高的可靠性，这样才能保证工厂的安全、经济运行。

可靠性是分散控制系统一个极重要的技术性能指标，它是指机器、零件或系统，在规定的工作条件下，在规定的时间内具有正常工作性能的能力。狭义的可靠性指一次性使用的机器、零件或系统的使用寿命。例如灯泡的使用寿命是指狭义的可靠性。分散控制系统的可靠性是指广义的可靠性。它是可修复的机器、零件或系统，在使用中不发生故障，一旦发生故障又易修复，使之具有经常使用的性能。因此，它还包含了可维修性。

1. 可靠性指标

衡量可靠性的指标，常用的有可靠度、MTBF、MTTR 及故障率。

(1) 可靠性指标。

1) 可靠度。它是指产品在规定的条件和规定的时间内完成规定功能的概率，用 $R(t)$ 表示。可靠度是一个无量纲量，其取值范围为 $0 \leqslant R(t) \leqslant 1$。同时，这是一个统计值，与统计实验设计有关。

2) 平均故障间隔时间 MTBF（Mean Time Between Failures）。它是指可修复的机器、零件或系统，相邻两次故障期间的正常工作时间的平均值。它是一个统计值，而不是一个确切的无故障时间或寿命。

3) 到发生故障的平均时间 MTTF（Mean Time To Failures）是指不能修理的机器、零件或系统，至发生故障为止的工作时间的平均值，即指不可修理产品的平均寿命。

4) 故障率（Failure Rate）：通常指瞬时故障率。它是指能工作到某个时间的机器、零件或系统，在连续单位时间内发生故障的比例，用 $\lambda(t)$ 表示，又称失效率、风险率。

(2) 维修性及维修性指标。分散控制系统是可修复的系统。维修性是指可修复的机器、零件或系统，发生故障后进行维修，使其恢复正常工作的能力。

维修的三要素是：

1）机器、零件或系统是否被设计得很容易修复；

2）进行维修的技术人员技能；

3）维修所需的备品备件、设备。

这三者相互联系，关系到维修的速度快慢。在分散控制系统中，采用接插板的方法使零件易于维修，通过自诊断系统的诊断及面板故障显示使对维修人员的技能要求降低，必需的备品储备使更换变得方便，这些措施使分散控制系统的维修性大大改善。

衡量维修性的指标，常用的有维修度和平均修复时间。其中，维修度是指可修复的机器、零件或系统，在规定的条件（指维修三要素）下，在规定时间（0，τ）内完成维修的概率。平均故障修复时间 MTTR（Mean Time To Repair）是指可修复的机器、零件或系统出现故障后，排除故障并投入运行所需要时间的统计平均值。

（3）可修复系统的可靠性。可修复系统的可维修性，使系统的可靠性得到提高。对可修复系统的可靠性指标常用有效率衡量。

有效率（Availability）是指可修复的机器、零件或系统，在规定时间内维持其性能的概率可表示为式（6-1）。

$$A = \frac{\text{MTBF}}{\text{MTBF} + \text{MTTR}} \qquad (6-1)$$

有效率 A 是可靠度和维修度的综合尺寸，要提高有效率 A 就需要增加平均无故障间隔时间 MTBF 和减少故障后的修复时间 MTTR。如果一旦出现故障而能够立即修复，也就是说 MTTR 很小，那么系统的有效率将接近 100%。由于分散控制系统采取了各种可靠性措施，其有效率 A 可达 99.999% 以上。

2. 提高可靠性的原则及措施

分散控制系统的可靠性是评估分散控制系统的一个重要指标。通常，制造厂商提供的可靠度数据都在 99.99% ~ 99.9999%。由于可靠性指标具有统计特性。因此，在评估系统可靠性时，可以采用那些提高系统可靠性的措施来分析。除了系统制造时应该保证符合设计要求外，通常可以从可靠性设计和维修性两方面来考虑。

可靠性设计是完全新型的一种设计。它是用于实现设计质量，即可靠性、性能、效率、安全、经济等项指标的设计。采用了可靠性设计，就能设计出在使用过程中不易发生故障、即使发生故障也易修复的产品。通常，在可靠性设计时，遵循下列准则：

1）有效地利用以前的经验；

2）尽可能减少零件件数，尤其是故障率高的零件数；

3）采用标准化的产品；

4）检查、调试和互换容易实现；

5）零件互换性好；

6）可靠性特殊设计方法，例如，可靠度合理分配、冗余设计、安全装置设计、极安全设计、可靠性预测等。

日本横河公司对分散控制系统的可靠性设计提出了三个准则。

1）系统运行不受故障影响的准则。这条准则包含两方面的内容。冗余设计可以使系统某一部件发生故障时能够自动切换。多级操作可以使系统某一部件发生故障时能够旁路或降级使用。

2) 系统不易发生故障的准则。这条准则是重要的可靠性设计准则，即从系统的基本部件着手，提高系统的 MTBF。

3) 迅速排除故障的准则。这是一条重要的维修性设计准则，它包括故障诊断、系统运行状态监视、部件更换等设计，用于缩短系统的 MTTR。

3. 提高分散控制系统硬件可靠性的措施

提高分散控制系统硬件可靠性的措施有下列几方面。

(1) 冗余结构设计。冗余结构设计可以保证系统运行时不受故障的影响。按冗余部件、装置或系统的工作状态，可分为工作冗余（热备用）和后备冗余（冷后备）两类。按冗余度的不同，可分为双重化冗余和多重化（$n:1$）冗余。

设计冗余结构的范围应与系统的可靠性要求、自动化水平以及经济性一起考虑。为了便于多极操作，实现分散控制、集中管理的目标，在分散控制系统的应用时，越是处于下层的部件、装置或系统越需要冗余，而且冗余度也越高。

1) 供电系统的冗余。从系统外部供电时，采用双重化供电冗余是最常用的方法。冗余电源可为另一路交流供电电源，也可以是干电池、蓄电池或不间断电源。在分散控制系统中，为了在供电故障时，系统数据不致丢失，还需对 RAM 采用镍铬电池、大容量电池供电。对自动化水平高的大型分散控制系统的冗余供电系统也可采用多级并联供电。

2) 过程控制装置的冗余。过程控制装置的冗余分为装置冗余和 CPU 插板冗余两类。装置冗余通常采用 $n:1$ 冗余方式，典型的 n 值为 8 ~ 12，通过控制器指挥仪来协调。CPU 插板冗余常为双重化冗余，采用热后备方式工作。

3) 通信系统的冗余。几乎所有分散控制系统都采用双重化的通信系统的冗余结构。新推出的分散控制系统采用智能变送器，数据通信采用现场总线。过程控制装置和操作站之间的数据通信根据网络的不同，可以是总线型或环型拓扑结构。操作站和上位机之间也存在数据通信。各站间和其他装置通过网间连接器或适配器进行数据通信。在分散控制系统中存在数据通信的部位几乎无例外地采用了冗余结构。其原因是数据通信的重要性及数据通信的可靠性所决定的。

4) 操作站的冗余。这种冗余方式常采用 2 ~ 3 台操作站并联运行，组成双重化冗余或 (2:3) 表决系统冗余。各操作站通常可以调用工艺过程的全部画面和数据信息，有些系统采用各操作站分管工艺过程的一部分信息，当某一台操作站故障时，再把该分管部分分配给工作的操作站进行操作。

此外，系统输入输出信号的插卡部件、上位机也可以组成冗余结构。

冗余设计是以投入相同的装置、部件为代价来提高系统可靠性的。在设计选型时，应该根据工艺过程特点、自动化水平、系统可靠性要求提出合理的冗余要求。要进行经济分析。应该指出，对于一个高可靠性的系统，采用冗余结构后，系统可靠性虽然提高，但相对值可能不大，而对于可靠性较低的系统，采用冗余结构，可以大大提高可靠性指标。

(2) 不易发生故障的硬件设计。为了提高使用寿命，可从下述几方面考虑硬件的设计和系统选型。

1) 运动部件。使用寿命长的电子元器件取代机械运动部件。

2) 接插卡件。接插卡件在分散控制系统组成中占很大比重。它的可靠性会直接影响全系统的正常运行。接插卡件的可靠性设计包括卡件本身的设计和卡件和卡件座的接触部件的设计。分散控制系统中的接插卡件是在计算机控制的自动流水线上生产的，采用了先进的制造工艺，例如波峰焊接、多层印刷板、镀金处理等。还采用了可靠性测试和检验，提高了接插卡件的可靠性。卡件和卡件座的接触部件的设计既要有可靠性又要有维修性的要求，通常采用插接、压接、螺丝固定、插脚和插座部位镀金等措施。Foxboro 公司的新一代分散控制系统 I/AS 系统在接插卡件的设计方面采用了新技术，大大提高了卡件的可靠性。例如，该产品的线路板被全部采用 CMOS 元器件，降低功耗。采用最先进的表面安装技术，增加了元件和印版间的接触面积。采用密封结构，大大减小了环境中尘埃、湿气和其他环境气体的侵袭。采用金属板外部散热，机柜送风，及时移热，使卡件运行在正常工况。采用分散供电方式对各卡件独立供电，把危险分散等。

3) 元器件。选用名牌工厂生产的高性能、规格化、系列化的元器件，如大规模集成电路、超大规模集成电路、微处理器芯片、耐磨损传动器件等。同时对元器件进行严格的预处理和筛选，按可靠性标准检查全部元器件。

4) 电路优化设计。采用大规模和超大规模的集成电路芯片，尽可能减少焊接点。连接线路优化布置、采用优化性能的元器件等电路优化的设计不仅可以提高系统的可靠性、防止和降低干扰的影响，而且可以降低成本，提高竞争能力。电路优化设计还包括使分散控制系统具有多级控制系统的总体设计，它可以使系统在发生局部故障时能降级控制，直到手动控制。这种总线设计属于结构优化设计，是电路优化设计的一部分。

此外，像机柜的优化设计、操作台的优化设计等也不同程度地影响整体的使用可靠性。

(3) 迅速排除故障的硬件设计。为了迅速排除故障，减小 MTTR，除了具有足够的备品备件以及提高维修人员技能之外，在硬件设计方面可采取下述措施。

1) 自诊断。分散控制系统的自诊断功能包括硬件和软件。硬件的设计是使系统发生故障时引起标志位的变化，并激励相应故障显示发光二极管，甚至发出声响。软件的设计是对检测值与故障限值进行比较，并据此发出信号。一个性能良好的分散控制系统应具有很强的自诊断功能，它能够对各种接插卡件进行诊断，并显示故障。因此，它对于维修人员技能的要求也越低。

2) 硬件设计。在机械部件设计方面，对需经常检修和更换的部件采用接插卡件的机械设计，采用镀金的插脚、易于接插的把手、插卡滑轨等设计可以保证有良好的接触和易于更换的机械性能，有些系统对接插卡件还用螺丝固定，防止松动。在电子线路设计方面，采用各卡件自成系统，它的插入和拔出不影响其他卡件的运行，保险丝安装部件易于更换等措施。大多数型号的分散控制系统已能在带电运行的情况下，更换大部分接插卡件。为了便于检查和调整，大多数接插卡件的检查部位和调整电位器被布置在易于操作的位置。

3) 专用诊断、检修设备。为了便于诊断和检修，大多数分散控制系统制造厂商还制造了专用设备，用于在线和离线检查和修理，有些设备还可以进行在线仿真运行。

4) 售后服务和备品备件。通常，分散控制系统制造和销售商会给买方提供一定的人员培训。但是为了分散控制系统能正常运行，及时得到售后维修、升级及备品备件的服务，在国内设有相应产品维修中心是十分必要的。相应的免税备件库应能有足够的各类型备品备件可以提供。

4. 提高分散控制系统软件可靠性的措施

提高分散控制系统软件的可靠性可从下述几方面着手。

(1) 分散结构设计。把整体的软件设计分散成各子系统的设计、各自独立，又共享资源。如把整体设计分为控制器模件、历史数据模件、打印模件、报警事件模件等子系统的软件设计。

这种分散结构的软件设计既有利于设计工作的开展也有利于软件的调试。

(2) 容错设计。在软件设计时，对误操作不予响应的设计技术，即对于操作人员的误操作，如不按设计顺序则软件不会去输出操作指令，或者输出有关提示操作出错的信息。

(3) 标准化。采用标准化的软件可以提高软件运行的可靠性，同时还为其他软件公司的软件产品移植、应用提供条件。新一代的分散控制系统在硬件上大多采用流行的 CPU 芯片，软件采用著名的多用户分时操作系统，如 UNIX、WINDOWS、XENIX，采用 Windows 编辑技术软件和关系数据库，如 INFORMIX、ORACLE 等。

二、分散控制系统的易操作性

分散控制系统的操作包括生产过程操作、组态和编程操作以及维护和维修操作。分散控制系统的易操作性可从操作透明度、易操作性、容错技术和安全性几方面考虑。

1. 操作透明度

操作透明度是指分散控制系统提供的操作信息量是否清晰地为操作员所接受的理解，并被应用于生产过程的操作中去的能力和更新速度等。分散控制系统运行时，操作员通过人机操作接口的显示屏对生产过程进行操作。为了增强操作员的实感，提供了与模拟仪表面板相类似的面板或组显示画面，建立了与模拟记录仪表相类似的趋势显示画面，建立了报警和警告（事件）的一览报表等。对于阀门、泵、电动机的开停、开关、信号灯的开关等二位式的开关信号，采用颜色的变化或者充满与否的软件设计。对于物位升降、温度变化采用具有动感的升降画面和颜色的变化等。

分散控制系统提供的系统画面，包括用户画面、概貌画面、组画面、趋势画面等的数量，每幅画面中动态更新的数据点的数量、更新的速率、画面切换的速率等都是与操作透明度有关的性能。它与所采用的 CPU、内存、CRT 分辨率等有关。

2. 易操作性

易操作性指分散控制系统所提供的操作环境容易为操作员所接受，并根据所提供的信息对生产全过程进行操作，不易发生误操作。它包含下列几方面的内容。

(1) 操作环境。操作员的操作环境是操作员的工作场所，它应使操作员能舒适地进行工作。也就是说，为操作员提供的数据、状态等信息要易于辨认，报警或事件发生的信息要能引起操作员的注意。为了长期工作在这样的操作环境不使操作人员感到疲劳，开关和安装要便于操作，使操作员能以最快的速度达到所需的操作要求。

(2) 操作功能。分散控制系统的操作功能主要通过操作站实施。从易操作性来分析操作功能的实施，其判别的准则是如何获得所需的信息，即经过多少项操作步骤来达到能提供所需信息的画面，及如何对过程实施操作。

1) 显示功能。CRT 提供了大量的显示画面，其中过程操作画面为最多。在过程操作中，由于过程之间有相互的耦合，互相有影响、过程变量的设定值、工作方式、控制参数、报警和警告参数等要进行改变和调整、要对不同的过程实施不同的操作（包括事故处理），因此过程操作画面的切换占很大比重。无论从减少劳动量还是提高可靠性来讲，减少过程操作画面的切换操作是很有必要的。

不同的分散控制系统制造厂商提供了不同的切换画面的方法。常用的几种方法如下：按压位于键盘或 CRT 屏旁的经定义的固定键调用画面；按压位于键盘经定义的动态键，切换画面；通过菜单、下拉菜单和光标移动及确认的操作调用画面；通过画面编号的输入调用画面；通过页面切换键和画面返回键切换画面；通过触摸屏幕上已组态的动态键来切换画面；通过画面目录、光标定位确认调用画面；通过光标移动使调用的画面滚动显示等。

评价过程显示画面操作的优劣可以比较分散控制系统的固定键、动态键的数量，调用、切换画面方法的类型，光标定位确认装置的有无来判断。当然，显示画面的切换和调用的快捷性还与应用组态软件的编制、系统更新速率等因素有关。

2）过程监视功能。生产过程的平稳操作，要求操作人员对全过程的被控变量有全面的监视，这些被控变量可以是需要控制的，也可以是需要监视的过程变量。此外，设备的开停等信息也需要操作员的了解和掌握。为此，分散控制系统中都建立了概貌显示画面。

概貌显示画面，根据 CRT 分辨率及系统的不同，每幅画面可显示几十个至近百个过程变量。由于是概貌画面，对过程变量不需要数值，通常显示的内容是过程变量的位号、过程变量与设定值的偏差或者过程变量的棒图、报警限值或报警信息。操作员对于概貌画面提供的信息要求是定性了解过程变量有否超过它的规定极限值，与极限值偏离的程度。

由于分散控制系统具有过程监视功能，因此使操作员的操作变得容易。在评价该操作功能时，应根据系统提供的概貌画面、工艺操作人员的要求，画面提供的信息量等进行综合，作出评价。

3）操作功能。分散控制系统的操作分为过程操作、组态操作和维修操作。

过程操作的主要内容是对各个控制回路的操作和对各个控制点的操作。从易操作性的观点对过程操作功能进行评价，可以从专用键的多少、动态键能否使用、参数调整是否方便等方面进行考虑。一个具有良好的易操作性的分散控制系统，它常常配备了专用的操作键区，它可以在键盘或 CRT 的固定部位，与组显示或回路显示画面等配合进行操作。

组态操作是为系统、回路、报警、趋势等组态时进行的操作。在分散控制系统选型时，组态操作的易操作性常常被用户所忽视。组态操作有离线和在线之分。离线组态有利于和安装时间同步进行，可缩短总投产时间。在线修改可不影响正常生产的运行，而进行回路结构等改动。对于已运转的系统需要技术改造时特别有用。

组态操作通常采用专用的工程师键盘，可在组态时接入。由于组态操作与正常操作的内容不同、键钮的内容也不同，采用不同的键盘有利于防止误操作，节约投资。但在单回路控制器的组态操作中，也有采用共同的键盘，省去编程器的产品。

从组态操作的硬件来看，应该尽可能多地包含操作用按钮，以利于组态。从软件来看，应该有灵活的组态软件，减少输入工作量；有清晰的提示，使组态操作人员易于掌握，便于操作。

组态工作的难易与快慢只有在相互比较的基础上才能确定。如组态数据输入通常在 CRT 上进行，如果有光标移动和选取装置，则可以较快地移动光标到需要更改或输入数据的行，直接输入。如果软件编制得较差，就会出现各行都需输入并确认，即使有默认值的行也要确认，这时将花费时间和加大工作量。

系统画面的组态工作也有相类似的情况。采用图形编辑方式进行组态不仅画面美观，而且操作较方便。采用字符编辑方式进行组态则会使画面粗糙，操作也较繁复。当然从相同计算机内存容量和时钟频率出发对上述两种方式进行比较，则图形编辑方式需要更多的内存容量而且更新画面的速度相对要慢些。

维修操作主要是画面的调用。通过分级的画面显示、了解系统的故障部位。系统硬件配置的有关参数也可从中读取。维修操作的易操作性主要可从显示画面的内容是否有利于维修定位来确定。

3. 容错技术

容错技术是指发生误操作时不影响正常运行，它通过下列措施来实现。

（1）多重确认。对于重要的操作步骤，采用双重或多重的确认方法是防止误操作影响的有效方法。例如，为了防止误操作，常常对不同的操作环境设置有通行证作用的口令（Password）。输入正确的口令。才能进入相应的操作环境。为了防止口令失密，也可加入具有密钥的硬件开关。又如，对口令的更改，必须采用输入两次相同新口令的双重确认方法。

（2）硬件保护。在安装接线和调试时，或者由于误操作，把高电平的电源线引入输入接线板时，如果没有硬件保护，就会引起输入单元甚至过程控制装置的损坏。因此，绝大多数分散控制系统都在信号输入部分设置了硬件保护电路，如二极管、双金属热保护器、保险丝等，防止由于误操作影响系统的运行。此外，对于可能引起误动作的各类电磁干扰也采取了硬件和软件的保护、滤波措施。

（3）不予响应。在软件编制时，为防止误操作影响生产运行，常采用不予响应的方法。对误操作，如按动与操作无关的键时，不发生操作命令或者在显示的警告区提示和发出警告声响。

（4）分工管理。对于多台操作站运行的场合，给予各操作站不同的分工范围，每台操作站只对所管辖的生产过程可以实施过程操作，对非管辖的部分只具有过程监视和显示功能。为了使操作员对组态信息不进行误操作，在分散控制系统中设置了不同的操作环境，这种分工管理的方法也可以防止系统关键数据的丢失或被更改。

（5）数据保护。采用存取控制和数据变换的方法，防止采用非法手段存取和更改数据。由于分散控制系统通过通信网络进行数据传送，因此，对传送数据应予保护。存取控制是用存取矩阵的方法，控制用户对共享数据库数据的存取，防止非法窃取或更改数据。数据变换则用变换方法，把数据进行变换，使合法用户才能读取数据。

4. 安全性

安全性是指进入相应操作环境的安全许可措施，主要是防止非法操作、非法存取所采取的防护措施。与计算机、微处理器对安全性的防护措施类似，分散控制系统的防护措施最常用的下述几种。

（1）用户识别和确认。采用硬件密钥、口令的方法。密钥接通后或口令正确，才能进入相应操作环境，否则，被排斥于该环境之外。对不同的操作环境可取不同的口令。

（2）通信网络的安全性。根据分散控制系统所采取的网络，在网络上的数据保护方法可以采用数据加密、分组交换的犯法，也可采用光纤通信等不易被截取的通信方法等。数据加密方法常见的有 DES（Data encryption standard）算法和 PKC（pulic key crytosystems）算法。DES 算法把明文按 64 位分组，用密钥加密，经多层换位（线性变换）和代换（非线性变换）成为密文。用密文传送，收方经反向变换得到明文，PKC 法是收方公开加密的密钥，但收方的脱密密钥不公开，发方按收方公开的加密密钥发文，收方接收后按脱密密钥变换成明文。

三、分散控制系统的可组态性

分散控制系统的组态包括画面组态和控制组态。

1. 控制组态

控制组态是完成各控制器、过程控制装置的控制结构连接、参数设置等，它与分散控制系统提供的功能模块、组态语言有关。

从可组态性的要求出发，功能模块的参数应具有易设置、易调整等特点。有些系统对参数提供了默认值来减少组态的工作量。有些系统提供了方便的调整参数环境，如操作站、便携式编程器等。

大多分散控制系统都提供了在线修改组态功能，这对于引入先进控制算法，解决常规PID难于实现的问题提供了方便。

分散控制系统提供了图形化表示的灵活、先进而完善的功能模块，运用类似 AUTOCAD 的组态软件可方便地进行控制策略的组态，而功能模块内部参数则可通过填表法或建立数据库等方法输入。

2. 画面组态

画面组态主要指用户过程画面的分页、静态和动态画面的绘制及合成、各画面间的连接等工作。

由于 CRT 的画面是有限的，用户过程画面很难在一幅 CRT 画面上全部显示。因此，常把用户过程画面分割成若干幅画面，使过程画面的局部显示在 CRT 上，通过画面的连接，相互调用。分页的数量与工艺过程所含的设备、管道和控制方案的复杂程度有关，还受所选的分散控制系统提供的允许画面数目的约束。

从可组态性观点来看，分页少，过多的设备和变量显示集中在一幅画面，有利于减少组态工作量，但容易造成操作失误。分页多，分页中所含的设备少，有利于显示数据的识别和操作人员对过程细部的了解。但是由于过程互相的关联，过多的分页对了解设备之间各种变量的相互影响不利。因此，应统筹兼顾，合理分页。

目前，用户过程画面的组态基本上采用图形方式编辑画面。从可组态性来看，采用标准化的图形符号有利于减少操作员的失误，缩短操作员培训时间，有利于沟通设计人员之间的设计意图和操作经验。从操作灵活性考虑，对图形画面的编辑应该有剪裁、复印、删除等功能，采用窗口技术可以使组态操作变得方便。此外，还应指画面的调用是否方便。一个好的画面组态，各画面之间的连接一般在三至四步操作后即能由一个画面切入所需画面。从显示直观性方面考虑，画面采用了颜色填充、棒图升降等直观显示变化趋势的方法。

3. 组态语言

分散控制系统的制造厂商为了使组态工作为用户所接受和方便地使用，采用了很多方法，组态语言也各有千秋。通常采用功能块语言、面向过程语言和高级语言。

功能块语言通常是一个子程序，用户根据分散控制系统制造厂商提供的组态手册，填写控制框图和有关参数，然后通过软连接把与单元组合仪表能实现的功能相应的功能块连接起来。功能块语言适用于常规控制，也适用于顺序控制和批量控制。有些系统对顺序控制和批量控制还提供梯形逻辑图或布尔代数表示等方法。

面向问题的语言是由制造厂商在分散控制系统软件中设计了一系列的问题，用户根据生产过程的要求，对这些问题进行回答，并完成相应组态工作的语言。填表式语言是最常用的面向问题的语言。制造厂商通常提供了一系列工作单，用户根据工作单的内容填写，并输入到过程控制装置，就完成了组态工作。由于用户要完成较多的纸面工作，工作量随控制方案的复杂程度有很大变化。采用指令集的批量控制语言是另一种面向问题的组态语言。指令集用于实现一定的操作，与每一个指令有关的有一个或几个参数，它们是一些操作或程序条件。例如阀门开启、温度上升时间等。批量控制语言在实施批量控制、顺序逻辑控制时具有直观、简单的特点，但它要占用较多的 CPU 处理时间和内存容量，对于常规的控制，它的优势不大。

高级语言作为组态语言，主要用于分散控制系统提供的组态语言不能实施某些功能的场合，例如需要对过程进行优化控制，为了计算模型在工况下的优化参数，常要用到一些优化计算，如分散控制系统不提供优化软件，为此，使用者必须根据功能的要求，用高级语言编制程序。此外，分散控制系统制造厂商为了让第三方的软件能在其产品中得到应用，使系统真正开放，也都完成了高级语言的接口软件。

四、可扩展性

良好的可扩展性是分散控制系统的一个重要性能。由于分散控制系统价格较贵，初期投资一般不会很大，必须随着生产的发展而扩展，如果选用的分散控制系统有良好的可扩展性，系统就能适应生产的发展。

1. 可扩展性的含义

分散控制系统的可扩展性表现在下列几方面：

（1）分散控制系统的过程控制装置的机柜或机架内有足够的空间增加输入输出卡件，这些卡件是同一系统的产品。此外，CPU 应有能力对增加的卡件和相应的控制算法进行处理。

（2）分散控制系统的许多设备通过通信网络进行联系，在生产发展需要时，应能方便地增加设备或者删除设备。

（3）分散控制系统的通信网络也可以随生产的发展或联网的要求而扩展延伸。

（4）分散控制是全开放的结构，它允许符合开放系统互连网络协议的其他厂商的分散控制系统与之通信，也允许其本身连到其他厂商的分散控制系统去。这里也包括分散控制系统的现场总线上挂接的智能仪表。

2. 从网络拓扑结构分析可扩展性

在分散控制系统中，通信网络大多是局域网，它的拓扑结构主要有总线型、星型、环形等。下面对这些网络结构在增删通信设备时的难易程度来分析可扩展性。

总线型网络结构，设有中继节点，信道是共享的，任意两个节点之间均可以通信，这种结构的网络接口比较简单，增删节点十分方便，例如增加一个节点时，只需把带有网络接口的工作站或节点通过 T 形分接头挂在总线上，并把地址通知其他节点即可。增加节点的过程中，不影响其他节点的通信，一旦接入后即可进行通信。删除节点只需把相应地址清除即可，连原有的连接线路都可以不必拆除。

主从式星型网络结构在分散控制系统初期曾有应用，为了在星型网络结构中增加节点，必须建立一条主战到该新增节点的专用信道，而且主站的接口需要扩充，软件也要相应更改，网络通信必须中断才能完成这些工作。工作量也较大。

环形网络有两种，其中一种是物理环形，它们的各个节点在物理上组成环形，每一个节点都承担中继转发工作，为了增删节点，必须把环的连接打开，因此网络通信中断。一些新的环网也有采用旁路线的方法来删除节点，并在初始安装时，就先安排若干旁路线以便增加节点。因此，它们在增删节点时也受地域、设备等限制。

总线环形结构是逻辑上把各个节点组成环形，它们的物理连接是总线型的。因此，与总线型网络结构相类似，增删节点比较方便，但是由于它的通信是环形的，因此，增加节点时，除了把带网络接口的节点挂到总线上以外，还要停止网络通信，利用建帧命令，把新增节点加入到逻辑环中。它的优点是实时性强。

从网络拓扑结构来分析分散控制系统的可扩展性，总线型网络结构具有较好的特性，它的增删简单，接口结构也简单，是目前分散控制系统的主要网络拓扑结构。随着总线逻辑环网技术的发展，为了得到良好的实时性，总线型逻辑环网的分散控制系统将会有发展。

3. 通信网络的扩展

通信网络的扩展有两种情况。一种情况是同类型通信网络的扩展，通过网桥的连接，把同类通信网络扩展。另一种情况是不同类型的通信网络扩展，它是通过网间连接器来完成的。从通信协议来看，它们应该符合网际互联协议 IP。

同类型或不同类型通信网络的连接可以组成复合型的网络拓扑结构。如果把基本拓扑结构的网络作为一个节点，把它接入另一种基本拓扑结构的网络中，就组成了复合型网络拓扑结构。

在分散控制系统中，常见的复合型网络拓扑结构是星形/总线型、总线/总线型结构。在现场总线的通信网络中常采用星形、树形（星形/星形）。与过程控制装置、操作站的总线型相结合组成的是星形/总线型结构。各个站与上位管理站间也是总线型，这样组成总线/总线型结构。

随着生产规模的扩大，管理和控制相结合，组成全厂或全公司的计算机集成产品/过程系统已成为可能，这就有可能把不同类型分散控制系统联系起来，为此，在开始选择分散控制系统时就要了解所选系统是否是开放系统、符合什么通信协议等。

五、实时性

分散控制系统用于工业生产过程，要求有很高的实时性。下面从几方面评价它的实时性。

1. 通信速率

分散控制系统中，基本的控制运算、显示和管理等任务都在各自的装置，如过程控制装置、操作站等完成。在通信网络上传输的主要是协调控制、集中控制和管理的一些信息，通信量并不算太大。在控制过程中，由于通信负荷的不确定性即过程操作正常时，通信量少，一旦不正常，通信量反而增大。从实时性要求出发，只有较高的通信速率才能满足实时性的要求。

通信速率与很多因素有关，如网络拓扑结构、通信媒体和网络接口的传送速率、存取控制和通信管理的方法。此外，传送距离也会影响通信速率。

2. 媒体存取控制

媒体存取控制是用来对通信进行控制和管理的。管理通信在通信网络中，为了对通信进行控制和管理，避免发生通信的碰撞和冲突，实时性常用响应时间来定量描述，响应时间指某一系统响应输入数据所需的时间。当某一节点向通信网络提出通信要求时，由于通信网络是共享的，因此，这时可能有另一节点正在通信，为此要对共享的资源进行合理调度，这也将影响所提出的通信要求在系统中响应的快慢。媒体存储控制是指节点在向通信媒体存信息或者从通信媒体取信息时的控制规则。存取控制的总目的是保证通信能正确和快捷地进行。因此，如果某存取控制方法有较高的通信信道利用率，它就是较好的、应选用的。但在实时性要求高时，为保证实时性只能降低信道利用率。例如，在分散控制系统中，采用 CSMA/CD 媒体存取控制方式时，为了保证实时性，常常减少信道的吞吐量。

一个节点对实时性的要求是指该节点提出的任何通信要求都必须在限定的时间内得到响应。整个通信网络对实时性的要求是指网络上的每个节点及每一通信任务均有实时性要求，为此，必须做到下列几点。

(1) 限制每个节点每次取得通信权的上限值。这样可以避免某一个节点长期占用通信媒体，使其他站的实时性受损。因此，当某节点的通信时间超过该上限值时，不管它有否通信结束，均应释放通信权。

(2) 保证通信网络上的每一个站在同一时间周期内均有机会取得通信权。时间周期的长短是通信网络实时性好坏的衡量。

(3) 为满足不同节点、不同通信任务的实时要求，应给予不同的节点有不同的通信优先级（采用静态方式），给予不同的通信任务有不同的通信优先级（采用动态方式）。

在分散控制系统中，采用的媒体存取控制方式有总线型 CSMA/CD、令牌总线以及令牌环存取控制方式等。总线型 CSMA/CD 媒体存取控制方式具有算法简单，可靠性高，存取对各节点平等，在低、中负荷通信时性能好等优点，其缺点是实现冲突检测比较复杂，重负荷下性能急剧下降，访问时间不确定等。因此，它适用于低、中负荷通信量的场合。令牌总线存取控制方式是最有希望用于实时环境的局域网络。优点是可以设置优先级、吞吐率高和对负荷变化不敏感。缺点是算法较复杂、价格较贵、存在令牌丢失和维护问题。为此，分散控制系统也有采用在轻负荷时按 CSMA/CD 方式，在重负荷时按令牌总线方式的存取控制。

为了评价分散控制系统在存取控制方式上的实时性，可以比较分散控制系统采用了哪些提高实时性的措施。这些措施包括下列几方面。

(1) 对于总线网络的主从式存取控制方式中，可以采用请求选择法、点名探询法以及它们的结合方法，如优先存取、周期探询及限定每次通信时间的方法。

请求选择法给予实时性高的从站有较高优先级，当需使用总线时，主站会根据优先级的高低决定哪个从站获得通信权，从而保证实时性。

点名探询法采用主站依次对从站进行点名式探询，凡需通信的从站把信息送主站，然后中转发送。它保证了各站都有实时性。

限定每次通信时间使各站都有较好的实时性。若某站的通信时间超过限定时间将中断直到下次再得到通信权。

以 Honeywell 公司的 TDC 系统为例，该系统把连接到总线上的设备分为优先设备和探询设备，通过通信交通指挥仪按优先级次序决定哪个设备得到通信权。当某设备的优先权要去除时，只需切除指挥仪上的开关通路，从而保证了优先设备的实时性。对探询设备则用点名探询的方法，从低地址向高地址顺序探询，使各设备都有实时性的通信。此外，该系统还用限定每次通信时间不得超过 10ms 的方法避免个别站独占通信媒体。

(2) 对于总线上挂接的各节点地位平等的系统，常采用时间片存取控制方式，为保证各节点的实时性，限制每个节点取得的时间片长度，限制总时间周期的长短。这样在一个时间周期内，每一节点总有一个时间片内可以通信。当某节点有较高实时性要求时，也可分配两个以上的时间片。

在 WDPF 系统中采用两个等长时间片的方法，来得到实时性。在普通速度的通信中，采用周期式的广播通信，每个节点在每 100ms 有权访问通信媒体。在高速通信要求时，采用每 5～10ms 有权访问一次通信媒体，这样，实时性的要求得到满足。

(3) 对于环形网络，不论是物理环还是逻辑环，都采用令牌存取控制，这种存取控制保证每个节点都不会失去通信机会。加上限制每站的通信时间，可以设置优先级等，使通信的实时性得到保证。

在近期推出的分散控制系统中，采用令牌总线和令牌环存取控制的通信网络都有较好的实时性。

(4) 采用总线的 CSMA/CD 存取控制方式时，由于在低、中负荷时，CSMA/CD 存取控制具有较高的实时性，因此，常采用降低节点数的方法。由于它具有结构简单、价格低等优点，在分散控制系统中也有采用。

3. 减少无效通信量

提高分散控制系统实时性的另一个实施措施是减少无效数据的通信量。无效数据包括正式通信前的呼叫、应答，通信后的回答，数据的包装以及过程中的未发生变化的数据等。

减小无效通信量的有效方法有两种，即采用例外报告技术和数据包装。

例外报告技术是指当过程变量未发生显著变化，则该数据不进行传送，如果过程数据发生显著变化，则上网传送。采用该技术，明显减少了通信网络中的通信量，为实时性要求高的通信任务提供了通信媒体，从而提高了实时性。

数据包装技术是指能减少通信层及改进通信协议，就能减少包装时间，并能缩小数据传输帧的长度。在 MAP 协议中的小 MAP 协议，就是压缩了通信层、从分散控制系统应用角度提出的通信协议，它使有效数据传输率提高，实时性可提高 3～5 倍。

此外，为了使通信前的呼叫、应答等无效数据传输量减少，采用广播式通信方式是有效的途径。采用广播方式时，接收地址和数据同时送出，接收节点收到数据进行校验并回答正确与否，只需两步和一个往返，大大提高实时性。

4. 实时控制的数据结构和多任务应用软件

在软件方面，采用实时控制的数据结构及多任务的实时应用和操作系统提高系统的实时性。

采用分布式数据库可提高实时性。分布式数据库是一组数据，它在逻辑上属于同一系统，在物理上则分散在通信网络的不同节点上。由于在各个节点建立了分布式数据库，在数据库内的数据可以为其他站共享，也可以作为自制的专用数据资源，这样就可大大减少在通信网络中传送的信息量，提高了实时性。

随着数据库技术的发展，采用关系型数据库 RDBMS 和数据库语言 SQL 已成为众多计算机公司、软件公司的共识。分散控制系统中采用 SQL 语言和关系数据库管理系统以及多任务操作系统也已推广。在一些分散控制系统中已采用了客户机/服务器的结构组成的数据库管理系统的体系结构。与分布式数据库相比，客户机/服务器结构只有一个客户机、一个数据库和一个数据库管理系统，而分布式数据库结构需要多个服务器，多个分布在不同节点上的数据库和多个数据库管理系统。由于客户机/服务器系统的存取无需知道资源的物理或逻辑的位置，用户可透明地访问程序和数据，使系统的实时性明显提高。

在实时数据库中，采用数据目标管理软件，它对系统中的数据目标的存取和位置无关，大大提高了实时性。根据任务对实时性的要求把任务分为对实时性要求高的前台任务和对实时性要求低或者没有要求的后台任务。对前台任务采用中断方式或依据时间调度程序进行任务的调度，对后台任务则采用顺序执行或采用先进先出的调度策略。

实时多任务的控制软件采用分时的方法使用 CPU 来完成实时任务。分时系统面对多用户，各用户通过各自终端向主计算机提出各自的任务，主计算机采用分时的方式，轮流给每一用户一定的时间片来执行各自任务，主计算机对执行的任务一无所知，这是分时系统的概念。而实时系统要处理的多个任务都是预先知道并编好了程序，根据前、后台任务的实时性不同要求，安排调度，再由计算机分时完成。

前台任务分为周期性和随机性任务两类。周期性任务有对不同被测变量的周期性采样，控制器运算及周期性输出计算结果到执行机构。按实时性的要求不同，采样周期与控制周期短的有较高的实时性，它通常按扫描时间进行调度。对于相同采样周期的被测变量，由于计算机的扫描速率远大于采样周期，因此，可对各被测变量进行排队。随机性任务主要指超限、故障的任务，通常超限有较低的优先级，事故和故障报警有较高的优先级。后台任务主要是实时性要求布告的定期打印、统计和临时性的打印和参数改变等，它们采用先进先出的排队服务规则进行调度。

六、环境适应性

分散控制系统的环境适应性包括对使用环境场所的适应能力，包括对环境场所的有害气体、温度、湿度等因素的适应能力以及对环境电磁干扰的适应能力等。

1. 抗环境干扰和侵蚀的能力

分散控制系统的过程控制装置需要在工业现场安装，可能受到有毒有害的气体、高温、高湿度环境的影响，一些现场操作终端虽然安装在现场操作室，但也会受到较恶劣的工业环境的影响。即使它们安装在中央控制室，但也会受到操作人员呼出的二氧化碳等气体或者长期潮湿气候的影响也会发生故障。因此，分散控制系统应具有对环境干扰和侵蚀的适应能力。

（1）分散控制系统硬件，小到元器件，大到插件板，甚至机柜都采用密闭结构，以防止有害气体、潮湿气体对系统的影响。

（2）采用低功耗的 CMOS 元器件，降低功耗，使系统本身产生的热量减少。此外，采用低温度系数的元器件及加大散热面积等措施都有利于系统的正常运行。

（3）过程控制装置和操作站内部都设置了风冷装置，用于降温。对有特殊要求的系统也有采用水冷措施的。

（4）采用大规模集成电路取代多个集成电路的组合，减少接插卡件数，采用表面安装技术 SMT 可以减少因湿度造成的影响，并且使电气性能改善。

（5）采用薄膜式键盘（薄膜把键盘密封）可以防止操作时各种物体或液体等进入键盘。

（6）采用正压送风可防止有害气体的侵蚀。

2. 抗电磁干扰的能力

为防止电磁等干扰的影响，分散控制系统在硬件和软件上都采取一系列措施，主要包括：

  (1) 静电隔离和屏蔽。

  (2) 光电隔离、继电器隔离和变压器隔离。

  (3) 硬件和软件的滤波。

  (4) 采用不易受电磁干扰影响的通信媒体和通信控制。

  (5) 选用高抗干扰元器件。

  (6) 尽可能减少外部敷设电线、电缆的整体设计。

  分散控制系统抗电磁干扰的基本出发点是防止电磁等干扰的引入，一旦引入则采取相应措施减少它的影响并且不使之扩大影响。若影响达到移动限度时就要采取措施重新传送或采集等。

  3. 抗过程本身性能变化的能力

  生产过程本身的性能会随工况变化而变化（过程模型具有时变特性），在负荷变化时，过程特性会呈现非线性特性，这些过程本身性能的变化将影响分散控制系统的正常运行。因此，要求分散控制系统能够提供一些先进的控制算法，如自适应控制模块、自整定专家系统、基于模型的预测控制等以解决过程的时变非线性特性。

  4. 故障发生时的适应能力

  当供电故障、插件板故障或其他故障发生时，分散控制系统应该具有的适应能力维持系统的运行。

  供电故障可双回路供电，电源模块的冗余保证系统的正常运行。通信故障时，通过冗余通信系统的自动切换，或者采用链路的自动重构等措施使系统能够正常运行。

  全部的分散控制系统都采用了 CPU 的冗余，当 CPU 故障时，则会无扰动切换到备用CPU，对生产过程没有丝毫影响。同时 CPU 的故障信息会发送到操作员站，以得到及时的更换。对于 I/O 模块，有些厂家不提供冗余配置，则 I/O 模块故障则会引起局部系统不能正常工作。在选用和设计分散控制系统时，应考虑这些故障的影响范围，应尽可能减小影响面。目前，I/O 模件支持带电插拔功能，维修是非常方便的。

  故障发生时，系统具有多大的能力和范围来诊断出故障的部位，在多大的程度上来显示发生的故障，故障的类型等也属于故障发生时分散控制系统的适应能力。通常，分散控制系统提供了自诊断的功能，它有软件和硬件之分，自诊断可以是插件板也可以是设备级，显示可以用发光二极管，也可以用液晶或其他显示装置。

  系统和设备在故障发生后，需要恢复到正常工况，有些系统提供了故障发生后的再启动功能，有些系统则没有。有些系统在部分设备中具有再启动功能，部分设备则不具有。具有再启动功能表明系统具有记忆功能，它可以把故障前的各种参数存储起来，这样，再启动时，可以很快投入正常运行，可以缩短恢复时间。

七、经济性

  经济性包括初始投资费用、维修费用、扩展投资费用和投资回收率。

  初始投资费用应该指为本工程投产所需要的自控总投资费用。初始投资费用在计算时应充分考虑所采用的仪表性能，并应把相应的仪表投资费用结合起来，作为总投资费用来衡量。因为采用功能强的仪表可能会简化对分散控制系统的输入输出部件的要求，或者减少安装费用等。以热电偶为例，可将热电偶经变送器转换成标准信号通过电缆送分散控制系统，也可将热电偶信号经补偿导线直接送分散控制系统，这两种情况下应选择不同的输入卡件，此外，采用的补偿导线或电缆的价格也会不同。在比较分散控制系统时，由于方案和仪表已确定，可以仅按分散控制系统的价格来评估。

维护和修理费用应包括维修人员的各项费用和备品备件的费用。对备品备件的费用，应综合考虑备品备件的单价、数量以及备品备件的平均寿命。维修人员的费用与系统维修所需的技术要求和可维修性有关。若系统维修性所需技术要求高，可维修性差，则维修人员的费用就高，反之就低。通常，系统越大，可维修性就越好。名牌产品和专业制造厂商的产品，其可维修性越好。

由于对扩展的规模在订货时不一定清楚，因此，扩展投资费用的估计有一定的预测作用，可作为投资总费用的一部分（即加入加权因子）。作为预测，可以按扩展总点数15%～20%、80%～85%时所需增加的费用与估计可能达到相应点数的概率相乘并相加。有时，也可把上网费用作为扩展投资费用来估计。这是考虑扩展到全厂或全公司的管理调度系统的可能而进行的估算。

投资回收率是选择分散控制系统时经济性的另一个指标。投资回收年限 T 等于初始投资费用除以年经济效益。T 值越小，表示投资回收率越高。T 值的大小与下述四个因素有关。

(1) 建设项目完成时间。包括从系统设计开始、DCS 选型确定、设备安装调试、生产线试运行直至正常投产的全部时间，一个好的分散控制系统，由于它的组态、设计和操作方便，可以大大缩短该时间，从而提高回收率。

(2) DCS 用户的工程技术人员和操作人员熟练掌握 DCS 所需的时间。系统投产后，若用户能熟练掌握系统的操作，就能增加系统的总经济效益，减少运行费用。该时间的长短除与系统本身有关外，还与系统组态工作的好坏，操作人员的技术水平有关。

(3) 系统功能与生产过程的适用程度。系统功能强、适应性好，则在生产过程中运用后就能发挥效益，提高总经济效益。反之，若系统功能较差，不能适应过程环境的变化，则它的控制质量就差，经济效益也就低。这与系统本身具有的功能是否被用足、用好有关。即首先是系统要有适应过程的能力，其次要经过组态和操作来发挥这些功能。

(4) 系统的可维修性。由于系统的运行费用中，大量的费用是维修费用，因此，减少维修费用的支出是衡量系统成功与否的重要标志。对于选型来说，主要是减小 MTTR 及减小备件费用。备件费用按上述方法计算年备件费用。由于一般分散控制系统采用板级替换法进行维修，因此，选型时，应选用尽可能多的可以带电插拔的卡件，以减小 MTTR。

第二节　分散控制系统的评估和选型 ⇨

日益增长的分散控制系统的需求对控制工程师提出了更高的要求，一个成功的项目很大程度上取决于对分散控制系统的正确评估和选型。

一、分散控制系统的评估和选型的步骤

作为一个自控系统项目，分散控制系统的评估和选型有下列各项工作。

1. 确定自控系统的技术和经济指标

需要对可选用的自动控制系统（如常规仪表、分散控制系统等）能达到的功能和经济性进行分析，确定总目标、技术要求和投资预算。

2．输入输出点的计算

根据带控制点工艺流程图及仪表选型，确定系统的所有输入输出点数，包括联锁、特殊控制要求所需的输入输出点数，并统计分类。确定控制、计算模块、逻辑和算术运算模块和两位式开关、累加器、计数器等的需要量。

3．编制标书，进行公开招标及评标

标书编制工作是一项技术性较强的工作。它要反映工程应用的要求，并能代表一定的先进性。通过货比三家，有利于具有较高性能价格比产品的选择。

4．签订合同，设计，安装，组态和调试投运

这些工作关系到系统的实现时间。这里也要重视分散控制系统外部的一些安装和有关元器件的质量。由于国内对有些低压电气器件，如接线端子板等的管理及制造等问题，造成返工等而影响进度的事情也时有发生。组态和调试工作应该由既熟悉系统又熟悉工艺的人员来完成。由制造厂商来完成组态和调试时，常发生控制水平不易提高的问题。

5．运行后的评估问题

这项工作可以在正常运行后定期进行。既作为系统运行的经验总结，又可作为以后选型的依据。评估的内容和评标时相类似，但应增加有关维修方面的内容，并对维修的次数、件数等进行定量的统计。

二、分散控制系统的选型原则

在分散控制系统评估与选型时，可遵循以下几条原则：

1．可靠性原则

分散控制系统控制的生产过程往往都较复杂，而且都是产值很高的连续性过程，系统出现故障影响到生产会造成很大的经济损失，这些损失往往会大大超过 DCS 本身的价值，而且有时甚至会造成重大的人身伤亡和设备损失事故。因此，可靠性是非常重要的一个因素，在评估和选择系统时，这一因素应放在首位。

2．实用性原则

实用性是指系统完成本项目中所有要求功能的能力和水平。选择 DCS 的目的是实现《系统功能规范书》中提出的要求，如果该系统对本项目中提出的有些功能实现起来较为困难的话，其他功能即使再好，与本项目无关，该 DCS 也是不太合适的。此外，实用性中还包括系统应用的方便水平（如需要多少现场改造、将来操作是否方便等）。

3．先进性原则

DCS 是发展很快的技术，一个系统几年就会被新的系统取代，而且 DCS 的发展趋势是性能水平越来越高，而价格越来越低，特别是 DCS 中的计算机技术和网络通信技术是非常活跃的。因此用户在评估和选择 DCS 时，要认真考虑，不要选择一个即将被淘汰的系统，而应尽量选择在满足可靠性和实用性要求前提下的最先进系统。

4．经济性原则

系统的经济性包括以下几方面评估内容：

（1）系统本身的价格（包括系统本身、服务和培训等）；

（2）系统投运后经济效益预算所得到的可能效益；

（3）因为系统要求而必须实施的现场改造费用；

（4）系统的体系结构不同而引起的信号源（及变送器等）不同而带来的费用差别。

因为系统不同而引起的施工要求不同造成的费用差别，经济因素一定要考虑全面，随着改革开放的进一步深入，各单位的经济责任会越来越重，因此系统的经济性因素也会越来越重要。

此外，还应考虑系统开放性、系统的维修性、系统的成熟程度、厂家实力等。

5．系统的开放性

系统的开放性应包括：

（1）DCS 的开放性应包括硬件、软件、通信、操作系统、数据库管理等多个方面。它们都应遵循标准或国际协议，使它们真正能够具有通用性。特别是 DCS 的操作员站和工程师站是否采用国际标准或通用设计（如 IPC、Workstation）对将来系统的维修性和升级影响很大，此外，DCS 的数据库是否支持或提供接口支持通用的数据库（如 Oracle、SYBASE 等流行标准数据库）对其与管理系统相连具有很大影响。

（2）在控制级别和信号接口方面，应支持各种标准和流行的信号变送器的接口，且应支持国际上流行的智能化仪表和设备的接口（如 PLC、多回路调节器等）。

（3）在这一方面，用户如果有特殊要求（如与本企业现有控制设备和管理设备）联网，则也应在考核该系统的因素之内。

（4）在考察所选系统的开放性时，项目小组人员不仅应考察各系统是否实现公用接口关系，还应看它是如何实现的、是否有现成的接口软件、是否是厂商自行开发的、改动是否容易等。

6．系统的维修性

维修性在评估和选型中也是用户考虑的一个重要判据。用户应从以下几方面考虑系统的维修性。

（1）系统的固有维修性，它是指系统在硬件和软件本身方面排除故障的难易程度，如系统是否有全面的自诊断措施、有无准确的故障指示功能、模件更换是否容易等。

（2）维修的经济性，它是指用户购买备品备件的价格，以及厂家修复备件的价格是更换板子，还是更换元器件。

（3）维修资源的获取方便程度，它是指系统的备品备件是否容易获得，如在国内是否容易买到，在多长时间内保证货源，用户交款后多长时间可得到备件。

（4）厂家所提供的系统是否将要停产，停产后备品、备件能供应使用多长时间。

7．系统的成熟程度

这一条主要评估各厂家提供的系统方案是否是成熟产品、产品出来的时间、它的前期产品的性能如何、该产品是否已取得应用实绩等。注意，这一条与系统的先进性是矛盾的，老的系统成熟但不会太先进，而最先进的系统均是以前推出的升级的产品，因此，成熟程度也不是绝对的，还要看其他方面的因素。但如果厂家以前没有在 DCS 方面做过很多工作，而该系统又是新推出来的，用户就要仔细地考虑了，因为一个系统的成熟还是要有个过程的，第一次做 DCS 很难一下推出一个特别完善的系统。

8．厂家实力

DCS 是一种非常复杂且涉及多学科技术的系统，它要支持长期稳定的生产，因此没有实力的单位不可能设计和制造出好的 DCS，也很难对将来的生产运行进行很好的维护。在考察厂家实力时要考虑几方面的内容：

（1）该厂家在 DCS 行业的历史、业绩、用户的评价、在 DCS 市场上的占有率；

（2）该厂家的技术实力，有多少较强的技术人员，这些人员的组织方式；

（3）厂家的生产能力、该厂的系统生产方式，有多少工作在本单位内部完成，该厂的生产质量保证体系是否健全等；

（4）该厂家的组织管理水平，人员的精神面貌；

（5）该厂近几年的发展状况，是在上升，还是维持，甚至是在萎缩。如果选择的系统是中间商总承包，则要考察中间商和系统生产厂商的单位实力。

9. 售后服务

售后服务也是影响 DCS 将来能否保持长期、稳定运行的一个重要因素，用户可从以下几方面考察：

（1）厂家提供技术服务的能力和水平；

（2）厂家技术服务的质量信誉；

（3）厂家的系统保修期，保修期过后的维修是否方便，费用是否很高；

（4）服务人员是否在当地（国内），现场出现问题，厂家在多长时间内能派人到现场，费用是多少；

·（5）如果是中间商总承包工程，那么还要考察用户在急需时间时是否可得到生产厂家的技术支持，费用由谁承担、费用是多少。

10. 供货周期

三、分散控制系统评估的方法

目前，对分散控制系统的评估尚无统一的方法。常用的方法有：

1. 偏离表法

在分散控制系统招标时，常采用偏离表法。首先，根据价格的高低排序，从价格低的厂商开始，分别列出各项技术性能的偏离情况。对于标书中提出的条件，投标商尚未回答或未正确回答的，可以直接向厂商询问，并有书面材料予以说明。偏离表通常仅列出不满足标书要求的部分，而对于优于标书技术要求的可暂时不列。通过偏离表法可以筛选价格高、偏离技术要求大的厂商。

对于筛选后的厂商应是符合或基本符合标书要求的厂商。然后，可对使用单位的技术要求加入权函数，并依据性能满足要求并且优于该要求、满足要求、基本满足要求等逐项打分并计算总分，以总分最高者中标。

2. 矩阵表法

对于中、小型分散控制系统用于中、小规模生产过程或者招标时筛选结果有多家厂商无偏离表时，常采用矩阵表法。其原因是中、小规模生产过程控制要求不很高，故分散控制系统的技术要求通常都能满足。而采用招标常要投入大量人力财力，因此，常对几家分散控制系统制造厂商进行询价后就进行评估。

矩阵表法适用于符合要求的产品中选择（取性能价格比优者）。其方法是：

（1）由使用单位制定出所需评估的项目（如上述的选型原则所列的十项内容），每个项目的权数；

（2）组织有经验的专家对所需评估的项目，按各厂商进行评分；

（3）计算各厂商的总分，并求出其平均分；

（4）根据平均分，选用最高分者上报审批。

这里有三点要注意的问题：

（1）需评估项目的确定。评估项目的确定应根据使用要求，可以分层次列出。例如，按过程控制装置、集中操作和管理装置、通信系统、软件系统、售后服务等项先列出大类。然后对各项再分列出评估项目。评估项目的确定还应有价格项，而不能仅列出技术性能项目。

（2）项目的评估权值。评估权值的确定关系到系统使用的好坏，一般来说，权值高的项应该是使用要求高的项。

上述两个问题的解决需要组织有经验的工程技术人员和使用操作人员共同完成，可以由它们提出项名和权值，然后计算平均权值。项目名应协商确定。

（3）专家评估。这里的专家应包括下列几方面人员：

1）熟悉工艺过程、反应机理的工艺技术人员；

2）熟悉工艺操作的高级操作人员；

3）熟悉仪表维护和修理的高级仪表维修人员；

4）熟悉分散控制系统，了解工艺过程的自控技术人员；

5）熟悉计算机软硬件的计算机技术人员；

6）其他人员（包括有使用经验的、有设计经验的工厂技术人员、自控设计人员等）。

由于他们能从自身的经验出发，对各自了解的领域有较多的发言权，因此，使总评估分能比较合理反映使用和实际要求。

第（七）章

分散控制系统的工程设计、安装调试和维护

第一节　分散控制系统的工程设计 ⇨

本节主要介绍分散控制系统的施工图设计。

一、施工图设计的基本程序

1．施工图设计前的调研

施工图设计前的调研主要解决下列问题：

（1）初步设计阶段发现的技术问题；

（2）分散控制系统定型后发现的技术问题；

（3）经试验后尚未解决的技术问题。

2．施工图开工报告

施工图开工报告主要包括设计依据、自动化水平确定、控制方案确定、仪表选型、控制室要求、动力供应、带控制点工艺流程图及有关材料选型等。

3．设计联络

与分散控制系统制造厂商进行设计联络，解决下列问题。

（1）确定设计的界面。

（2）熟悉分散控制系统硬、软件环境对设计的要求。

（3）分散控制系统定型后遗留的技术问题。

（4）对分散控制系统外部设备的要求。

4．施工图设计

除了一般的施工图设计文件外，根据分散控制系统的特点，还需对计算机的有关内容进行补充。其设计深度规定如下。

（1）DCS设计文件目录：有关DCS设计文件的目录。

（2）DCS技术规格书：包括系统特点、DCS控制规模、系统功能要求、系统设计原则、硬件性能和技术要求、质量保证、文件交付、技术服务及培训、检查和验收、发运条件、备品备件及易损件和DCS工作进度计划等。它常作为DCS询价的基础文件，并作为合同的技术附件。

（3）DCS–I/O表：包括DCS监视、控制的仪表位号、名称、输入输出信号类型、是否需提供输入输出安全栅和电源等。它作为DCS询价和采购的依据。

（4）连锁系统逻辑图：包括逻辑图图形符号和文字符号的图例、有关连锁系统的逻辑原理和连接图，图中需说明输入信号的位号、名称、触点位置、连锁原因、故障时触点的状态、连锁逻辑关系、故障时的动作状态、连接的设备名称或位号等。它常用于在DCS中完成连锁控制系统的组态。

（5）仪表回路图：以控制回路为单位，分别绘制 DCS 内部仪表（功能模块）与外部仪表、端子柜、接线箱及接线端子之间的连接关系，DCS 内部通信链的连接关系等。它被用于控制系统的组态。

（6）DCS 监控数据表：包括检测和控制回路的仪表位号、用途、测量范围、控制和报警设定值、控制器的正反作用和控制器参数、输入信号、控制阀的正反（FO 或 FC）及其他要求等到。它用于编制 DCS 组态工作单。

（7）DCS 系统配置图：以特定的图形符号和文字符号，表示由操作站、分散过程控制站和通信系统组成的 DCS 系统结构，并需表明输入输出信号类型、数量及有关的硬件配置情况。它用于 DCS 询价和采购，通过该系统配置图可了解 DCS 的基本硬件组成。

（8）控制室布置图：包括控制室内部操作站、端子柜、辅助机柜、配电盘、DCS 机柜和外部辅助设备，例如，打印机、拷贝机等的布置，硬件和软件工作室、UPS 电源室等的布置。它用于作为土建专业的设计条件的确定设备的位置等。

（9）端子（安全栅）柜布置图：包括接线端子排（安全栅）在端子柜中的正面布置。需标注相对位置尺寸、安全栅位号、铭牌及注字、端子排编号、设备材料表及柜外形尺寸、颜色等。它用于 DCS 询价和采购及有关设备的采购等。

（10）工艺流程显示图：采用过程显示图形符号，按照装置单元，绘制带有主要设备和管道的流程显示画面（包括总貌、分组、回路、报警、趋势及流程画面等），用于在操作站 CRT 上显示，供操作、控制和维护人员使用。流程图应包括检测控制系统的仪表位号的图形符号、设备和管道的线宽和颜色、进出物料名称、设备位号、设备和控制阀的运行状态显示等。

（11）DCS 操作组分配表：包括操作组号、操作组标题、流程图画面页号、显示的仪表位号和说明等。它用于 DCS 组态和生成图形文件。

（12）DCS 趋势组分配表：包括趋势组号、趋势组标题、显示趋势的仪表位号和趋势曲线颜色等。它用于 DCS 组态和生成图形文件。

（13）DCS 生产报表：包括生产报表的格式（班报、日报、周报、旬报、月报等）、采样时间、周期、地点、操作数据、原料消耗和成本核算等。它用于编制 DCS 组态工作单，以便为用户提供生产报表。

（14）控制室电缆布置图：在控制室布置图的基础上绘制进出控制室的信号电缆、接地线、电源线等电缆和电线的走向、电缆编号、位置和标高、汇线槽编号、位置和走向。它用于 DCS 安装。

（15）仪表接地系统图：绘制仪表盘、DCS 操作站、端子柜和有关仪表和设备的保护接地、系统接地和本安接地等接地系统的连接关系，并标注有关接地线的规格、接地体的接地要求等。它用于安装连接。

（16）操作说明书：包括工艺操作员、设备维护和系统操作人员的操作规程。主要内容有控制系统操作、参数整定和故障处理方法；操作键盘各键功能和操作方法；显示画面规格、类型和调用方法；打印报表分类、内容和打印方式；系统维护等。

（17）控制功能图：按检测、控制回路，分别绘制由相应的功能模块连接组成的控制功能图。列出内部功能模块的名称、数量、连接端子等。它用于 DCS 控制组态。

（18）通信网络设备规格表：列出通信网络的型号、规格、数量及连接电缆、光缆的型号、规格和长度等。

根据分散控制系统的类型，上述设计文件的内容可以增删或者合并。例如，功能图可采用本书介绍的描述符号绘制，也可根据制造厂商提供的画法绘制。可以增加报警信号一览表，列出各报警点名称、限值（包括事件或警告信号限值）及显示画面页号等。

5. 设计文件的校审和会签

设计、校核、审核、审定等各级人员要按各自的职责范围，对设计文件进行认真负责的校审。为使各专业之间设计内容互相衔接，避免错、漏、碰、缺，各专业之间还应对有关设计文件认真会签。

6. 设计交底

设计文件下发到生产和施工单位后，应根据施工需要进行设计交底，使生产和施工人员了解设计意图。

7. 施工、试车、验收和交工

设计人员要派代表到现场配合施工、处理施工中出现的设计问题，指导和参加分散控制系统的验收、试车、参加试生产直到全部基建工程交付生产。

8. 技术总结和设计回访

整理、总结试车过程中的问题，积累有关设计问题的资料，对整个设计过程进行技术总结。在移交生产后，适当时间应对所设计工程进行回访，了解使用情况，总结实际经验，提高设计水平。

二、工程设计中的相互关系

分散控制系统的工程设计是工程总体设计的一部分。自控专业设计人员除了应该精通本专业设计业务知识以外，还必须与外专业保持联系，互相合作，密切配合，只有这样，才能做好设计，才能真正反映设计人员集体劳动的成果。

1. 自控专业与工艺专业的关系

自控专业与工艺专业有着十分密切的关系，主要表现在以下几个方面。

（1）自控专业人员应与工艺专业人员共同研究，确定工艺控制流程图（PCD），确定工程的自动化水平和自控设计的总投资。确定分散控制系统中画面的分页、分组；回路和趋势的分组，各显示画面中检测、控制点的显示位置、显示精度、显示数据的大小、刷新时间等。对于工艺控制流程图、工艺配管图等有关图纸，自控专业设计人员应细致地校对，及时发现问题并纠正，在会签阶段，应在有关图纸上签字。应根据工艺控制和连锁要求，提出连锁系统逻辑框图和程控系统逻辑框图或时（顺）序表。

（2）自控专业设计人员应该了解工艺流程、车间布置和环境特征，熟悉工艺过程对控制的要求和操作规程。

（3）工艺专业设计人员应该向自控专业设计人员提供工艺流程图（PFD）、工艺说明书和物性参数表；物料平衡表；工艺数据表（包括容器、塔器、换热器、工业炉和特殊设备）和设备简图；主要控制系统和特殊检测要求（连锁条件）和条件表（包括节流装置和执行器计算条件）；安全备忘录；建议的设备布置图。工艺专业设计人员应与自控专业设计人员共同研究确定分散控制系统中画面的分页、分组等。条件表和反条件表应二级（设计、校核）签字。

（4）工艺专业设计人员应该了解分散控制系统、节流装置、执行机构及检测仪表、元件等的安装尺寸，对工艺的要求。应了解并掌握分散控制系统的操作方法，与自控专业设计人员共同商讨操作规程。

2. 自控专业与电气专业的关系

自控专业设计人员和电气专业设计人员有较多的协调和分工，主要包括以下方面。

(1) 仪表电源。仪表用 380/220 和 110V 交流电源，由电气专业设计，自控专业提出条件。电气专业负责将电源电缆送至仪表供电箱（柜）的接线端子，包括 DCS 控制室、分析器室、就地仪表盘或双方商定的地方；仪表用 110V 及以上的直流电源由自控专业提出设计条件，电气专业设计；低于 100V 直流和 110V 交流电源由自控专业设计；仪表和 DCS 用的不中断电源（UPS）可由电气专业设计，自控专业提出条件；由仪表系统成套带来的 UPS 由自控专业设计。

(2) 连锁系统。连锁系统发信端是工艺参数（流量、压力、液位、温度、组分等），执行端是仪表设备（控制阀等）时，连锁系统由自控专业设计；连锁系统发信端是电气参数（电压、电流、功率、功率因数、电机运行状态、电源状态等），执行端是电气设备（电机等）时，连锁系统由电气专业设计；连锁系统发信端是电气参数，执行端是仪表设备（控制阀等）时，连锁系统由自控专业设计，电气专业提供无源接点，其容量和通断状态应满足自控专业要求；连锁系统发信端是工艺参数，执行端是电气设备时，连锁系统由电气专业设计，自控专业向电气专业提供无源接点，其容量和通断状态应满足电气专业要求；高于 220V 电压的接点串入自控专业时，电气专业提供隔离继电器；自控专业和电气专业间用于连锁系统的电缆，原则上采用"发送制"，即由提供接点方负责电缆设计、采购和敷设，将电缆送到接收方的端子箱，并提供电缆编号，接收方提供端子编号；控制室与电动机控制中心（MCC）间的连锁系统电缆，考虑设计的合理性和经济性，全部电缆由电气专业负责设计、采购和敷设，并将电缆送控制室 I/O 端子柜或编组柜，电缆在控制室敷设路径由电气和自控专业协商。

(3) 仪表接地系统：现场仪表（包括用电仪表、接线箱、电缆桥架，电缆保护管、铠装电缆等）的保护接地，接地体和接地网干线由电气专业设计，现场仪表到就近接地网间的接地线由自控专业设计。DCS 控制室（含分析器室）的保护接地，由自控专业提出接地板位置及接地干线入口位置，电气专业将接地干线引到保护接地板；工作接地包括屏蔽接地、本安接地、DCS 和计算机的系统接地。工作接地的接地体和接地干线由电气专业设计，自控专业提出条件，包括接地体设置（单独或合并设置）及对接地电阻的要求，有问题时双方协商解决。

(4) 共用操作盘（台）：电气设备和仪表设备混合安装在共用操作盘（台）时，应视设备多少以多的一方为主，另一方为主方提出盘上设备、器件型号、外形尺寸、开孔尺寸、原理图和接线草图，为主方负责盘面布置和背面接线，负责共用盘的采购、安装，共用盘的电缆由盘上安装设备的各方分别设计、供货和敷设（以端子为界）；当电气盘和仪表盘同室安装时，双方应协商盘尺寸、涂色和排列方式，以保持相同风格。

(5) 信号转换与照明、伴热电源：需送 DCS 控制室由自控专业负责进行监视的电气参数（电压、电流、功率等），应由电气专业采用电量变送器将其转换为标准信号（如 4 ~ 20mA）后送控制室；现场仪表就地盘等需局部照明时，由自控专业向电气专业提出设计条件，电气专业提出伴热电源要求，伴热电源由电气专业设计，并将电源电缆送自控专业的现场供电箱。

3．自控专业与设备专业的关系

自控专业设计人员必须了解车间设备的情况，特别是塔设备和传动设备的结构特点及性能。工艺设备上有仪表检出部件需安装时，工艺设备专业设计人员需将作为工艺—设备条件用的设备条件图与自控专业设计人员共同研究，确定仪表检出元件的安装方位和大小。自控专业设计人员应在设备小样图上会签。要注意所开安装孔的方位、高度等是否合适，是否符合仪表的安装要求，此外，对设备安装后，安装孔部件是否与土建、管道等有相碰情况发生，是否影响安装和调整。需要摸清情况，及时处理。

开孔的要求，应根据有关安装图册的规定，提出详细的条件表。对于特殊仪表的零件和机械设备，应提请设备专业人员进行设计。设备专业设计人员有权提出反条件进行修改。

温度计、液位计等检出元件的插入长度及安装高度等，应由自控专业设计人员根据工艺要求及设备特点来确定。

4．自控专业和建筑结构专业的关系

自控专业设计人员应向建筑结构专业设计人员提出控制室、计算机房以及仪表维修车间、辅助车间等建筑的结构、建筑的要求。应提出地沟和预埋件的土建条件。当楼板、墙上穿孔大于 $300\text{mm} \times 300\text{mm}$ 时，必须向建筑结构专业提出条件，予以预留。当穿孔小于该值时，可提出预留，也可由施工决定。

对控制室和计算机房的结构设计，自控专业设计人员尚需提出防尘、防静电、防潮、防热辐射、防晒、防噪声干扰和防强电干扰等要求及控制室的采光和空调的要求。建筑结构专业设计人员有权提出反条件。对空调等要求还需与采暖通风专业设计人员配合，以便确定预留孔大小、安装位置等。有关土建成品图应由自控专业设计人员会签。

5．自控专业与采暖通风专业的关系

自控专业设计人员应对控制室和计算机房的采暖通风提出温度、相对温度和送风量等要求。

空调机组及通风工艺流程和自控设计，主导专业是采暖通风专业，其条件、关系等应同工艺专业一样处理。

除了上述专业外，自控专业设计人员尚需与水道、外管、机修、总图等设计人员密切配合，搞好协调工作，使工程总设计水平提高。

三、分散控制系统工程设计中的若干问题

根据分散控制系统的特点，在分散控制系统的工程设计中尚需注意下列问题。

1．过程画面的设计

根据生产过程的要求，控制工程师应与工艺技术人员、管理人员共同讨论，对生产过程的流程图进行合理的分页，对报警点进行合理的选择，对仪表面板进行合理的布置等，使整个 DCS 工程能反映自动化水平和管理水平，使操作、控制和管理有高起点、新思路。

设计的原则是适应分散控制系统的特点，采用分层次、分等级的方法设计过程画面。

过程流程图画面是操作人员与工艺生产过程之间的重要界面，因此，设计的好坏直接关系到操作水平的高低。过程流程图画面的设计是利用图形、文字、颜色、显示数据等多种媒体的组合，使被控过程图形化，为操作人员提供最佳的操作环境。过程流程图的功能主要有：过程流程的图形显示；过程数据的各种显示，包括数据的数值、棒图、趋势和颜色变化等显示方式；动态键的功能，即采用画面中的软键实现操作命令的执行等。

根据上述功能的要求，用图形和文字等媒体的表现手法进行过程流程图设计才能得到较满意的效果。

过程流程的图形显示又称静态画面显示，它的设计内容包括过程流程图的分割、过程流程图的图形符号及颜色的配置等。

(1) 过程流程图的分割。过程流程图的分割是将整个流程图分割成若干页，分页的设计应该由控制工程师和工艺技术人员共同完成。由控制工程师根据分散控制系统显示屏的显示分辨率和系统画面组成的要求，进行每个分页流程图的绘制，分页设计的基本原则是：

1) 相互有关联的设备宜分在同一分页，有利于操作人员了解它们的相互影响；

2) 相同的多台设备宜分在同一分页，相应的过程参数可采用列表的方式显示，它们的开停信号可采用填充颜色的方法显示；

3) 公用工程的有关过程流程图可根据流体或能源的类型分类，集中在一个分页或几个分页显示，它们的参数对一些设备的操作有参考价值时，可在这些设备的流程图分页中显示；

4) 根据分散控制系统提供的显示画面数量，留出一个或几个分页作为非操作用显示画面，用于总流程框图显示、欢迎指导画面及为保密用的假画面等；

5) 分页画面不宜过多，通常一个分页画面可包含几十个过程动态数据，过程的概貌画面包含的动态数据可超过100；

6) 画面的分页应考虑操作人员的操作分工，要避免在同一个分页上绘制不同操作人员操作的有关设备和显示参数。因此，对于操作分工中重叠部分或交叉部分的设备，可采用不同的分页，在各自操作分页上，除了设计相应的操作设备和显示参数外，还设计部分与操作有关的但不属于该操作人员操作的设备和显示参数，以便操作时参考。

采用标准的过程流程图图形符号有利于减少操作错误，有利于减少操作培训时间，有利于系统设计人员和操作人员之间设计意图的相互沟通，因此，在过程流程图中使用的图形符号应采用统一的标准。通常，绘制的图形应与实际的设备有相接近的纵横比，其形状应与实际设备的形状相类似，必要时，也可以在设备图形中绘制有关的内部部件，例如搅拌器、塔板等。

(2) 流程图颜色的设置。流程图中设备的管线颜色配置的好坏直接影响操作人员的操作环境。为了减少操作的失误，过程流程图的背景颜色宜采用灰色、黑色或其他较暗的颜色。当与前景颜色形成较大反差时，也可采用明亮的灰色，以减小反差。

流程画面的颜色宜采用冷色调，非操作画面的颜色可采用暖色调。冷色调能使操作人员的头脑冷静，思维敏捷，也不容易引起视觉的疲劳，绿色和天蓝色还能消除眼睛的疲劳。暖色调可以给参观者产生热烈明快的感觉，具有兴奋和温暖的作用。流程画面和配色应使流程图画面简单明确，色彩协调，前后一致，颜色数量不宜过多，应避免引起操作人员的视觉疲劳。流程图的背景色宜采用黑色，当黑色背景造成较大反差时，可采用蓝色或咖啡色作为背景色。通常不采用颜色的变化来表示数值的变化。

在一个工程项目中，流程图中颜色的设计应统一，工艺管线的颜色宜与实际管线上涂刷的颜色一致。有时，为了避免使用高鲜艳的颜色，不可采用相近的颜色，例如，蒸汽管线的涂色通常是大红色。在流程图中蒸汽管线可用粉红色表示。宜使用的颜色匹配：黑和黄色、白和红色、白和蓝色、白和绿色。不宜使用的颜色匹配：白和黄色、绿和黄色、深红和红色、绿和深蓝色。一般颜色的指定可按照表 7-1 选用，设计人员可根据具体工程酌情处理。

表 7-1 色 彩 选 用 规 则

颜 色		通 用 意 义	与图形符号结合的意义
中 文	英 文		
红	Red	危险	停止、最高级报警、关闭、断开
黄	Yellow	警告	异常条件、次高级报警
绿	Green	安全、程序激活状态	正常操作、运行、打开、闭合
淡蓝	Cyan	静态或特殊意义	工艺设备、主要标签
蓝	Blue	次要	备用工艺设备、标签位号等
白	white	动态数据	测量值或状态值、程序激活状态

流程图中设备外轮廓线的颜色、线条的宽度和亮度应合理设置，应该从有利于操作人员搜索和模式识别、减少搜索时间的操作失误的总体设计思想出发，既考虑设备在不同分页上颜色的统一，又要考虑相邻设备和管线颜色的协调。颜色的数量不宜过多，在典型的应用中，四种颜色已能满足需要，一般不宜超过六种。过多的颜色数量会引起操作人员的视觉疲劳，因为可视噪声而造成操作失误。数学上有这样的假设，即用四种颜色就可以将地图上相邻的国家涂色来区分它们的国界。因此，从原理来看，分散控制系统的屏幕上可以用四种颜色区分管线和设备，但是，由于流程图管线交叉、管线内流体的类型较多，因此，通常采用的颜色数量会超过四种。

颜色的亮度要与环境的亮度相匹配，作业面的亮度一般应该是环境亮度的 2~3 倍。它们对流程图中颜色的搭配也有一定影响，亮度较大时，屏幕上黑色和白色的搭配对操作人员视觉疲劳的影响较小，但是，环境的亮度较小时，这样的颜色搭配就会使操作人员产生不快的感觉。此外，眩光会造成操作能力的下降并引起操作失误。

设备外轮廓线颜色和内部填充颜色的改变是动态画面设计的内容，为了与静态画面中有关设备和管线的颜色匹配，在流程图静态画面设计时就应考虑动态变化时颜色显示的影响。

过程流程图分页中，除了应绘制主要管线外，次要和辅助管线可根据操作的需要与否决定是否绘制。为了减少操作人员搜索时间，画面宜简单明确。

2. 过程流程图中数据的显示

过程流程图中数据显示是动态画面的设计内容。其中，数据显示位置等设计又是静态画面的设计内容。由于两者不可分割，因此，都放在数据显示中讨论。

（1）数据显示的位置。动态数据显示的位置应尽可能靠近被检测的部位，例如，容器的温度或物位数据可在容器中显示，流量数据可显示在相应的管线上部或下部。数据显示位置出可以在标有相应仪表位号的方框内或方框旁边。在列表显示数据时，数据根据仪表检测点的相应位置分别列出。图形方式定性显示动态数据时，常采用部分或全部填充相应设备的显示方法，例如，容器中液位的动态显示、动设备的开停等。也有采用不断改变显示位置的方法来显示动设备的运行状态，例如，管道中流体的流动、搅拌机桨叶的转动等。

（2）数据显示的方式。动态数据显示的方式有数据显示、文字显示和图形显示等三种。

数据显示用于需要定量显示检测结果的场合。例如，被测和被控变量、设定值和控制器的输出值等。文字显示用于设备的开停、操作提示和操作说明的显示。例如，在顺序逻辑控制系统中，文字显示与图形显示一起，给操作人员提供操作的步骤及当前正在进行的操作步骤等信息。文字显示也用于操作警告和报警等场合。通常，在分散控制系统中，警告和报警显示采用图形显示和声光信号的显示方法，但是对误操作的信号显示，一般不提供显示方法，因设计人员可以根据操作要求，将操作的警告和报警提示信号组织在程序中，当误操作出现时，用文字显示来提醒操作人员，以减少失误的发生。图形显示用于动态显示数据，通常操作人员仅需要定性了解而不需要定量的数据时，可采用图形显示。例如，容器液位、被测量与设定值之间的偏差和控制器的输出等，常用的图形显示方式是棒图显示。开关量的图形显示常采用设备外轮廓线颜色或轮廓内填充颜色的变化来表示。例如，填充颜色表示设备运行，不填充颜色表示设备不运行；轮廓线颜色是红色表示设备运行，颜色是绿色表示设备不运行等。在图形颜色的设计时，应该根据不同应用行业的显示习惯和约定，确定颜色填充所表示的状态等。例如，在电站系统中，填充颜色表示关闭、在激励状态等。在化工系统中设备轮廓内颜色的充满表示开启、运行状态等。通常，在顺序逻辑控制系统中，图形显示方式被用于顺序步的显示，当顺序步被激励时，该操作步对应的图形就显示。图形显示的方式可以是颜色的充满、高亮度显示、闪烁或反相显示等。

动态变化具有动画效果，设计时可采用。但是，过多的动画变化会使操作人员疲劳，思想不集中，因此，宜适量使用。

明智地使用颜色和动态变化，能有效地改善操作环境和操作条件。动态数据的颜色应与静态画面的颜色协调。通常，在同一个工程项目中，相同类型的被控或被测变量采用相同的颜色，例如，用蓝色表示流量数据，绿色表示压力和温度数据，白色表示物位和分析数据等。为了得到快速的操作响应，对报警做出及时处理，可采用高鲜艳颜色表示，例如，大红色常用于报警，黄色用于警告等。

（3）显示数据的大小。数据显示的位置和大小有时也要合理配置。例如，两排有相近数量级和数值相近的数据显示会造成高的误读率。但是，如果数据显示大些，误读率就会下降。在飞机驾驶的仪表显示中，由于数据并列显示造成的误读率高达 40%。在分散控制系统中，为了减小误读率，对于并列数据的显示，常采用表格线条将数据分开，同时，对不同类型数据采用不同的颜色显示。

显示数据的大小应合适。过大的数据显示会减少画面显示的信息量，过小的数据显示会增加误读率，同时，它受屏幕分辨的约束。考虑到数字 3、5、6、8、9 过小时不易识别，对 14in 的屏幕，数字的尺寸可减小。为容易识别，数字的线条宽度和数字的尺寸之比宜在1:10 到1:30。但目前为止，还没有能提供这种选择功能的分散控制系统。

（4）数据的更新速度和显示精度。数据的更新速度受人的视觉神经细胞感受速度的制约，过快的速度使操作人员眼花缭乱，不知所措，速度过慢不仅减少了信息量，而且给操作人员视觉激励减少。根据被控和被测对象的特性，数据的更新速度可以不同。例如，流量和压力数据的更新速度为 1~2s，温度和成分数据的更新速度为 5~60s。

为了减少数据在相近区域的更新，在大多数分散控制系统中，采用例外报告的方法。它对显示的变量规定一个死区，以变量的显示数据为基准，上下各有一个死区，形成死区带。在数据更新时刻，如果数据的数值在该死区带内，数据就不更新，如果数据的数值超过了死区带，则数据被更新，并以该数据为中心形成新的死区带。这种显示更新的方法称为例外报告。采用例外报告，可以有效地减少屏幕上因更新而造成的闪烁，对于噪声的影响，也有一定的抑制作用。用户应根据对数据精度的要求和对控制的要求等，综合确定死区的大小，过大的死区会降低读数精度，过小的死区不能发挥例外报告的功能，使更新数据频繁。通常，死区的大小可选用变量显示满量程的 0.4% ~ 1%。

显示的精度应与仪表的精度、数据有效位数、系统的精度、死区的大小、所用计算机的字长等有关。小数点后的数据位数应合理。例如，压力显示时，如果正常数据范围是 0.5MPa，则用 MPa 为工程单位显示时，小数点后的位数可选 3 位，用 kPa 作为工程单位显示时，小数点后的位数就不能选用 3 位，否则，将不符合仪表的精度。在确定小数点后数据位数时，应根据工艺控制和检测的要求、变量显示的精度等情况综合考虑。例如，精密精馏塔的温度显示要小数点后 1 位，一般的温度显示小数点后的位数可选 0。

为了增加信息量，在保证有效位数的前提下显示数据所占的位数宜尽可能少，通常，可与工程单位的显示结合起来考虑。例如，流量 10300kg/h 可显示为 10.3t/h。

（5）其他画面上数据显示的设计。

除了流程图画面的数据显示外，其他画面的数据显示也要合理设计。它们包括仪表面板图、过程变量趋势图、概貌图等。仪表面板图是最常采用的画面，在分散控制系统中，常提供标准的仪表面板图。仪表面板图和过程变量的趋势图的设计原则与流程图设计原则相同。为了便于操作人员对数据的识别，在仪表面板图中，应合理选用显示标尺的范围；在趋势图中，应合理使用过程变量的显示颜色；在概貌图中，应合理设置被显示的变量和显示的方式等。

3. 警告、报警点的确定

分散控制系统的使用也增加了安全性。大量的警告和报警点无需从外部仪表引入，而直接由内部仪表的触点给出。这不仅是经济的，也使许多操作更为安全。但过多的警告和报警信号反而使引起故障的主要因素难于找到。因为在分散控制系统中，警告和报警的变量种类有较大增加，由一般仪表的测量值警告和报警，增加到有设定值、输出值、测量值变化率、设定值变化率、输出值变化率及偏差值等的警告和报警，所以，在警告和报警点的确定时，应该根据工艺过程的需要合理选用。一个较好的办法是在开车阶段，除了有关的连锁信号系统需有相应的警告和报警点外，其他警告和报警点均在量程的限值处，以减少开车时的干扰，一旦生产过程正常运行，再逐项改变警告和报警的数据。

除了工艺过程变量在限值处会造成警告和报警，分散控制系统的自诊断功能也引入了报警信号。例如，检出元件的信号值在量程范围外某限值时的元件出错信号、通信网络的通信出错信号等。这些信号不需要设计人员确定。

4. 控制室和计算机房的设计

控制室和计算机房的设计应根据自动化水平和生产管理的要求确定控制室和计算机房的规模和级别。可从下列几方面进行选择和设计。

（1）位置选择。控制室和计算机房的位置方兴未艾接近现场、便于操作。控制室和计算机房宜相邻布置，中间用玻璃窗隔开，便于联系。主机房的长宽比以 3:2 为宜，以提高使用率。控制室和计算机房不宜与变压器室、鼓风机室、压缩机室或化学药品仓库等建筑相邻。当与办公室、操作人员交接班室、工具室相邻时，应用墙隔开，中部不开门，不要互相串通。根据实际情况，允许在控制室和计算机房旁设置仪表维护值班室、DCS 备品备件室等。

控制室和计算机房不宜设置在工厂主要交通干道旁边，以避免交通工具噪声和扬尘等危害。控制室和计算机房内的噪声不应大于 65dB。应远离振动源和具有电磁干扰的场所，周围不应有造成控制室和计算机房地面振幅为 0.1mm（双振幅）和频率为 25Hz 以上的连续振源。

应考虑控制室和计算机房的朝向。在满足防火、防爆等要求下宜面向装置，坐北朝南。对于高压、有爆炸危险和生产装置，宜背向装置。对易燃、易爆、有毒和腐蚀性介质的生产装置，宜设置在该装置的主导风向的上风侧。控制室和计算机房应尽量避免日晒。

（2）机房布置。机房布置应有利于达到最大工作效率和系统利用率。因此，对机房内操作设备的布置应遵循下列原则。

1）对经常接触的操作设备应靠近 DCS 操作站。

2）对其他操作设备应在操作员视野所及的地方，如可在主机房内设置输入、输出设备，磁带机等。

3）要设计一个适当的维护通道，便于维护人员方便地处理系统中设备出现的故障。例如，相邻设备间的维修距离在不影响使用的情况下应尽可能小；维修的间隔应考虑带有调试仪器的小推车所占空间和维修所用的放置资料、工具和局部照明灯具的位置；当维护工作会同时接触两台以上设备时，各设备的门的开启应不影响系统设备的维修；要考虑有存放备品备件、维修工具、测试仪器、资料、手册等的场所。

对设置仪表盘的场合，应考虑仪表盘和操作台的协调，使操作人员能观察到尽可能多的盘面，有利于操作。

（3）建筑要求。为了使操作人员有一个舒适和良好的工作环境，控制室和计算机房的建筑应造型美观大方，经济实用。

吊顶和封顶的目的是保温隔热，减少扬尘，方便送风管、照明灯具、电缆电线等的设计处理。采用分散控制系统的控制室和计算机房宜采用吊顶。吊顶下的净空高度，有空调时为 3.0～3.6m，无空调时为 3.3～3.7m。

控制室和计算机房的地面应平整不起风尘。通常采用通道型地板。它是边长为 400～600mm 见方的可拆卸式地板，宜安装在一般水磨石地面上，其高度可在一定范围内调整，地板下面可以自由敷设电线电缆。地坪标高应高于室外 300mm 以上。当可燃气体和可燃蒸汽密度大于 0.8g/cm³ 的爆炸危险场所时，地坪标高应高于室外地面 0.5～0.7m。

室内墙面应平整、不易起尘、不易积灰、易于清扫和不反光。

控制室和计算机房宜两面、三面或四面包围，不设窗或设双层防沙窗。以不开窗、人工照明为宜。如需开窗，宜朝北开窗，以得到柔和均匀的采光。对其他朝向的开窗，应考虑采取避免阳光直射的措施。

为防止噪声，控制室和计算机房宜采用吸声天棚。例如，可结合静压回风，采用吸声的穿孔板。

控制室和计算机房的门应向外开，一般应通向既无爆炸又无火灾危险的场所，宜设置缓冲室。

室内的色调应柔和明快，并与设备色调协调。

电厂分散控制系统

（4）采光和照明。分散控制系统的控制室和计算机室宜采用人工照明。为不使操作人员造成视觉疲劳，同时有利于维护时有足够的照度，在距地面 0.8m 高度处的光照度应不小于 200lx。人工照明的方式和灯具布置，应使操作站的视屏处有最大照度，但不产生眩光和阴影。采用仪表盘时，仪表盘面处的光照度不应小于 150lx。

当不采用自然采光时，应配置停电时的应急照明电源及相应的自动切换系统。

（5）控制室和计算机房的空调。装有分散控制系统和计算机设备的控制室和计算机房宜采用空调系统，一般的要求是：温度控制在 (25 ± 2)℃，夏季可稍高，保持在 (27 ± 2)℃。温度变化梯度不超过 5℃/h。相对湿度为 55% ± 10%。空气中的尘埃应满足空气洁净度不超过 3500 粒/升。

宜上送下回通风，新风量小于 15%，正风压不低于 10Pa，应避免冷风直接吹向操作人员。

温度的升高，会引起固体组件关门电平急剧下降，造成输出电平升高，功耗增大，交叉漏电流变大，电源纹波系数增大。其表现为出现偶发故障次数增加、参数漂移加大。因此，应稳定控制室内温度及缩小温度变化梯度。

湿度的控制也十分重要。当空气中相对湿度大于 65% 时，任何固体表面均附有一层 $0.001 \sim 0.01\mu m$ 的水膜，随着湿度的增加，水膜厚度可增大到几十微米。水膜的存在会造成器件金属表的腐蚀、管脚锈断，降低绝缘电阻。此外，水分子通过毛细管孔隙进入密封件内部，使元器件特性变差，稳定性下降。过于干燥时，如湿度小于 30%，则操作人员会感到不舒服，且运动时的摩擦会引起人体带电，当操作人员接触机件时，会破坏内存状态，击穿电子元器件。此外，过分干燥会引起接插件的变形和扭曲，甚至使磁盘、磁带机无法正常工作。因此，应设置室内湿度控制系统，使湿度控制在要求的范围。

尘埃会降低约绝缘电阻，造成接触不良。在光、磁读写系统中，尘埃会造成读写出错，甚至损坏读写装置和磁盘、光盘等存储媒体。此外，尘埃也易吸附有害气体，腐蚀元器件并影响操作环境。为此，应采用除尘装置、正压通风等措施。吸风口位置应选择在空气洁净处，不应吸入有害气体。

5. 分散控制系统的供电设计

分散控制系统的供电包括集散系统的供电、仪表盘供电、变送器、执行器等仪表供电和信号连锁系统供电。仪表盘供电包括盘后安装仪表的供电，信号连锁系统的供电是指分散控制系统连接的输入输出信号连锁等装置的供电。

对分散控制系统的供电宜采用三相不间断电源供电。一般应采用双回路电源供电。为保证安全生产，防止工作电源突然中断造成爆炸、火灾、中毒、人身伤亡、损坏关键设备等事故的发生，并能及时处理，防止事故扩大，分散控制系统和信号连锁的供电应与正常供电系统分开。采用频率跟踪环节的不间断电源时，才允许与正常工作电源并列连接。

分散控制系统对电源电压、频率有一定要求，应根据制造厂商提供的条件采用稳压稳频措施。

分散控制系统所需的直流供电，宜采用分散供电方式，以降低直流电阻和减小电感干扰。在设计时应注意下列几点。

（1）为尽可能减小电感干扰和降低线路压降，在总电源与各组合分电源供电点之间宜采用 16mm^2 或 25mm^2 的软电焊机用粗电缆。

(2) 应注意用电设备和系统的最小允许瞬时扰动供电时间的影响。一般用途的继电器，其失电时间为 5、10、20、30ms 等。换向滑阀、电磁气阀等，其换向时间为 10、20、30、50ms 等。

(3) 各机柜的直流电源容量应按满载时考核。按总耗电量的 1.2～1.5 倍计算信号连锁系统的用电量。

(4) 要考虑设置有灵敏过流、过压的保护装置。要设置掉电报警及自动启动备用发电设备装置。当快速自动保安作备用发电机组设备与不间断电源配套使用时，不间断电源的供电工作时间可按 10min 考虑。采用蓄电池组配套使用时，蓄电池组放电时间也按 10min 考虑。若仅有手动备用发电机组，则不间断电源或蓄电池的供电时间应按 1h 考虑。

6. 抗干扰设计

干扰信号的来源主要来自下列几方面。

(1) 传导：分散控制系统和计算机的输入端，由于滤波二极管等元器件的特性变差，引入传导感应电势。

(2) 静电：动力线路或者动力源产生电场，通过静电感应到信号线，引入干扰。

(3) 电磁：在动力线周围的信号线，受电磁感应产生感应电动势。

(4) 信号线耦合：信号线因位置排列紧密，通过线间的耦合，感应电势并引入干扰。

(5) 接地不妥：当有两个或两个以上的接地点存在时，由于接地点电位不等或其他原因引入不同的电位差。

(6) 连接电势：不同金属在不同的温度下产生热电势。

抗干扰的措施，常用屏蔽、滤波、接地、合理布线及选择电缆等。

采用电磁屏蔽和绞合线等方法可以减小电磁干扰的影响。绞合线可使感应到线上的干扰电压按绞合的节距相互抵消。使信号线端子间出现干扰电压。与平行线相比，绞合线的干扰可降低约两个数量级。用金属管内敷设信号线的方法也可以抑制电磁干扰，与无电磁屏蔽的裸信号线相比，约可降低电磁感应干扰一个数量级。采用金属管接地还能降低静电感应干扰的影响。

电源动力线周围电磁场干扰和变压器等设备的漏磁，对显示装置、磁记录和读出装置造成影响，使画面变形和色散、读写出错。甚至一个磁化杯的漏磁就足以影响画面并造成出错。因此对含有磁性媒体的材料和动力线等都要采取屏蔽措施。

减小静电感应干扰的影响，可采用加大信号与电源动力线之间的距离，尽可能不采用平行敷设的方法。必须平行敷设时，两者之间的距离应尽可能增大。当动力线负荷是 250V、50A 时，信号线和补偿导线裸露敷设时，最小距离应大于 750mm。穿管或在汇线槽内敷设时，最小距离应大于 450mm。当动力线负荷是 440V、200A 时，相应的最小距离分别为 900mm 和 600mm。

采用以金属导体为屏蔽的电缆可以使信号线与动力线之间的静电电容减到接近于零，从而抑制静电感应干扰。在分散控制系统的仪表信号线选择时，宜采用聚氯乙烯绝缘的双绞线与外层屏蔽为一体的多组电缆。其外层还有屏蔽层和聚氯乙烯护套，因此，有一定的强度并有良好的屏蔽作用。应该指出，屏蔽层应在一处接地。

为了防止电源布线引入噪声，分散控制系统的供电应通过分电盘与其他电源完全分隔，在布线中途，也不允许向系统外部设备供电。应尽量把信号线和动力线的接线端子分开，以防止由于高温高湿或者长期使用造成接线端子的绝缘下降，从而引入耦合干扰。

接地系统的设计在分散控制系统的工程设计中占重要地位。保护性接地是用于防止设备带电时，保护设备和人身安全所采用的接地措施。仪表盘、分散控制系统的机柜、用电仪表的外壳、配电盘（箱）、金属接线盒、汇线槽、导线穿管及铠装电缆的铠装层等应采用保护性接地。

为提高信号的抗干扰性能，信号回路的某一端接地的方法称为信号回路接地。采用信号回路接地的可以是热电偶的热端、pH 计探针、电动Ⅲ型仪表的公共电源负端等。

对屏蔽的元器件、信号线，其屏蔽层接地称为屏蔽接地。凡是起屏蔽作用的屏蔽层、接线端子和金属外壳等的接地属于屏蔽接地的范围。

本安仪表必须按防爆要求及仪表制造厂商的有关规定进行本安仪表接地。本安仪表除了屏蔽接地外，尚有安全栅的接地端子、架装和盘装仪表的接地端子、现场本安仪表的金属外壳、现场仪表盘等的接地。

分散控制系统和计算机的信号有模拟和数字两类，因此有模拟和数字地之分。分散控制系统的接地可按计算机接地的要求处理。对它们的接地方式和要求应根据制造厂商提供的有关技术资料和规定进行。

分散控制系统的接地电阻为：直流电阻 $\leq 1\Omega$；安全保护地电阻和交流工作地电阻 $\leq 4\Omega$；防雷保护地电阻 $\leq 10\Omega$。接地桩可采用四根 $\phi 60mm$、长 1000mm 的铜棒，打入以 400mm 为直径的圆心及圆周上等弧长的三点处。深度为地平面以下 2000mm。用盐水灌入，待盐化稳定后使用。四根铜棒间用 $\phi 30mm$ 的多股铜线用铜焊焊牢。最后，用大于 $\phi 38mm^2$ 载面的导线引到接地汇集铜排。

分散控制系统的接地位置与其他系统的接地应分开，其间距应大于 15m。分散控制系统的机架、机柜等外部设备若与地面绝缘，则应把框架的接地线接到接地汇集铜排。引线截面积应大于 $22mm^2$。若与地面不绝缘，则应另行接到三类接地位置，而不接到接地汇集铜排。

安装外部设备，如 CRT 操作台、逻辑电路板等时，数字地的接地线采用截面积大于 $22mm^2$ 的导线引到接地汇集铜排。电缆经中继站放大或经接线盒转接时，应用截面积大于 $0.5mm^2$ 的铠装电缆把两侧电缆的屏蔽罩连在一起，当电缆外径大于 10mm 时，连接用的电缆截面积应大于 $1.25mm^2$。

分散控制系统输入输出设备信号的屏蔽接地点应尽量靠近输入输出设备侧，可以与数字地的接地点连接在一起。对低电平的模拟输入信号线的屏蔽接地点应在检测现场接地，例如，通过保护套管接到金属设备的接地点。CPU 到输入输出设备的连接电缆屏蔽接地点应在CPU 侧接地。当连接多台外部输入输出设备时，采用串行连接方式。

安全保护地和交流工作地的接地线与电源线一起敷设，各机柜的安全地和电源地在配电盘接地汇集铜排处汇总并一点接地。系统信号线与直流地一起敷设，在系统基准接地总线处一点接地。

7. 安全措施

为防止鼠虫危害，防止有害气体、雨水沿汇线槽进入控制室，在电缆进线口必须严格密封，宜用沙子填充，用石灰砂浆堵严，并用沥青涂面。

为防虫蛀等危害，对吊顶和活动地板所用的木料宜用氯化钠煮过或其他防蛀处理。

应有足够的灭火器材，灭火剂应选用 1211 灭火剂，也可配置部分二氧化碳和泡沫灭火器材。

接地电阻的要求应符合制造厂商的规定。

控制室的门应向外开启，并且背向装置。建筑设计应符合"建筑设计防火规范"耐火等级一级标准设计。其他房间按等级三级标准设计。

控制室和计算机房的墙层可设置隔离网，它既可保温又可防干扰和防振，并且有隔声作用（朝向装置的墙设置石棉隔离层）。

电缆进入控制室时，宜先由低标高处抬高后进入控制室，防止雨水顺电缆流入控制室。控制室地坪标高应高出室外地坪300mm，最大落差可为0.7m。

射频干扰虽然对分散控制系统不很敏感，但是，控制室内安装的基地式通信器材不应靠近主机系统，例如便携式步话机不得在1.52m（5英尺）以内使用。

第二节 分散控制系统的安装调试 ⇨

现场安装和调试是从DCS设备运到现场之后开始的，在开始这项工作之前，下述工作必须已经完成。

（1）DCS在厂家已通过出厂测试验收，并达到了合同要求；

（2）现场设备已经完成，包括机房已按要求整修好，包括空调设施（如需要）已装好，达到了DCS对机房的空间、湿度、温度等环境条件要求；供电系统已按DCS要求设好，如果需要用UPS，则UPS已安装完毕，且测试供电正常；接地系统已按要求做好，并将接地板已安装到指定地点，接地电阻已达到DCS要求；所有现场信号线已通过电缆管（或槽）铺设至机房；DCS地面安装设施（如底座等）已装好。

（3）DCS已运输到合同指定地点，在现场安装和调试阶段，要完成以下主要工作：设备开箱验收、设备安装就位加电测试、系统接线、系统调试、系统测试和验收。

一、设备开箱验收

开箱验收是DCS到现场之后进行的第一步工作。开箱验收的目的有两个：一是检查DCS厂家是否按要求将装箱单中的所有设备（包括资料）都运到了；二是检查运输过程中有无损坏。开箱验收时要注意以下几方面：

1．参加人员

系统开箱验收是将DCS从生产厂家经过不同的运输方法运到现场之后进行的工作，那么除了用户的接收负责人之外，生产厂家一定派人或指定代理派人到现场参加。此外，如果运输涉及到了运输部门，那么最好也同时请运输部门（保险部门）派人参加，特别是对于大型DCS，又是从国外运输来的系统。

2．开箱验收步骤

（1）仔细阅读《设备装箱清单》，先检查箱子个数是否与《设备装箱清单》说明一致，标记是否正确，即是否装车时发生误差。

（2）检查包装箱的外表是否有压、挤、碰过的损伤，主要检查运输或装卸过程中是否按要求进行操作。

（3）依次打开各包装箱，检查各箱内容是否与《设备装箱清单》一致，并检查各设备、部件有无损伤，做好记录。

（4）用户与 DCS 厂商（或指定代理人）共同起草一个《开箱验收报告》，报告中应记录下参加人、开箱日期、验收地点。开箱过程及其详细记录。如果有损坏则要标明检查结果，分析说明是由于运输装卸造成的，还是厂家包装不合理造成的，提出双方认可的修复方案和解决措施。如果设备数目或型号与《设备装箱清单》不符合，则要写明原因和处理意见，最后双方签字。

二、设备安装就位和加电测试

在 DCS 安装就位之前，先要做下列检查：

（1）安装位置是否符合要求，空间是否充足，地面是否结实，能够承担机器设备的重量，安装固定装置与 DCS 设备是否配套，地下走线槽是否合理。

（2）电源供电系统是否符合要求。

（3）接地措施是否符合要求。

然后将 DCS 的各设备（操作员站、工程师站、控制站）分别就位，在就位过程中要仔细阅读厂家提供的《操作站、机柜平面布置图》，核实每站的编（标）号和其在图中的位置，将每个站按要求的位置就位。就位之后，卸除各操作台和机柜内为运输所设置的紧固件，核实各站的各接地设施，分别按要求进行接地。接下来，核实各站的供电接线端子和电源分配盘是否正确，按要求接电源，然后：

（1）将操作站、工程师站的外设单元按要求接上电源线；

（2）检查控制站内各内部电源的开关是否均处于"关"位置，将各内部电源（如果需要接）接上。

（3）仔细检查上述各电源，地线是否连接正确，正确地进行下面的工作：将控制站个模板插入相应机笼插槽内，将各机柜内部的信号电缆接上，如控制 I/O 板到端子板之间的连接电缆，注意，大部分系统提供的内部转接线均是标准的组装电缆或扁平电缆，两端均应有标准的插头和标签。注意连接时不要插反（大部分的连接器反向不能插入，但也有例外），否则会造成严重的后果。

（4）按要求连上网络通信电缆。

对上述工作再进行核实无误后，可进行下面工作：

（1）检查各操作站主机、CRT、打印机等外设的电源开关是否处于"关"位置；检查控制站内的各电源开关是否处于"关"位置；

（2）打开各站的供电总开关，然后逐个打开各设备的电源，对各个设备、各个模板加电，检查是否正常；

（3）启动系统的硬件测试程序（厂家提供）系统自检，检查所有硬件是否正常；

（4）硬件检查正常后，启动系统软件，检查实时数据库的下装、操作员站的所有功能、控制站的运行、工程师站的运行是否正常。

最后，双方起草一份《加电测试报告》，记录测试人员、时间、测试过程的详细记录及结论意见，签字。

三、系统接线

一套 DCS 常常需要连接几百对，甚至上千对来自于现场的信号线，这些信号线的种类、性质有很大差别，而 DCS 的接线往往是 DCS 在现场工作的工作量最大、最麻烦、最容易出错的工作。几乎没有哪一个现场工程的接线工作是保证一次全部正确的。在真正接线之前，接线人员一定要仔细地阅读《系统控制采集测点清单》和《信号接线端子图》，仔细确认每一信号性质（AI、AO、DJ、DO）、传感器或变送器的类型、开关量的通断、负载的性质，仔细对照各机柜以及机柜内各端子板的位置，确认各接线端子的位置，然后开始按下列程序接线。

(1) 确认各控制站的电源已断开，确认各现场信号线也均处于断电状态；

(2) 确认各端子上的开关均处于断开状态，如果 DCS 没有提供此措施，则确认将与现场信号相连的各 I/O 卡拔出机笼，断开它们与现场的连接；

(3) 按照要求接好所有现场信号线；

(4) 仔细检查现场接线的正确性，包括以下内容：

1) 对照《信号端子接线图》和各信号线上的标签，检查信号线的正确性（包括有无错位、正负极是否正确、连接是否紧固等）；

2) 在与计算机 I/O 断开的条件下，对各现场信号的现场仪表加电，在计算机接线端子上一一核实所接信号的电气正确性，对于模拟信号，要测出仪表是输出最小、最大时的端子测量值，对于开关量信号，要测出"开"、"关"两种状态时，端子上的电压读数，将这些值与《系统控制采集测点清单》对照，检查每一路的信号性质、量程和开关负载是否正确。做好测试记录。

全部正确无误后，才算接线工作已正确完成。

在接线工作中，除了一定要保证各信号的正确性之外，还要注意尽量合理的布线，防止柜外走线、槽内走线不规则、混乱的情况，而且机柜内的走线要工整、美观，每对端子的紧固力度大小合适。

四、现场调试

现场调试工作是非常复杂且涉及人员又多的一项现场工作。复杂是因为不仅涉及到系统的所有功能调试、控制回路的调试、控制算法的整定、各种对接关系的调试，而涉及到的问题又是方方面面的。涉及到的人有控制人员、仪表人员、工艺人员、操作人员，还有诸如电气、环境、安全等方面的人员可能参加。

在进行现场调试工作之前，各方面的人员应该和 DCS 厂家人员在一起仔细讨论，共同制定一个《现场调试计划》，其中列出所有要调试的内容、调试方法和调试的步骤和每一步的负责人等。

1. 现场信号与实时数据组态正确性的调试

为了保证系统的各种功能，特别是控制调节功能进行正确，输入输出关系必须是正确无误的。因此，现场调试和第一步工作应该是确认所有的输入输出信号的接线与实时数据的组态是否正确。因为在上一小节中已经讲过先对现场信号在计算机 I/O 模件断开的情况下进行正确性测试，上一步的工作主要是检查线路上有无故障，特别是有无高压干扰，这一步工作有两个目的：一是测量现场信号的信号源是否准确；二是测量实时库的组态（包括各种组态关系的设置，地址的分配等）是否正确。测试方法和步骤如下：

(1) 选用操作员站的测试画面，对各模件的各种信号进行测试。因为，测试画面显示的结果是经过了所有硬件输入（输出）、信号的滤波、物理量的转换之后得到的最终结果。因此，最能全面反映每点的各部分工作是否正确。

(2) 根据各处测试画面的测点，制定出各测点的精度测试，记录表格，例如，可以设计

AI 点的测试记录如表 7 - 2 所示。

表 7 - 2   模拟输入点测试记录

共×× 页，第× 页

输入点名	站号	槽号	通道	类型	转换方式	量程	单位	输入值	显示值	误差	%	备注

测试日期：   测试组长：   测试记录员：

测试组成员：

（3）按照表 7 - 2 的要求，用变送器或信号源逐点加入表中的指定输入量，将 CRT 上显示的值填入表中，同时检查各报警状态是否正确。

（4）测试结果分析：在这里，先假设系统中的 I/O 处理模件的精度是符合厂家产品标准中提出的要求的，也就是说，只要现场信号接线正确，系统的接地条件符合要求，信号的组态如果正确，那么，测试的精度是可以保证的。所以假定各 AI 板到现场后是不用调精度的。这样，一般结果可能出现以下几种情况：

1）所测模件的所有信号均显示正确，并满足精度要求，报警状态也正确，那么，确认此结果，进入下一个模件。注意，确认之后，就不要再动此板。

2）该板上的所有信号均不对，而且均显示在最大（或最小、或某个位置），改变输入信号，显示值不随之按比例变化，这时：

①用仪表测量信号输入端子两端的电压值是否正确，如不正确，就可能是变送器不对，或接线有问题，检查；

②如果端子上的信号正确，检查组态数据库的各转换值和方式设置是否正确，如不正确，则改正，继续测；

③如果数据库组态没问题，可能是板子坏了，换上同样的备用板，再进行测试，如果正确，则确认并结束此板的测试；

④如果换上备板之后仍不对，检查 I/O 处理板和端子板的连接电缆（如果有）是否有问题，如果没问题，就看与之有关的模件（如与之相同的总线连接的板子）是否有问题。

3）板子上大部分信号精度没问题，只有一路或两路信号不对，用仪表测量该路信号的端子输入是否正确，如果仪表显示正确，则

①检查该点的数据库组态是否正确；

②检查该点的接线是否有问题；

③检查该端子板与接口板的连线；

④更换模件。

4）板上的信号基本上按信号变化的比例变化，但精度不对，而且漂移，那么检查柜内信号电缆转接上是否受到大信号的干扰，检查该板上信号的各种接地（如屏蔽线接地）是否正确，测量端子板上的信号是否准确稳定，如都没问题，则更换板子。

5）信号反应正确，精度满足要求，但报警不反应，检查数据库组态中报警上、下限值

是否正确，报警级别和方式是否正确。

总之，此步中一定确保每一路正确之后，再进行下一步工作。一般情况下，大部分测试会一步通过。否则，该项目所选的 DCS 质量就成问题了。

对于模拟输出信号的测试，可以参考表 7 - 2，制定出类似的测试记录表。在进行模出信号测试与调试时，注意，同样使用操作站测试画面，用人机会话的方式输入（或修改）输出的值，用测试仪表测试出端子两端的值，同时测量执行机构的动作（如果允许调整）。这时，有一点一定要注意，就是在测量输出时一定要停止所有控制算法的执行，即使所有的算法处于离线方式。否则，会出现很多意料不到的麻烦。此外，对于冗余回路的模出，还要测量在模出板切换时，模出信号是否有扰动，如果有问题，就参照上面对 AI 信号的处理步骤分析可能出现的问题。不过在检查模出信号的精度时，要测一下输出线路上的负载值是否在系统要求之内，特别是那些选择了不很常规的执行机构，或者线路上有其他的设备（如安全栅等）时，负载的超值会引起精度的变化。

对于开关量信号，可以设计如表 7 - 3 所示的测试记录表。对开关量输出和其他类型的信号可参考上述两种信号的测量方法分别进行。这一步信号测试工作比较费时，而且涉及的人也多，有时要去检查仪表、接线等，但这步工作非常重要，务必耐心做好。做好这步工作可以大大减轻控制调节和整定的工作。过去，我们见过很多现场在这一步工作还没做好之前，为了抢时间，就去做控制调节工作，结果在进行过程中，发现大量的信号处理错误，最后反而大大地降低了效率。此外，这一步工作也是质量控制要求所必须的。在测试过程中一定要做详细的测试记录。还有一点要注意的是，在信号正确性与精度测试的过程中，一定要有 DCS 厂家的人在场，这样对出现的问题可以及时得到帮助，及时处理。另外，在有些情况下，对烧坏的模件也好分析原因和责任。

表 7 - 3　　　　　　　　　　　　　开关量输入信号测试记录表

共 × × 页，第 × 页

输入点名	站　号	槽　号	通　道	报警设定	报警显示	输入状态	显示状态	备　注

测试日期：　　　　　　　测试组长：　　　　　测试记录员：

测试组成员：

2. 流程画面的测试

因为流程画面在出厂测试验收时已经全部测过，而软件问题不会因为运输和环境的改变而出问题。特别是我们强调流程画面一定要在系统组态时确认并组态，到达现场之后，不应再改变。在现场进行的流程画主要是完成以下几方面的测试工作。

（1）画面显示的正确性，主要是 CRT 到现场后是否受环境的干扰影响（特别是强电磁干扰）。

（2）各画面动态点的测试，测试每幅画上的各种动态点（数值显示、棒图、曲线）是否设置正确，显示量程是否正确。此步工作可以与信号测试工作同时进行，不过是两批人员因为在测量信号上，给出了所有信号点的输入输出值，另外一批测量流程画面的人可以在另外一个操作站上（或用工程师站）调出与该点有关的画面，检查显示是否正确。测试流程画面可以用表进行记录。

表 7 – 4   流程画面测试记录

共 × × 页，第 × 页

流程画面名称		编　号		调用键	
底图正确与否			切换关系正确与否		
动态点名称	类　型	显示结果	动态点名称	类　型	显示结果
测试人员：		测试组长：		日期：	

3．控制系统的调试与算法整定

DCS 现场调试工作中难度最大的工作是控制系统的调试和算法整定，由于各行业的系统控制要求差别很大，很难在此提出具体的调试方法，因而只是根据大部分现场调试的经验提一些参考建议。经过上面两大步的调试，已经确认了系统的信号不论是输入还是输出均无问题，系统的画面显示也均已无问题（因为有些计算可能会涉及到显示流程画面中的动态点显示，各厂家提供的控制调试工具差别也很大）。

（1）先将整个系统的所有控制组态硬拷贝出来（包括控制算法结构和各参数），检查这些控制结构和参数的设置与现场相比是否合理。特别是检查各控制算法的参数并将这些参数设定出常规控制经验参数。

（2）利用 DCS 提供的控制调节画面：一般能显示出控制结构参数和备用回路的输入、输出及反馈值，逐个回路进行调试、整定。应注意：

1）在控制回路调试和整定过程中，自控人员、工艺人员、操作人员以及仪表人员一定要在场，因为控制回路的调试涉及到各方面的工作。

2）控制回路的调试一定要保证生产过程的安全、调试要稳定地、循序渐进地进行。

3）在控制回路调试过程中，如果达不到控制的结果，例如有时控制回路的自动算法给定已达到很大，控制回路的输出也已给到很大（有时满量程），但反馈测量值仍离要求相差很远，且变化很慢，这时也要检查控制算法是否正确，调整上下限是否合理，PID 的正、反作用是否正确，控制方式是否处在正确位置，测量实际的端子输出值是否正确，检查调节阀门是否失灵，检查调节回路（如风道、管道）是否有堵塞，检查管道的管径是否足够大等。

4）调节回路的顺序是先手动，后自动，最后切换到串级及其他复杂回路。

5）有的现场为了提高可靠性，在输出回路串入手操器，在调控之前一定要先检查手操器 DCS 是否配套，负载是否在要求范围之内等。在控制调试过程中一定要做好记录，最后将最终调试结果（最后的控制组态和参数）打印出来并存档。

4．报表打印功能的测试

报表测试由于在出厂测试与验收已做到详细的测试，应该在这时不存在什么问题，用打印机按时打出每张报表（包括记录报表和统计报表），检查正确与否并存档。

5. 其他功能的调试

（1）操作员站操作级别及口令字设置的调试。详细地检查操作员站的操作级别设置是否正确，每级操作限制是否起作用，口令字修改是否正确。如果设置不正确，就改正过来，并记录测试结果。

（2）操作记录正确性测试。在以上进行各种调试操作，特别是控制操作、打印操作、人机会话操作时，保持打印机处于打印状态，打印操作记录，检查是否正确。

（3）报警记录打印功能检查。将系统的报警记录打印出来，检查其是否正确。

（4）其他系统功能及高级功能的调试。将以上所有调试过程记录整理记入《系统现场调试报告》中。

第三节　分散控制系统的维护 ⇨

系统维护是提高系统可靠性的重要内容。系统的维护主要指对系统中的各种硬件设备的维护。

一、过程控制装置的维护

过程控制装置是分散控制系统最基本的、具有独立测控功能的重要部件。适当的运行维护是确保 DCS 系统正常运行的关键环节。对过程控制装置的维护主要包括供电电源检查、通信系统检查、通风设备检查、卡件检查等。

（1）供电电源的检查：检查过程控制装置的供电电源电压、波纹系数、频率等参数是否符合系统的要求；供电电缆连接是否正确，接触是否良好；电源的保险丝有否熔断等。

（2）通信系统的检查：检查通信卡件是否插接良好；通信信号灯是否正常闪烁；各总线的连接线是否连接好，是否有松动；检查冗余系统是否能正常切换等。

（3）通风设备的检查：检查 CPU 板上 CPU 的冷却风扇是否正常运转；过程控制装置内通风电机是否正常运转；过滤网是否能正常过滤，并及时清洗；机柜内温度和湿度是否符合要求等。

（4）卡件的检查：检查卡件是否被紧固；卡件上有否其他附着物，例如粉尘、导线外套等；卡件的插脚有无接触不良的情况等。

二、HMI 的维护

HMI 的维护包括对各个 HMI 节点站计算机的维护、外围输入输出设备的维护。

HMI 节点站计算机的维护与通用计算机的维护相似，主要包括通信系统的检查、卡件系统的检查、通风系统的检查、存储器的检查。

（1）母板系统的检查：检查元器件是否有异常；有无其他附着物；焊点是否良好等。

（2）卡件系统的检查：检查卡件是否被紧固；卡件的插脚是否接触良好；卡件上有否其他附着物，例如粉尘、导线外套等；卡件上的元器件有无异常等。

（3）通信系统的检查：检查网卡是否插接良好；网卡上的信号灯是否正常闪烁；网卡的接头是否连接好，有否松动；内部接线有无松动；终端电阻的连接是否正确，有否松动；特征阻抗是否正确等。

（4）通风系统的检查：检查通风电机是否正常运转；过滤网是否已清除粉尘等附着物；通风电机的引线是否正常；有无其他附着物在电机的转动叶片上等。

（5）外围输入输出设备检查：检查对输入输出设备的维护和检查可根据有关要求进行。对鼠标或球标等输入设备，应定期清除附着在滚轮及转盘上的灰尘、纤维等；保持清洁的操作环境。对光盘输入设备，应防止读取激光信息的部件被人为损坏，对转动部件也应定期检查。对打印机等输出设备，应定期清洗打印头，去除墨盒外的碳粉、喷墨头上的墨水，保持清洁的操作环境；发生卡纸等故障时应仔细处理，防止损坏设备；对摩擦轮等转动部件要定期清除附着物，保持转动部件灵活运转。此外，对安装了多媒体输入输出设备的系统，可根据设备的说明书要求进行有关的检查。

三、I/O 卡件

输入输出卡件是分散控制系统与生产过程之间的界面。由于与生产过程相连接，因此，在维护时首先要确定故障的来源，例如，温度显示不正确时，应该确定是热电阻或热电偶的故障，还是输入卡件的故障，是一次检出元件的故障就应先处理一次元件，如是输入卡件的故障，就处理输入卡件。

输入输出的维护检查内容包括对输入输出端子板及输入输出卡件的维护检查。主要包括：供电电源电压是否正确、连接线是否松动、是否有外界的导线、潮湿的粉尘等造成线路短路或电阻值下降、继电器是否接触不良及能否正确动作、跳接线是否正确设置、跳接线是否有松动、通信灯是否闪烁等。

在增加输入输出点时，需要正确设置跳接线的位置，设置有关的继电器等。同时，应对全局点目录组态文件进行更改，并在操作画面上进行有关测点显示或趋势显示等内容的补充。在减少输入输出点时，也需进行有关的更改。

当输入输出卡件不能正常进行时，还可以按卡件的复位按钮，进行复位操作，使程序重新启动，并检查运行情况。

四、通信系统的检查

在分散控制系统中，通信系统主要包括柜内总线通信和控制网络通信。柜内总线的通信设备和通信介质都在控制柜和端子柜内部，控制网络的通信设备安装在计算机内部，但通信介质是安装在控制室地板下或各控制室和工厂管理部门之间的。因此，比较容易被人为破坏。

（1）通信系统的检查：检查通信设备的插接连接；检查通信设备与通信介质之间的连接；检查通信介质等。

（2）卡件的检查：检查卡件的插接是否良好；地址等参数的设置是否正确；卡件的连接件，例如双绞线的压接接头、以太网 T 型接头等是否接触良好；卡件上是否有异常；卡件上是否有附着物。

（3）通信设备与通信介质之间的连接检查：主要检查通信卡件与接头之间的连接，如以太网的 T 形接头内的连接；BNC 接头与网卡的连接等。

（4）通信介质的检查：检查通信电缆的完整性；终端电阻和特性阻抗的正确性及通信电缆的技术要求是否满足等。

第八章

分散控制系统的典型案例

第一节　由 Symphony 实现的 600MW 机组控制系统 ⇨

一、概述

某电厂二期扩建二期工程建设两台 600MW 燃煤火力发电空冷机组。锅炉采用东方锅炉厂 DG2060/17.6－Ⅱ1 型亚临界参数、自然循环、前后墙对冲燃烧方式、一次中间再热、单炉膛平衡通风、固态排渣、紧身封闭、全钢构架的Ⅱ型汽包炉。汽轮机采用哈尔滨汽轮机厂 NZK600－16.7/538/538 型亚临界、中间再热、四缸四排汽、直接空冷凝汽式机组。发电机采用哈尔滨电机厂 QFSN－600－2YHG 型 600MW 水氢氢气轮发电机和自并励静止励磁系统。

机组采用两机一控方式，两台机组设一个集中控制室，集中控制室位于两炉之间的集中控制楼 13.7m 层。集中控制室后面布置工程师室、电子设备间。

集中控制室内布置两台机组及辅助车间的控制盘台、全厂工业电视系统控制盘台、消防报警盘、值长操作台等，两台机组的控制盘、台布置为折线形式。辅助车间监控系统和全厂电视监视系统的控制盘台布置在两台单元机组控制盘台中间。

DCS 系统采用 ABB 公司 Symphony 系统。单元机组的控制具有较高的热工自动化水平，要求如下：

（1）设置厂级监控信息系统（SIS）。SIS 将与全厂管理信息系统（MIS）、各单元机组 DCS、全厂辅助车间监控网络等留有通信接口，以使全厂逐步实现统一管理。

（2）单元机组炉、机、发—变组、厂用电以及电气公用系统，实现单元机组的统一监控与管理。在集中控制室内，单元机组以 DCS 的操作员站及大屏幕显示器为主要监视和控制手段，不设常规控制盘，实现全 CRT 监控。仅在 DCS 操作台上配置炉、机、发—变组的硬接线紧急停止按钮及少量设备的硬接线操作按钮，以保证机组在紧急情况下安全快速停机。单元机组将由一名值班员和两名辅助值班操作员完成对炉、机、电单元机组的运行管理。

（3）采用技术先进且经济实用、符合国情的优化控制和分析软件，特别是机组性能分析、优化运行软件，以使机组始终处于最优运行状态。

（4）单元机组应能接收来自电网调度系统的机组负荷指令，实现发电自动控制（AGC）功能。另外，电网调度系统也可将负荷指令送 SIS 网，经处理和优化后，分送各单元机组，完成发电自动控制（AGC）功能。

（5）设置两台机组公用系统控制网，厂用电等公用系统的监控接入该网。ABB 采用单独的公用环作为两台机组公用控制系统的环网，公用系统的 HCU 挂在该网上，两台单元机组的环网分别通过冗余的 ILL－网桥与公用环网连接，并且在网桥内有隔离，使单元机组环与公用环无电耦合，在两台机组的操作员站上可同时监视公用系统的运行，并且通过软件闭锁，保证只有一台机组能控制公用系统的运行。

（6）空冷凝汽器系统的监视、控制采用物理分散方案，控制系统随空冷岛主设备成套供货，采用与单元机组 DCS 相同的硬件，控制机柜布置在空冷岛就地电子设备间，系统接入单元机组 DCS，与单元机组 DCS 无缝连接，通过单元机组 DCS 的操作员站实现空冷系统的集中监控，由 DCS 操作员站完成对其工艺系统的程序启/停、中断控制及单个设备的操作。

（7）汽轮机电液控制系统（DEH）随汽轮机成套供货，采用与单元机组 DCS 相同的硬件，控制机柜布置在集控室电子设备间，系统接入单元机组 DCS，与单元机组 DCS 无缝连接，通过单元机组 DCS 的操作员站实现 DEH 系统的集中监控，由 DCS 操作员站完成对其工艺系统的程序启/停、中断控制及单个设备的操作。

（8）锅炉的脱硫系统随脱硫岛成套供货，在脱硫电控楼设控制室（留有另一台机组脱硫控制设备的安装位置）。脱硫控制系统采用与单元机组 DCS 相同的硬件，全部 DCS 机柜及操作员站、工程师站设备等布置在脱硫控制室和电子设备间内。脱硫 DCS 系统通过通信接口与机组 DCS 系统相连接，在系统调试和运行初期，运行人员可在脱硫控制室内值班；当系统运行稳定后，可在机组集中控制室内操作员站统一监控。

（9）空调系统、锅炉吹灰系统、水汽取样及化学加药系统等主厂房内辅助系统在集中控制室控制，就地不设运行值班人员，控制机柜布置在主设备附近。控制系统均采用 PLC，通过通信接口与 DCS 相连接，由 DCS 的操作员站完成对其工艺系统的程序启/停、中断控制及单个设备的操作。

（10）锅炉炉管泄漏监测系统与机组 DCS 间设置通信接口，可在单元控制室内 DCS 操作员站上监视锅炉炉管泄漏情况。

二、控制范围

DCS 实现的主要功能有数据采集系统（DAS）、模拟量控制系统（MCS）、顺序控制系统（SCS）、电气控制系统（ECS）、锅炉炉膛安全监视系统（FSSS）、汽轮机危急遮断保护系统（ETS）、人 – 机接口（HMI）与其他控制系统接口。

DCS I/O 点的数量如表 8 – 1 所示，单元机组公用系统现场 I/O 信号数量见表 8 – 2。

表 8 – 1 单元机组现场 I/O 信号数量

	DAS	MCS	SCS	FSSS	ETS	ECS	TOTAL
AI（4～20mA）	300	280	10	85	10	188	873
AI（RTD）	190	45	165	120	30		550
AI（TC）	114	56	10	18	20		218
DI	287	10	1430	1169	120	750	3766
PI	10				3	55	68
AO（4～20mA）	4	170					174
DO	40	24	790	551	60	230	1695
SOE	155		60			185	400
TOTAL	1100	585	2465	1943	243	1408	7744

表 8 – 2 机组公用系统现场 I/O 信号数量

	公用系统	TOTAL		公用系统	TOTAL
AI（4～20mA）	54	54	DO	80	80
DI	216	216	SOE	44	44
PI	2	2	TOTAL	396	396

此外，DEH 系统、空冷控制系统和脱硫控制系统的 I/O 点数，DEH 系统（约 500 个 I/O 点）、空冷控制系统（约 1700 个 I/O 点）和脱硫控制系统（约 1500 个 I/O 点）已由其他供货商提供，这些系统是 DCS 监控的组成部分，DCS 系统总点数还包括这些 I/O 点。

三、网络与系统配置

某电厂 600MW 机组的 Symphony 系统网络结构如图 8-1 所示。

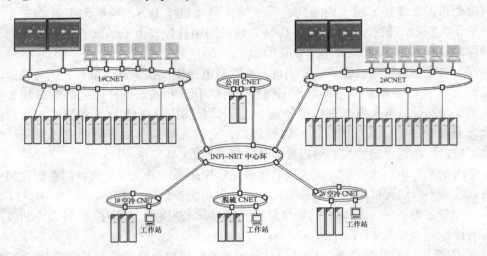

图 8-1　某电厂 Symphony 系统网络结构图

两台机组的 DCS 系统网络采用超级环路的形式，每台机组分别采用两个环形控制网络，一个用于单元机组的控制，另一个是空冷控制系统。并设置单独的公用环作为两台机组公用控制系统的环网，公用系统的 HCU 挂在该网上，脱硫控制也采用单独的环路，合计 6 个环路分别通过冗余的 ILL-网桥与超级环路连接，并且在网桥内有隔离，使单元机组环之间无电耦合，在两台机组的操作员站上可同时监视公用系统的运行，并且通过软件闭锁，保证只有一台机组能控制公用系统的运行。

按照功能系统分配现场控制单元机柜，每台机组共有 16 个机柜，此外还有 3 个机柜用于空冷控制系统，2 个机柜用于公用系统，具体情况见表 8-3。

表 8-3　　　　　　　　　　　　　　　Symphony 系统机柜分配表

	DAS	MCS	ETS	DEH	FSSS	ECS	SCS	ACC	COMM	合计
控制器机柜	2	2	1	1	3	3	4	3	2	21

四、现场控制单元 HCU

Symphony 系统的现场控制站 HCU 包括控制器模件和 I/O 接口模件。

其中控制器模件包括 BRC100 桥控制器和多功能处理器 MFP。Symphony 系统的现场控制单元使用 32 对 BRC100 桥控制器和 17 对多功能控制器模件，各功能系统数量见表 8-4。

表 8-4　　　　　　　　　　　　　　　Symphony 系统机柜分配表

	DAS	MCS	ETS	FSSS	ECS	SCS	ACC	COMM	合　计
BRC100（对）	2	4	1	7	4	8	5	2	33
MFP12（个）	5	1		8	1				15
MFP01（个）	1								1

电厂分散控制系统

每个功能系统配备的外围 I/O 模件见表 8－5。

表 8－5 　　　　　　　　　　Symphony 系统 I/O 模件分配表

	DAS	MCS	ETS	FSSS	ECS	SCS	ACC	COMM	合　计
FEC12	27	31	1	7	14	3	28	10	121
ASI23	12	8		14		22	14	2	72
ASI14						3			3
ASO11		21		1			8	2	32
DSI12/04		0						4	4
DSI14	16	2		91	56	93	48	26	332
DSO14	1	1	4	57	16	63	37	14	193
DSO11	0						3		3
DSM04	2				5			1	8
SED01			9	5	11				28
SET01			1	1	1			1	4
FCS01			3						3
合　计	58	63	18	176	103	184	138	63	803

其中 FCS 为现场总线模件，用于与现场总线仪表的接口，SED 为顺序事件数字输入模件，SET 为顺序事件计时模件，SED 和 SET 用于分布式顺序事件 DSOE 系统。

五、HMI 人机接口站

Symphony 系统的 HMI 接口站包括人系统接口 Conductor 和工程师站 Composer。Conductor 采用通用计算机和操作系统，用于过程监视、操作、记录等功能。Composer 采用通用计算机和操作系统并配以完整的专用组态工具担负软件组态、系统监视、系统维护等任务。

该电厂两台单元机组分别配置 4 套操作员站，2 套工程师站，其中 1 套用于空冷控制系统。

第二节　由 Ovation 系统实现的 600MW 机组控制系统 ⇨

一、概况

某电厂新建 2×600MW 燃煤机组，锅炉采用哈尔滨锅炉厂生产的 HG－2008/17.5—YM5 型锅炉，亚临界参数、一次中间再热、控制循环、单炉膛、四角喷燃和平衡通风的燃煤锅炉，直流式燃烧器四角切圆燃烧方式。

汽机为日本株氏会社日立制作所生产的 TC4F—40.0 型、亚临界、一次中间再热、三缸四排汽、单轴冲动式和双背压冷凝式汽轮机。发电机为三相交流两极同步发电机。

每台锅炉配 6 台 MBF24 型磨煤机，五运一备。同时配备 6 台耐压电子称重式给煤机。2 台 100% 容量的密封风机供磨煤机制粉系统使用，一运一备。另外，每台炉配 2 台双吸单速离心式一次风机、2 台动叶可调轴流式送风机和 2 台静叶可调轴流式吸风机。空气预热器为三分仓回转双密封再生式空气预热器。

每台汽机安装一套高压和低压两级串联汽轮机旁路系统，其容量为锅炉最大连续蒸发量

（BMCR）的40%。设置两台50%容量的汽动给水泵和1台30%容量的电动启动/备用给水泵，3台高压加热器采用电动关断公用旁路系统。每台机组安装2台100%容量的电动凝结水泵。中压凝结水精处理装置（每机一套）包括2台50%容量的前置过滤器和2台高速混床，2台机组合用一套再生装置。

分散控制系统（DCS）采用美国西屋公司的Ovation系统。

二、控制范围

各单元机组采用分散控制系统，辅助生产车间采用可编程控制器及屏幕显示技术，使单元机组和辅助生产车间具有较高的自动化水平。在此基础上设置厂级监控信息系统（SIS），SIS是全厂生产运行实时的统一指挥调度中心，实时协调各机组、车间的运行和生产管理。分散控制系统包括单元机组的DCS及SIS，同时，SIS与各单元机组的DCS、各辅助生产车间及公用系统的自动化控制系统有机的联系在一起，并与电厂管理信息系统（MIS）、网络监控系统（NCS）等有通信接口。

机组的整体控制水平主要体现在以下几个方面：

单元机组（包括炉、机、发—变组、厂用电）及电气公用系统均以DCS为主要监控手段，并辅以必要的独立保护、控制装置，实现一个主值班员和两个辅助值班员对一台机组的运行进行监控。

DCS顺控逻辑设置了功能组、子功能组级和驱动级的控制方式，并以子功能组级为主。发生异常和事故工况时报警、保护和自动处理（如RB、MFT等）以确保主设备安全。

单元机组常规操作设备设置的原则是当DCS发生重大故障时，确保机组紧急安全停机。

DCS的监控范围包括锅炉及其辅助系统、汽轮发电机及其辅助系统、除氧给水系统、高低压厂用电系统、发电机变压器组等。同时，DCS还与汽轮机数字电液调节系统（DEH）、汽机瞬态数据管理系统（TDM）、凝结水精处理系统、仪用空压机系统、发—变组保护系统、电除尘程控系统、全厂BOP系统（水、煤、灰控制点）等进行通信，从而实现全厂统一的监控管理。

DCS主要功能如下包括：厂级监控信息系统（SIS）、值长站、数据采集系统（DAS）、模拟量控制系统（MCS）、顺序控制系统（SCS）、燃烧器管理系统（BMS）、人机接口（HMl）、工程师工作站及历史数据站等。

单元机组实际I/O总点数为7160，另外各子系统均留有15%的备用通道。详细的I/O信号系统分布如表8-6所示的I/O信号一览表。

表8-6 I/O信号一览表

		系 统	锅 炉	汽 机	BOP	西 屋	合 计
AI	K热电偶	仪控	261	137			398
	Pt100热电阻	电气		13			13
		仪控	198	263		33	494
	4~20mA	公用	1	43	11		55
		电气		60	111	7	178
		仪控		465	224	33	722
AO		仪控	107	37	14		158
DI		公用	14	191	30		235
		电气	145	456	96		697
		仪控	1447	1065	59		2572

	系统	锅炉	汽机	BOP	西屋	合计
SOE	公用		5			5
	电气	15	103	8		126
	仪控	59	60	1		120
DO	公用	2	44	6		52
	电气	62	136	33		231
	仪控	560	441	58	1	1060
PI	公用		2			2
	电气		36			36
	仪控	6				6
合计		3301	3468	389	2	7160

从表 8-6 可见，I/O 信号包括模拟量输入（K 型热电偶、Pt100 热电阻、标准 4~20mA 信号）、开关量输入（查询电压 48VDC）、模拟量输出（4~20mA）、开关量输出［220V（AC）、220V（DC）］及脉冲量输入信号。

三、DCS 网络结构及系统配置

该电厂 600MW 机组的硬件结构如图 8-2 所示。

1. 网络结构

DCS 系统的通信网络分为三层：厂级监视信息系统网（SIS）、机组过程监控级及 I/O 级。

厂级监视信息系统网（SIS）为冗余的符合国际标准的以太网，通信速率为 100Mb/s。全厂 SIS 网配置 2 台值长站，将与各单元机组 DCS 的过程监控级网络、电气网络监控系统（NCS）及全厂信息管理系统（MIS）通信。同时，全厂公用的辅助车间系统（化学水处理系统、燃油系统、输煤系统）的信息也将通信至 SIS 网络上。

机组过程监控级为 FDDI（光纤分布式数据接口）通信网络，通信速率为 100Mb/s。此网络完成 DCS 各控制站、操作员站、打印机等设备间的通信，并与全厂 SIS 网连接。

西屋公司的 Ovation 标准通信网络以 FDDI 为基础，以最快的速度和最大的容量应用于过程控制。FDDI 频带宽、支持范围大，可以灵活地和各种系统组合，具有多种拓扑结构。高速 FDDI 通信网络是一种实时数据传输网络，即使当工厂处于非正常工作的情况下，系统中信号也不会衰减及丢失。其通信网络具有以下主要特点：

（1）过程监控网络采用 FDDI，具有全网络冗余同步通信及令牌通信功能，其通信速率快，可达 100Mb/s。

（2）FDDI 通信网络具有完整的容错性。FDDI 是以反方向旋转的双环，采用压缩式中枢及多层拓扑结构。当诊断出电缆损坏造成的环域断路时，可自动返回重新组态。

通信电缆可采用光纤和铜质电缆组合形式，有 UTP 型（非屏蔽双绞线）、多模光纤和单模光纤型。光缆总长可达 200km。

I/O 级网络为 PCI 总线，分布在各个过程控制站内，通信速率为 10Mb/s。此级网络承担同一站内所有 I/O 模件和控制处理模件之间的通信。

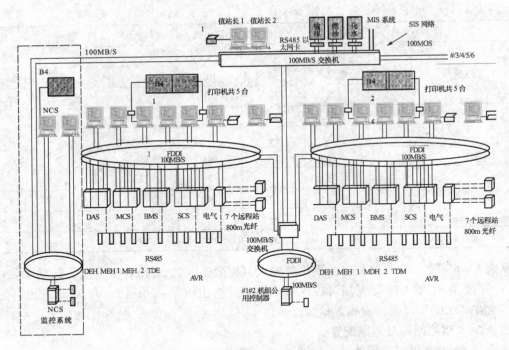

图 8-2 某电厂 Ovation 系统网络结构图

各层网络的主要技术数据见表 8-7。

表 8-7　　　　　　　　　　Ovation 系统通信网络技术数据

网 络 名 称	SIS	机组过程监控级	I/O 级
网络结构	以太网	FDDI/CDDI	PCI 总线
通信标准	IEEE802.3	ANSIX3T12	ANSIX3T12
通信方式	CSMA/CD	令牌环	PCI
传输速率	100Mbit/s	100Mbit/s	10Mbit/s
通信介质	光纤/同轴电缆	光纤/同轴电缆	光纤/印刷电路板

2. 系统配置

每台单元机组共有 DCS 控制柜 47 面, 各系统数量分布见表 8-8。

表 8-8　　　　　　　　　　Ovation 控制机柜分配表

	控制器柜	扩展柜	DCS 电源柜	FDDI 通信柜	合 计
DAS	3	7			10
MCS	3	3			6
SCS	4	6			10
FSSS	3	5			8
电气	1	3			4
远程 I/O		6			6
公用	1		1		3
合计	15	30	1	1	47

电厂分散控制系统

四、Ovation 控制器及 I/O

1. 控制器

每台单元机组包括控制器机柜 47 面，共采用 14 对控制器用于每台单元机组，1 对控制器用于公用系统。Ovation 控制器采用 Intel 奔腾处理器，软件采用多任务实时操作系统（RTOS）处理数据。控制器具有容量大、速度快、处理能力强等特点，具体参数如下：

（1）处理器类型：PentiumCPU，133M。

（2）DRAM：32MB。

（3）闪存内存：20MB。

（4）最大点数：16000 点。

（5）I/O 模块：最多 128 个本地模块。

（6）控制内存：3MB。

（7）I/O 速度：10ms ~ 30s。

2. I/O

DCS 所采用的 I/O 模件主要包括模拟量输入模块、热电阻（RTD）输入模块、热电偶输入模块、模拟量输出模块、数字量输入模块、数字量输出模块、事件顺序（SOE）输入模块、远程 I/O 模块及专用 I/O 模块等。

另外 Ovation 系统还提供满足特殊用途的 I/O 模块，包括链接控制器模块、速度检测器模块、阀位指示模块及回路接口模块等。

需说明的是，由于本工程所有热电偶温度测点均采用 K 分度热电偶，热电阻温度测点均采用 Pt100 铂电阻。另外，鉴于 Ovation 的 SOE 输入模件信号处理能力的精度及分辨率足以满足合同中事故顺序记录的要求（事故分辨率 1ms），因此，DCS 未采用专门的 SOE 记录仪，而是直接采用 Ovation 系统的 SOE 输入模件来实现事故顺序记录的功能。本工程 SOE 点数为 304 点（合同点数），实际应用为 251 点，其中锅炉、汽机共 120 点，电气 131 点。

五、HMI 人机接口站

HMI 人机接口站包括操作员站、工程师站、历史站、值长站等，其数量及性能指标如表 8 - 9 所示。

表 8 - 9   人 - 机接口设备技术数据表

	数量	主机	显示器	鼠标	工作键盘	标准键盘	备注
操作员接口站	5 套	Sun 工作站，ultra5，400MHz，128MDRAM	NEC22″ 彩色显示器，FE1250 + 型，1920 × 1440	5	5	5	带 2 台激光打印机、1 台针打、1 台彩色拷贝机
大屏幕显示器	2 套	X - Terminal	BARCO 公司 ATALAS 多晶硅，CS - TSI - 84 流明，1280 × 1024，8000 小时	2		2	带 1 台彩色拷贝机
工程师工作站	1 套	UltraSPARC5，ultra5，400MHz，128MDRAM	NEC22″ 彩色显示器，FE1250 + 型，1920 × 1440	1	1	1	带 1 台彩色拷贝机

	数量	主　　机	显示器	鼠标	工作键盘	标准键盘	备　　注
历史数据站	1套	UltraSPARC5, ultra5, 400MHz, 128MDRAM, 9.0G硬盘, 1 个 HP5200EX 型光驱	NEC22″ 彩色显示器, FE1250＋型, 1920×1440	1		1	
值长站	2套	UltraSPARC5, ultra5, 400MHz, 128MDRAM	显示器, FE1250＋型, 1920×1440	2	2	2	带 1 台激光打印机

DCS 的 5 台操作员站采用 Sun 工作站，ultra5 主机，360M 主频，128M 内存；CRT 为 NEC22″ 彩色显示器，FE1250＋型，分辨率为 1920×1440。其中 2 台操作员站用于锅炉本体及其汽水、风烟、燃烧等系统的监控；2 台操作员站用于汽机、发电机及其热力系统的监控；1 台操作员站用于常规报警一览。每台操作员站均配有鼠标、专用键盘和标准键盘。鼠标和专用键盘用于机组运行的正常监视和操作，标准键盘用于组态和调试。

每台机组设置 2 台大屏幕显示器，选用 BARCO 公司 ATALAS 多晶硅系列大屏幕显示器，型号为 CS－TSI－84，对角线距离为 84″，亮度为 600ansi 流明，分辨率为 1280×1024，光源寿命为 8000h。2 台大屏幕显示器主要用于各系统的模拟图显示以及重要参数的实时数据和趋势曲线的显示，同时，通过鼠标在大屏幕显示器上同样能够完成对被控对象的控制和操作。大屏幕显示器还配有标准键盘用于组态和调试。

2 台激光打印机用于日常报表打印及设备状态记录，1 台针打用于报警打印，2 台彩色硬拷贝机（工程师站及操作员站各 1 台）用于 CRT 画面的图形拷贝。

工程师站采用 SUN 公司的 UltraSPARC5 工作站，操作系统为 UNIX Solaris 操作系统。工程师站采用系统软件服务器及高性能工具数据库。

本工程历史数据站采用 Ultra5/333MHz 主机，9.0G 硬盘，并带有 1 个 18G SCSI 外置硬盘和 1 个 HP5200EX 型光驱，存储容量为 5.2GB/盘，本工程共有约 4300 个 I/O 点设置了历史存储功能。

另外，除 DCS 硬件设备外，单元机组 BTG 盘、控制操作台、UPS 电源分配柜等设备。其中 BTG 盘共 2 块，盘上将安装热工信号报警装置、重要参数指示表、旁路控制面板、汽包水位电视、炉膛火焰电视、全厂工业电视、同期装置、启备变有载调压装置等仪表设备。西屋公司提供的控制台包括运行人员控制操作台及按钮操作台。运行人员控制操作台呈折线形布置于 BTG 盘的前方，主要放置操作员站（包括主机、CRT、专用键盘、标准键盘、鼠标等）及 DEH 面板，按钮操作台上安装了主燃料跳闸按钮（MFT、OFT）、汽机跳闸按钮、发—变组跳闸按钮、PCV 阀操作面板、凝汽器真空破坏门开按钮、直流润滑油泵启动按钮、交流润滑油泵启动按钮、柴油发电机启动按钮、励磁开关紧急跳闸按钮等，这些设备是当分散控制系统发生全局性或重大故障时，为确保机组紧急安全停机，设置的独立于 DCS 的操作手段。

六、厂级监控信息系统（SIS）

此外西屋公司提供了一套冗余的、能综合机组、辅助车间有关的实时信息并对各机组、辅助系统的运行提供优化分析、在线运行指导的厂级监控信息系统（SIS）。SIS 是 DCS 的一个组成部分，同时，它与各单元机组的 DCS、各辅助生产车间以及公用系统的自动化控制系统有机的联系在一起，并与电厂管理信息系统（MIS）及电气网络监控系统（NCS）留有通信接口。在该机组中本期工程 SIS 系统的硬件设备包括 2 台值长监视站、2 台冗余的以太网交换机、打印机等设备，基本建立了全厂 SIS 网络的硬件平台。

1. 厂级监控信息系统（SIS）与全厂各系统的关系

厂级监控信息系统（SIS）对全厂进行最高级别的监控，与其他系统的关系如下：

(1) 单元机组 DCS。各单元机组的 DCS 通过网桥与 SIS 相连，能集中单元机组的参数及设备状态信息，分析、判断机组运行工况，并将这些信息送到值长监视器，使值长对单元机组运行监控做出决策。SIS 与 DCS 为双向通信方式，DCS 将机组的信息送 SIS，SIS 将基于这些信息的分析结果传给 DCS，并能在 DCS 操作员站 CRT 上显示。

(2) 电网调度系统。电网负荷指令首先接入 RTU，通过 RTU 将负荷指令用硬接线的方式直接下达各单元机组。

(3) SIS 还留有与电厂 MIS 通信接口，向 MIS 提供所需要的各单元机组以及各辅助车间的信息。

(4) 全厂公用的辅助车间控制系统（包括输煤控制系统、化学补给水处理控制系统、燃油泵房控制系统）这些系统与 SIS 有通信接口，将主要参数及设备状态的信息送至 SIS。

(5) 网络监控系统（NCS）的数据将送至 SIS。

2. 厂级监控信息系统（SIS）的主要功能

(1) 全厂各生产系统实时信息显示。以画面、曲线等形式为厂级生产管理人员提供实时信息，如显示汽机、锅炉、发电机及其辅助生产系统的设备运行状态、主要参数、各项性能指标、效率以及系统图等。

(2) 生产报表生成。记录生产过程的主要数据，生成各职能部门需要的全厂各类生产、经济指标统计报表。

(3) 生产设备故障诊断，预测和缺陷管理。通过对设备的监测，掌握设备运行状态的信息。根据监测的信息与实际正常运行值的偏差来判断可能发生的故障，预测哪种设备需要进行维护。

(4) 厂级性能优化计算、分析和操作指导。以获得最佳发电成本为目标，提供多种供生产管理人员分析、管理生产过程的决策，对机组及其主要辅机的当前效率与理想效率进行偏差分析，给出每项偏差造成的费用损失，并指导采取何种运行方式或维护措施。

(5) 厂级经济负荷调度。根据电网来的负荷指令，结合机组负荷响应性能，在热耗率及可控损耗最低的前提下，对各机组负荷进行最优分配，以获得全厂最大的经济效益。

第三节　由 TXP 实现的 300MW 机组控制系统 ▷

一、概况

某电厂一期工程总装机容量为 600MW，安装两台 300MW 国产燃煤火力发电机组。三大主机均采用上海电气集团产品。分散控制系统 DCS 采用德国西门子公司的 TELEPERMXP。DCS 系统的监视和控制范围包括锅炉、汽轮机、热力系统及主要辅机，同时对发—变组及用电系统进行数据采集和监视。单元机组采用炉、机、电集中控制方式，两台机组合用一个控制室，面积294m²。BTG盘压缩至5m长，除电气控制设备外，盘上仅保留少量常规热工仪表。

DCS系统根据其硬件配置及软件功能由四个子系统组成：DAS、MCS、FSSS、SCS。整个TXP系统的输入输出信号约有6800点，见表8－10。

表8－10　　　　　　　　　　　　　单元机组 I/O 总点数

输入输出信号	DAS	CCS	SCS	BMS	电 气	总 数
4～20A 输入	296	298	40	14	180	828
T/C 输入	480	50	100			630
RTD 输入	250	20				270
数字量输入	400	300	1200	1000	480	3380
脉冲输入		3			18	21
SOE 功能输入	40				88	128
4～20A 输出	100	150	4	34		288
数字输出	20	40	600	600		1260
总　　　数						6805

二、系统配置

图8－3为某电厂300MW机组TXP分散控制系统的硬件结构图。

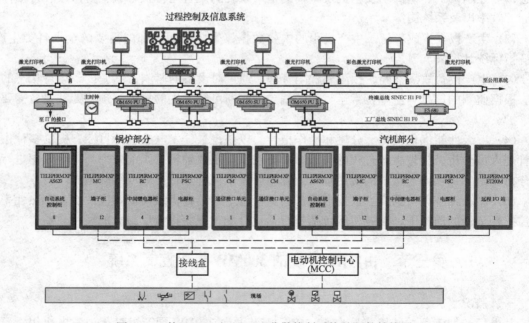

图8－3　某300MW机组TXP分散控制系统的硬件结构图

1.LAN 网络系统

网络系统实现TXP系统内部及与外部的通信，包括下列设备：星型耦合器（24V）4套；

OYDE - S 模件（光缆接口）8 块；ECAUI 模件（通信接口）11 块；ECTP3 模件（铜缆接口）7 块；HSSM 监视管理模件 4 块；SIMATIC 网络 18 根；时钟发生器 1 个。

2．自动控制系统（AS620）

按机组工艺流程分配自动控制系统 AS620 机柜，DAS、MCS、FSSS、SCS 四个子系统按照不同工艺分区分配在 7 个 AP 柜内。具体如下：

(1) AP1：汽水系统（从省煤器入口至汽机入口，汽机旁路系统及给水系统）。

(2) AP2：凝水及电气系统（从汽机低压缸出口至省煤器入口，电气点）。

(3) AP3：汽机本体、发—变组及其他。

(4) AP4：风烟系统（包括送、引、一次风、空预器及其辅助油系统、二次小风门）。

(5) AP5：主控系统及制粉系统调节。

(6) AP6：BMS 公共逻辑及制粉系统顺控。

(7) AP7：BMS 故障安全系统。

其中，六个 AS620B 标准柜（每柜一对冗余 AP），完成系统的数据采集及过程控制（FSSS 除外）。一个 AS620F 柜（一对冗余 APF），完成锅炉炉膛安全保护。每个机柜内配备相应的 FUM 卡件（见表 8 - 11）。

表 8 - 11　　　　　　　　　　　　　　　　FUM 卡件表

名　　称	类　　型	AP1	AP2	AP3	AP4	AP5	AP6	AP7	合　计
FUM210	开关量控制	25	25	27	21	4	32		134
FUM280	模拟量控制	8	2	2	16	22			50
FUM232	热电偶/热电阻	11	4	3	9	6	6		39
FUM230	AI（4～20mA）	6	18	4	5	12	2		47
FUM531	AO（4～20mA）	1		1	1	2			4
FUM511	DO	3			1	2	2	3	11
FUM310	DI（AP）							22	22
FUM316	DO（APF）							16	16
合　计		54	49	37	53	48	42	41	324

3．过程控制及管理系统（OM650）

OM650 完成 TXP 过程信息及过程管理的任务。由以下几部分组成：

(1) 5 个操作员终端（OT），用于运行人员人机接口，每个 OT 包括：主机（HP 工作站）、CRT（21′1600 × 1200）、鼠标、矩阵打印机（其中一台为硬拷贝机）、400VA 外置式 UPS。另外，还配有一只键盘和一台数据磁带机（共用）。

(2) 一对冗余处理单元（SU），用于历史数据记录、报表、提供系统描述信息。每个 SU 包括主机和 450VA 外置式 UPS。

(3) 两对冗余过程单元（PU），用于完成 AS620 系统与 OT（即厂网和终端网）的通信及系统报警处理。每个 PU 包括主机和 450VA 外置式 UPS。

4．工程设计及调试系统（ES2680）

ES680 用于完成整个 DCS 系统的配置和组态、参数修改。ES680 包括主机（HP 工作站）、20″显示终端、激光打印机、外置式 UPS。

第四节 由 XDPS - 400 实现的 300MW 机组控制系统 ⇨

一、概述

某电厂新建两台 300MW 燃煤机组，炉、机、电全部采用哈尔滨动力集团的产品。

锅炉系哈尔滨锅炉厂的亚临界，燃煤，一次中间再热，控制循环汽包锅炉，采用单炉膛 π 型布置，四角切向燃烧，平衡通风，露天布置，固态排渣，全钢架悬吊结构。点火及助燃采用 0＃轻柴油，过热器采用一、二级喷水减温方式，再热器采用摆动火嘴和喷水方式调节。锅炉设置 6 层煤燃烧器和 3 层油燃烧器。

汽机系哈尔滨汽轮机厂亚临界一次中间再热冷凝式汽轮机，单轴、双缸双排汽、高中压合缸、低压缸双流程。

发电机采用哈尔滨电机厂按引进西屋公司技术生产的 300MW 水氢氢汽轮发电机和自并励静止励磁系统。型号为 QFSN—300—2。

分散控制系统 DCS 采用国产新华控制工程有限公司的 XDPS—400。

二、控制范围

电厂机组采用一体化设计，一体化的范围比前期工程更广。

1. 热控部分

热控部分 DCS 包括常规数据采集系统 DAS、炉膛安全监控系统 FSSS、协调控制系统 CCS、顺序控制系统 SCS、汽机电液调节系统 DEH、小汽机电液调节系统 MEH、汽机紧急跳闸系统 ETS、锅炉旁路控制系统 BPC，还包括烟气脱硫控制系统 FGDCS。两台机组热控 I/O 总点数达到 6026 点，如表 8 - 12 所示。

表 8 - 12 　　　　　　　　　　　　　单元机组 I/O 表

	MCS	FSSS	SCS	DAS	ECS	FGD	DEH	MEH	ETS
AI（4~20mA）	291	36	0	237	96	55	74	24	
RTD	34	60	80	294	0	45	43		
TC	53	0	0	327	0	0	26		
DI	25	620	1098	84	416	150	60	14	68
PI	0	0	0	0	9	0			
SOE	0	0	0	256	0	0			
AO（4~20mA）	159	0	0	0	0	2	24	8	
DO	38	274	652	0	124	80	25	20	45
TOTAL	600	990	1830	1198	645	332	252	66	113
	525	·1039	1948	1038					6026

2. 电气及公用部分

(1) 电气部分。电气控制系统 ECS 进入 DCS 的控制范围如下：

1) 发电机变压器组控制对象包括发电机变压器组 220kV 断路器、隔离开关、主变压器冷却器、发电机磁场开关、AVR 运行方式的设置和调节、自动准同期装置等。

2) 高压厂用工作电源控制对象包括 6kV 工作电源断路器、6kV 备用电源断路器、变压器散热器。

3）低压厂用工作电源控制对象包括低压厂用变压器 6kV 和 380V 侧断路器分、合等。

4）辅助车间低压厂用变压器 6kV 侧断路器分、合。

5）PC 到机、炉 MCC 电源侧的断路器分、合。

6）单元程控电动机的起、停。

7）保安电源系统各电源侧断路器分、合及柴油发电机的起、停。

8）起备变 220kV 断路器、隔离开关、变压器散热器以及有载调压开关的控制。

9）电气倒闸操作、停送电操作的有关安全措施及有关开关之间的闭锁功能，其逻辑在 DCS 中实现。

（2）公用部分。公用部分包括空压站和循环水泵房相关设备的控制。电气及公用部分 I/O 总点数达到 954 点，如表 8－13 所示。

表 8－13 　　　　　　　　　　　　两台机组公用部分 I/O 表

	ECS	空压机站	循环水泵房	TOTAL
AI（4～20mA）	57	12	20	
RTD	0	0	60	
DI	384	40	140	
PI	9	0	0	
DO	82	20	70	
SOE	42	8	10	
TOTAL	574	80	300	954

三、网络结构及系统配置

新华控制公司 XDPS—400 常规的网络结构为 10M/100M 以太网，符合 IEEE802.3 标准。IEEE802.3 标准是带有冲突检测的载波侦听多路访问（CSMA/CD）访问方式和物理层规范。XDPS—400 常规采用民用交换机，通常为 D—LINK 的交换机总线连接或星形互连。工业控制采用以太网有下列几个方面的明显优势：低成本，良好的连接性，易于移植到高速网络。电厂分散控制系统 DCS 对实时控制有非常高的要求。为了进一步提高 DCS 通信网络的可靠性，通过调研、比较以太网交换机，选用了德国 HIRSCHMANN 公司的工业以太网交换机。德国 HIRSCHMANN 公司的工业以太网交换机的自愈、容错等性能更能满足分散控制系统 DCS 的需要。

电厂 2 台机组网络结构如图 8－4 所示。每台机组设置一个 DCS 控制网络。其控制包括机组的锅炉（含烟气脱硫系统）、汽轮机、发变组及厂用电的控制。主干网段采用 100M 光纤以太网，拓扑结构为环形连接（逻辑上为总线网），是冗余容错的虚拟环网。网络具有自愈功能，在某一网络节点或某一段光纤发生故障的情况下，其余节点还能正常通信。同时，又采用冗余配置，与传统的总线网相比安全性有了较大的提高。

光纤交换机采用德国 HIRSCHMANN 公司的 RS2—FX/FX 快速以太网交换机。单元机组网络结构中每个光纤交换机与 2 个 RS2—TX 交换机组成交换机组，每个交换机组可提供 16 个 RJ45 口用于外部连接（即可提供 8 对 DPU 的网络连接）。各子系统 DPU 均有两块网卡，分别与 A 网和 B 网相连，通过 RS2—TX 以太网交换机实现星形互连。考虑到公用系统实时

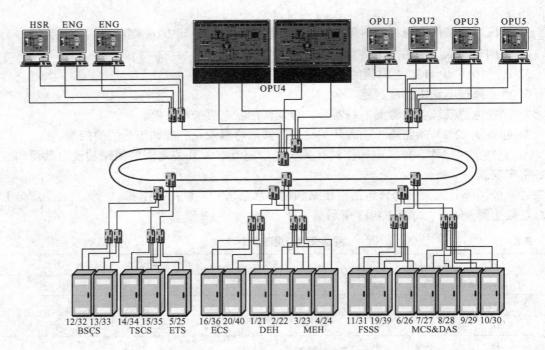

图 8-4 某电厂 XDPS-400 系统网络结构图

网络站点较少,宜采用星形连接,故不设置光纤交换机,站点之间通过 2 个 RS2—TX 交换机连接。循环水泵房和烟气海水脱硫控制由于距离较远,采用光纤交换机 RS2—5FX/TX 连接,再通过光端机接入系统。C 网是非实时控制网,所以采用了低廉的 D—LINK 24 口交换机连接。

单元机组共 23 对 DPU,其中有两对 DPU 用于与外围 PLC 控制系统的通信接口,如锅炉吹灰 PLC、空预器漏风 PLC 等。DCS 系统按功能划分,其中 DAS 系统 3 对 DPU,分别处理锅炉测点、汽机测点、电气、开关量以及 SOE。FSSS 系统 3 对 DPU,分别处理公共逻辑和 CD 油层,AB 油层和煤层 A、B、C,EF 油层 + 煤层 D、E、F。CCS 系统 3 对 DPU,分别处理协调控制和燃料控制,风烟系统和炉侧单回路调节,汽水系统、旁路和机侧单回路调节。SCS 系统 4 对 DPU,分别处理 A 侧烟风系统、炉水循环泵和炉侧杂项,B 侧烟风系统、电泵和电动门,汽机侧设备 A,汽机侧设备 B。DEH 系统 2 对 DPU,分别处理基本控制,汽机自启动 ATC。MEH 系统 2 对 DPU,分别处理两台小汽机。ETS 系统 1 对 DPU。FGDCS 系统 1 对 DPU,负责处理烟气海水脱硫控制系统。ECS 系统 2 对 DPU,分别处理高压和低压电气部分。

两对通信的 DPU,负责与外围 PLC 通信。主要包括锅炉吹灰 PLC、空预器 PLC、凝结水精处理 PLC、锅炉除灰渣 PLC、空压机 PLC、连续烟气排放监测系统、锅炉泄漏监测系统。通信采用广泛使用、现成的通信协议,如 TCP/IP, MODBUS, MODBUS PLUS 或 PROFIBUS。

两台机组电气及公用系统 4 对 DPU,分别处理高、低压厂用电公用系统和空压机。循环水泵房 2 对 DPU,分别处理循环水泵 A、B 和循环水泵 C、D。公用系统设置一台工程师站,不设独立的操作员站,由其中一台机组的 DCS 操作员站控制,由网关 ICI 设置相应的切换开关。

四、分布式处理单元 DPU 和 I/O 卡件

1.DPU 分布式处理单元

DPU 即分布式处理单元,是 XDPS—400 的过程控制站,是 DCS 的核心。DPU 就是一台小型的工业 PC,采用 Intel 公司的 Pentium 233 的中央处理器,配置 32MB RAM,ISA 总线板,可读写永久存贮器 DiskOnChip 24MB。分布式处理单元 DPU 存储系统信息和过程控制策略与数据,通过冗余的实时数据网络与 MMI 节点及其他 DPU 连接,通过 I/O 网络与 I/O 站节点连接,提供双向的信息交换,实现各种控制策略,完成数据采集、模拟调节、顺序控制、高级控制、专家系统等功能要求。

2.I/O 卡件

I/O 站由机箱、I/O 总线板、I/O 站通信卡、I/O 卡组成。每个 I/O 站可安装 14 块卡件。其中,I/O 站通信卡二块,I/O 卡件 12 块。I/O 通信卡与冗余 DPU 通信,I/O 卡分别与相应端子板连接,I/O 站根据现场应用场合的不同可以灵活配置。I/O 站与 DPU 安装在 DPU 机柜内。DPU 柜与 I/O 端子柜配合使用。

电厂两台机组采用的 XDPS—400 的 I/O 卡件基本是新开发的卡件,采用表面安装 SMT 技术,带 8 位 CPU,输入/输出信号的转换与处理在卡件内完成。卡件的类型有模拟量输入卡 AI、模拟量输出卡 AO、数字量输入卡 DI、开关量输出卡 DO、脉冲量输入卡 PI、回路控制卡 LC、伺服控制卡 LC—S、转速测量卡 MCP、伺服阀控制卡 VCC、I/O 通信卡 BC。

五、HMI 人机接口站

XDPS—400 的 HMI 人机接口站以 Windows NT 为平台。HMI 包括操作员站、工程师站、历史数据站,均采用相同的硬件平台。每台机组 HMI 配置了 5 台操作员站、1 台工程师站和一套大屏幕系统。操作员站采用 NEC 公司 20.1inch LCD。每台机组的大屏幕系统包括 EOS 拼接显示系统和 4 块大屏幕,大屏幕采用 BARCO 公司的产品,为最新显示技术的 84inch 一体化多晶硅背投箱 ATLAS CS4 PSI—84。EOS 拼接显示系统预装了 XDPS—400 系统的操作员站显示软件,并且接入了汽包水位电视、炉膛火焰电视和全厂工业电视监视系统。

历史数据站 HSU 储存所有历史数据,XDPS—400 的操作员站 OPU 不储存任何数据信息,历史趋势图、操作报警信息、SOE 等都依赖历史数据站的正常工作。两台机组还首次采用了 PCI 卡的全球定位系统 GPS 方案。该方案采用了一块 GPS 卡,安装于历史数据站的 PCI 的插槽中。该卡与 GPS 的对时精度可以达到 1ms。历史数据站接受来自 GPS 的对时信号,再通过网络对所有 DPU 进行对时。

DCS 系统报警显示分成三级处理:操作员站上设有常显报警区实现常规报警;所有相对重要的报警信号均能在大屏幕上弹出软光字牌;最重要的报警信号将能在操作员站上弹出报警框,同时发出语音报警。

附录 1
典型分散控制系统的
软件功能模块

一、Symphony 系统软件功能模块一览表

附表 1　　　　　　　　　　　　Symphony 系统软件功能模块表

功能码	图形符号	功能
1	S1 → F(X) (1) / N	Function generator　函数发生器
2	A (2) / N	Manual set constant（signal generator）　手动设定常数（信号发生器）
3	S1 S2 → F(t) (3) / N	Lead/lag　超前/滞后
4	S1 S2 → PULPDS (4) I N P N+1	Pulse positioner　脉冲定位器
5	S1 → PULSE (5) / N	Pulse rate　脉冲速率
6	S1 → ⋗ ⋖ (6) / N	High/low limiter　高/低限
7	S1 → √ (7) / N	Square root　开方
8	S1 S2 → ∨ ⋗ (8) / N	Rate limiter　速率限制器
9	S1 S2 S3 → T (9) / N	Analog transfer　模拟转换器
10	S1 S2 S3 S4 → > (10) / N	High select　高选
11	S1 S2 S3 S4 → < (11) / N	Low select 低选
12	S1 → H//L (12) N N L N+1	High/low compare　高/低比较

功能码	图 形 符 号	功　　能
13	S1 S2 S3 T–INT (13) N	Integer transfer　整数转换器
14	S1 S2 S3 S4 S (14) N	Summer（4－input）4　输入加法器
15	S1 S2 Σ(K) (15) N	Summer（2－input）2　输入加法器
16	S1 S2 × (16) N	Multiply　乘法器
17	S1 S2 ÷ (17) N	Divide　除法器
18	S1 S2 S3 PID TR TS (18) N	PID error inputPID　（偏差输入）
19	S1 S2 S3 S4 △PID SP PV TR TS (19) N	PID（PV and SP）PID　（SP 和 PV）
24	S1 ADAPT (24) N	Adapt　自适应
25	AI/B (25) N	Analog input（same PCU node）　模拟量输入（同一 PCU 节点）
26	AI/L (26) N	Analog input/loop　模拟量输入（环路）
30	S1 AO/L (30) N	Analog exception report　模拟量例外报告
31	S1 S2 S3 S4 TSTQ (31) N	Test quality　质量测试
32	S1 TRIP (32) N	Trip　跳闸
33	S1 NOT (33) N	Not　取反

功能码	图 形 符 号	功　　　　能
34	S1 → S (34)N S2 → R S3 → 1	MemoryRS　触发器
35	S1 → TD.DIG (35)N	Timer　定时器
36	略	Qualified OR（8 – input）8　输入或（带质量检查）
37	S1 → AND (37)N S2 →	AND（2 – input）2　输入与
38	S1 → AND (38)N S2 → S3 → S4 →	AND（4 – input）4　输入与
39	S1 → OR (39)N S2 →	OR（2 – input）2　输入或
40	S1 → OR (40)N S2 → S3 → S4 →	OR（4 – input）4　输入或
41	DI/B (41)N	Digital input（periodic sample）　数字输入（周期采样）
42	DI/L (42)N	Digital input/loop　数字输入/环路
45	S1 → DO/L (45)N	Digital exception report　数字量例外报告
50	ON/OFF (50)N	Manual set switch　手动设定开关
51	A-REAL (51)N	Manual set constant　手动设定实数
52	A-NT (52)N	Manual set integer　手动设定整数
55	略	Hydraulic servo　液压伺服驱动（HSS03）
57	略	Reserved for future use　保留
58	S1 → DELAY (58)N S2 → R S3 → TS	Time delay（analog）　时间延时（模拟量）

功能码	图形符号	功能
59	S1 S2 S3 → T-DIG (50)/N	Digital transfer 数字转换器
61	S1 S2 → BLINK (61)/N	Blink 闪烁
62	略	Remote control memory 遥控存储器
63	略	Analog input list（periodic sample） 模拟输入列表（周期采样）
64	略	Digital input list（periodic sample） 数字输入列表（周期采样）
65	S1 S2 S3 S4 → DSUM (65)/N	Digital sum with gain 带增益的数字加
66	S1 → TREND (66)/N	Analog trend 模拟量趋势
68	S3 S4 → REMSET (68)/N	Remote manual set constant 远方手动设定常数
69	TSTALM (69) H → N L → N+1	Test alarm 测试报警
79	略	Control interface slave 控制接口子模件
80	略	Control station 控制站
81	略	Executive 执行块
82	略	Segment control 段控制
83	略	Digital output group 数字输出组
84	略	Digital input group 数字输入组
85	UP/DN (85) S1→U V→N S2→D H→N+1 S3→R L→N+2 S4→H	Up/down counter 升/降计数器
86	ETIMER (86) S2→H V→N S1→R A→N+1	Elapsed timer 经时计时器
89	S1 → LAST BLOCK (89)	Last block 最后功能块，标识功能块组态的剩余空间
90	略	Extended executive 增强执行块
91	BASCFG (91)/N	BASIC configuration（BRC－100）BASIC 组态（BRC－100）

功能码	图 形 符 号	功 能
92	INVBAS (92) N	Invoke BASIC 引用 BASIC
93	BASRO (93) N / N+1 / N+2 / N+3	BASIC real output BASIC 实数输出
94	BASBO (94) N / N+1 / N+2 / N+3	BASIC boolean output BASIC 布尔量输出
95	MODST (95) N	Module status monitor 模件状态监视
96	S1 / S2 / S3 REDAI (96) 1 2 3 N	Redundant analog input 冗余模拟量输入
97	S1 / S2 / S3 REDDI (97) 1 2 3 N	Redundant digital input 冗余开关量输入
98	略	Slave select 冗余子模件功能块选择（监视一对冗余的 I/O 模件功能块）
99	SOELOG (99) N	Sequence of events log 顺序事件记录
100	略	Digital output readback check 数字输出反馈检查
101	S1 / S2 XOR (101) N	Exclusive OR 异或
102	PIPER (102) H P L ST N / N+1 / N+2 / N+3	Pulse input/period 脉冲输入/周期
103	PIFREQ (103) F H L ST N / N+1 / N+2 / N+3	Pulse input/frequency 脉冲输入/频率
104	S6 / S7 PITOT (104) R H T A ST N / N+1 / N+2	Pulse input/totalization 脉冲输入/累计

功能码	图 形 符 号	功　　能
109	PIDUR (109) O　N H　N+1 L　N+2 ST　N+3	Pulse input/duration　脉冲输入/持续
110	S7 S8 S9　RNG5 (110) S10　N S11	Rung（5－input）5　输入梯形逻辑
111	略	Rung（10－input）10 输入梯形逻辑
112	略	Rung（20－input）20 输入梯形逻辑
114	BCDIN (114) N	BCD inputBCD　输入
115	S4　BCDOUT (115) MT　N	BCD outputBCD　输出
116	S1　JUMP (116) (MCR)　N	Jump/master control relay
117	RECIPB (117) S11　PS　N S13　ES S14　EPS S15　EV	Boolean recipe table　布尔配方表
118	RECIPR (118) S11　PS　N S13　ES S14　EPS S15　EV	Real recipe table　实数配方表
119	略	Boolean signal multiplexer　布尔信号多路转换器
120	略	Real signal multiplexer　实数信号多路转换器
121	AI/I (121) N AI/I	Analog input/Cnet　模拟量输入/控制网络
122	DI/I (122) N DI/I	Digital input/Cnet　数字量输入/控制网络
123	DDRIVE (123) S1　C₁　D　N S2　FB₁　ST　N+1 S3　FB₂ S5　OP S4　OS	Device driver　设备驱动器
124	SEQMON (124) S2　CS　JT　N+1 S3　T　J#　N S4　SH S5　SAT S6　ES S7　SN S8　SAP	Sequence monitor　顺序监视器

功能码	图 形 符 号	功 能
125	略	Device monitor　设备监视器
126	略	Real signal demultiplexer　实数信号分配器
128	DIGDEF (128) N	Slave default definition　数字 I/O 模件功能块的故障值定义
129	MSDVDR (129) S1 I₁ N S2 I₂ N+1 S3 F1 N+2 S4 F2 N+3 S5 F3 S6 F4 S25 O	Multistate device driver　多状态设备驱动器
132	略	Analog input/slave AIS/FBS　模拟量输入/子模件
133	SMART (133) S1 S7 T	Smart field device definition　智能现场设备定义
134	略	Multi - sequence monitor　多顺序监视器
135	略	Sequence manager　顺序管理器
136	略	Remote motor control　远方电动机控制
137	BASROQ (137) N N+1 N+2 N+3	C and BASIC program real output with quality　C 和 BASIC 程序实数输出（带质量）
138	BASROQ (138) N N+1 N+2 N+3	C or BASIC program boolean output with quality　C 和 BASIC 程序布尔数输出（带质量）
139	略	Passive station interface 被动站接口
140	RESTR (140) S1 R N S2 SF S3 PSF	Restore　恢复
141	SEQMST (141) S1 SSL 1 N S2 J 10 N+1 S3 J# 100 N+2 1000 N+3 STP N+4	Sequence master　顺序主控
142	SEQSLV (142) S1 N	Sequence slave 顺序从属
143	INVKC (143) S2 N	Invoke C　引用 C
144	CALLOC (144) N	C allocation　C 内存分配

功能码	图 形 符 号	功 能
145	FCS (145) S4 R F N S10 MA H N+1 L N+2 ST N+3	Frequency counter/slave 频率计数器/从属（使频率计数器从属于 MFP）
146	略	Remote I/O interface 远程 I/O 接口
147	略	Remote I/O definition 远程 I/O 定义
148	略	Batch sequence 批处理顺序
149	略	Analog output/slave 模拟输出/子模件
150	略	Hydraulic servo slave 液压伺服子模件
151	TEXT (151) S1 MN N S2 CS S3 BS S4 CST	Text selector 文本选择器
152	PAREST (152) S1 CPV A N S2 CO B N+1 S3 R C N+2 S4 N/A R N+3 ST N+4	Model parameter estimator 模型参数估计
153	ISCCON (153) S1 E G N S2 ISC TC N+1 S3 PDT PDT N+2 S4 H DP N+3 S13 N/A ID N+4 ICF N+5	ISC parameter converter ISC 参数转换
154	PARSCH (154) S1 IV STP N S2 FGS CA N+1 S3 SP CB N+2 S4 R S10 SA H	Adaptive parameter scheduler 自适应参数表
155	略	Regression 回归
156	略	Advanced PID controller 自适应 PID 控制器
157	DTF (157) S2 SP N S1 PV S4 FF S7 T S8 TR S5 TS	General digital controller 通用数字控制器
160	SMITH (160) S2 SP N S1 PV S5 C S3 TR S4 TS	Inferential smith controller 史密斯控制器
161	略	Sequence generator 顺序发生器
162	DSNAP (162) S1 N S2 N+1 S3 N+2 S4 N+3	Digital segment buffer 数字段缓冲器

附录1 典型分散控制系统的软件功能模块

功能码	图 形 符 号	功 能
163	S1 S2 S3 S4 → ASNAP (163) N N+1 N+2 N+3	Analog segment buffer 模拟段缓冲器
165	S1 S4 TS → MOVAVG (165) N	Moving average 平均滤波
166	S1 S3 S4 TS → PV IC ∫ O (166) N N+1	Integrator 积分器
167	S1 → POLY (167) N	Polynomial 多项式
168	S1 S2 → INPOL X R Y B (168) N N+1	Interpolator 线性插值
169	略	Matrix addition 矩阵加
170	略	Matrix multiplication 矩阵乘
171	S1 → TRIG (171) N	Trigonometric 三角函数
172	S1 → EXP (172) N	Exponential 指数函数
173	S1 S2 → POWER B E (173) N	Power 幂
174	S1 → LOG (174) N	Logarithm 对数
177	略	Data acquisition analog 数据采集模拟量
178	略	Data acquisition analog input/loop 数据采集模拟量输入/环路
179	S1 S15 → ETREND (179) RESET N N+1	Enhanced trend 增强趋势
184	略	Factory instrumentation protocol handler 工厂仪表协议处理器
185	略	Digital input subscriber 数字输入用户
186	略	Analog input subscriber 模拟量输入用户
187	略	Analog output subscriber 模拟量输出用户
188	略	Digital output subscriber 数字量输出用户

功能码	图 形 符 号	功　　能
190	UDFDEC (190) N	User defined function declaration　用户定义功能说明
191	略	User defined function one　用户定义功能1
192	略	User defined function two　用户定义功能2
193	DATAIMPT (193) N	User defined data import　用户定义数据输入
194	S1 ID DATA EXPT (194) N, S2 IC, S3 IS ST	User defined data export　用户定义数据输出
198	略	Auxiliary real user defined function　辅助实数用户定义功能
199	略	Auxiliary digital user defined function　辅助数字用户定义功能
202	略	Remote transfer module executive block（INIIT02）　远方转换模件执行块（INIIT02）
210	略	Sequence of events slave　顺序事件子模件
211	略	Data acquisition digital　数据采集数字量
212	DADIGN1/L (212) ST	Data acquisition digital input/loop　数据采集数字量输入/环路
215	S3 CJI EASD CJR (215), S2 AIB ST CT	Enhanced analog slave definition　增强模拟量子模件定义
216	S2 EAID (216)	Enhanced analog input definition　增强模拟量输入定义
217	ECC V (217) N, SH-ST N+1, G N+2, O N+3, COM-ST N+4	Enhanced calibration command　增强校准命令
218	略	Phase execution　相位执行
219	略	Common sequence　公用顺序
220	略	Batch historian　批处理历史
221	略	I/O Device definition　I/O设备定义

功能码	图 形 符 号	功 能
222	IOC/AIN (222) S1 SHPG N S2 SIM AI S3 NEXT	Analog in/channel 模拟量输入/通道
223	IOD/AOUT S2 AO AO (223) S14 SIM S21 NEXT	Analog out/channel 模拟量输出/通道
224	IOC/DIN (224) S7 SIM DI S17 NEXT	Digital in/channel 数字量输入/通道
225	IOD/DOUT S2 DO DO (225) S9 SIM S15 NEXT	Digital out/channel 数字量输出/通道
226	TEST (226) S1 STATUS N	Test status 质量状态
241	略	DSOE data interfaceDSO E 数据接口
242	FDD S3 S4 S6 (229) N N+1	Foreign Device Definition 外部设备定义
243	IOC/PIN (229) S13 RESET N S14 HOLD S15 SIM S25 NEXT S26 FDPC S32 SPARE	Pulse IN/Channel 脉冲输入/通道
242	略	DSOE digital event interface DSOE 数字事件接口
243	略	Executive block（INSEM01） 执行块（INSEM01）
244	DSOE (241) S1 SEM—MFP	Addressing interface definition 地址接口定义
245	略	Input channel interface 输入通道接口
246	略	Trigger definition 触发器定义
247	略	Condition Monitoring 状态监视

二、Ovation 系统软件功能模块一览表

附表 2   Ovation 系统软件功能模块表

算 法 名 称	功 能
AAFLIPFLOP	带复位的交替动作触发器
ABSVALUE	输入量绝对值
ALARMMON	在报警状态最多监视 16 个模拟或数字点
ANALOG DEVICE	模拟输出设备算法用于实现与就地模拟回路控制的接口
ANALOGDRUM	双模拟输出或单模拟输出的凸轮控制器
AND	八输入逻辑与门
ANNUNCLATOR	预测报警状态
ANTILOG	以 10 为 N 为底数量化输入的逆对数
ARCCOSINE	反余弦（以弧度为单位）
ARCSINE	反正弦（以弧度为单位）
ARCTANGENT	反正切（以弧度为单位）
ASSIGN	将过程量的值和品质传递给同类型的过程量
ATREND	趋势化一个模拟或数字
AVALGEN	模拟值发生器
BALANCER	控制至多 16 字后序算法
BCDNIN	从 DIOB 中向功能处理器输入 N BCD 数字
BCDNOUT	从功能处理器向 I/O 总线输出 N BCD 数字
BILLFLOW	计算节流件的 AGA3 气体流量
CALCBLOCK	解决控制表中的复杂算术运算
CALCBLOCKD	用于解决逻辑运算
COMPARE	浮点数比较
COSINE	余弦（以弧度为单位）
COUNTER	接口升/降计数器
DBEQUALS	监控两个输入变量之间的偏差
DEVICESE	使用 MASTER/DEVICE 排列的序列发生器
DEVICEX	根据命令启动停止或开关一台设备，同时带有反馈信号指示命令是否完成
DIGCOUNT	带标志数字计算器
DIGDRUM	16 个数字输出的凸轮控制器
Digital Device	提供控制 SAMPLER、VALVE NC、MOTOR NC、MOTOR、MOTOR 2 – SPD、MOTOR 4 – SPD、VALVE 的逻辑
DIVIDE	两个有增益和偏量的输入除
DROPSTATUS	站点状态记录监控
DRPI	数字极位置指示器
DVALGEN	数字值发生器
FIELD	仅用于硬件模拟量输出变量点，算法检查 I/O 卡件限值和在跟踪输出点中合适位
FIFO	处理队列

算 法 名 称	功　　　　能
FLIPFLOP	带最优复位的 S–R 型触发器存储器
FUNCTION	二段函数产生器
GAINBIAS	限制有增益和偏量的输入
GASFLOW	计算一个压力和温度补偿的品质或流量
HIGHLOWMON	使用重置死区和固定/可变限制的高和低信号监视器
HIGHMON	使用重置死区和固定/可变限制的信号监视器
HISELECT	从两个增益与偏量输入中选取较大者
HSCLTP	计算温度和压力已知的压缩液体的焓和熵
HSLT	计算温度已知的饱和液体的焓
HSTVSVP	计算压力已知的饱和蒸汽的焓、熵、温度和比体积
HSVSSTP	计算温度和压力已知的过热蒸汽的焓、熵和比体积
INTERP	提供线性表查询和解释函数
KEYBOARD	可编程/功能键接口—从 P1 到 P10 的控制键接口
LATCHQUAL	加锁点品质
LEADLAG	提前/滞后补偿器
LEVELCOMP	一级补偿
LOG	以 10 为底的对数和偏量
LOSELECT	从四个增益和偏量输入中选取较小的一个
LOWMON	使用重置死区和固定/可变限制的低信号监视器
MASTATION	软件手动/自动站和功能处理器之间的接口
MASTERSEQ	使用主/设备安排的排序器
MEDIANSEL	向 QLI 写入提升/降低要求
MEDIUMSEL	选择并监视 3 个传送信号
MULTIPLY	两个带增益和偏量的输入相乘
NLOG	带偏量的以 N 为底的对数
NOT	逻辑非门
OFFDELAY	脉冲延伸器
ONDELAY	脉冲定时器
ONESHOT	数字一次性脉冲量
OR	8 输入逻辑或门
PACK16	把 16 个数字点值压缩到压缩数字记录
PID	比例加积分加微分控制器
PIDFF	带前馈的比例加积分加微分控制器
PNTSTATUS	测点状态
POLYNOMIAL	五阶多元方程
PREDICTOR	补偿纯滞后

算 法 名 称	功　　能
PSLT	计算温度已知的饱和液体的压力
PSVS	计算熵已知的饱和蒸汽的压力
PULSECNT	计数数字输入点的 FALSE 变换为 TRUE 的次数
QAVERAGE	N（＜9）个模拟量的平均值（不包括过程量品质为坏的过程量）
QUALITYMON	一个输入进行品质检查
RATECHANGE	变化传输速率
RATELIMIT	当速率超值时的带有固定限制值和标志的速率限幅装置
RATEMON	带重置死区和固定/可变速率限制的改变速率监视器
RESETSUM	带重置值的加法器
RPACNT	计算 RPA 卡的脉冲
RPAWIDTH	测定 RPA 卡的脉冲宽
RUNAVERAGE	运行平均传输
RVPSTATUS	显示 RVP 卡的状态和命令寄存器；用标准图形而不是 RVP 串行口测定 RVP 卡件；上载、下载 RVP 的图形参数
SATOSP	向一个压缩的数字记录传输模拟量
SELECTOR	在 N（＜8）入之间进行传递
SETPOINT	提供控制生成器或操作员站图形的接口，完成手动设定功能
SINE	正弦
SLCAIN	从 LC 卡中读取模拟量输入值
SLCAOUT	将模拟量输出写入 LC 卡
SLCDIN	从 LC 卡中读取数字量输入值
SLCDOUT	将数字量输出写入 LC 卡
SLCPIN	从 LC 卡读取压缩点
SLCPOUT	将压缩点写入 LC 卡
SLCSTATUS	从 LC 卡读取硬件或用户应用状态信息
Smooths	平滑模拟量输入
SPTOSA	向一个模拟记录传送压缩数字值
SQUAREROOT	一个带增益和偏量的输入的平方根
SSLT	计算已知温度饱和流体的熵
STEAMFLOW	流量补偿
STEAMTABLE	计算水和蒸汽的热力学属性
STEPTIME	自动步进定时器
SUM	四个有增益和偏量的输入的和
SYSTEMTIME	在模拟量中存贮系统日期和时间
TANGENT	正切
TIMECHANGE	控制器时间改变

算 法 名 称	功 能
TIMEDETECT	时间探测器
TIMEMON	基于系统时间的脉冲数字量值
TRANSFER	根据标志选取一个有增益和偏量的输入
TRANSLATOR	翻译器
TRANSPORT	传输时间延时
TRNSFNDX	T从64个输出中选择一路
TSLH	计算熵已知的饱和液体的温度
TSLP	计算压力已知的饱和液体的饱和温度
UNPACK16	从压缩数字记录中解压缩最多16个数字量值
VCLTP	计算压力和温度已知的压缩液体的比体积
VSLT	计算温度已知的饱和液体的比体积
XOR	两个输入的异或
X3STEP	将模拟信号转带为数字高/低信号
2XSELECT	选择和监控两个传输信号

三、TXP 系统软件功能模块一览表

附表 3　　　　　　　　　　TXP 系统软件功能模块表

块 号	块 名 称	功 能 概 述
		AP 软件功能模块
FB9	OMBEF	OM Commands　OM命令
FB26	FIFO	Buffer Memory　缓冲存储器
FB50	COR_S	Corrective Calculation of Steam Flow　蒸汽流量的校正计算
FB51	COR_W	Corrective Calculation of Water Flow　水流量的校正计算
FB52	COR_G	Corrective Calculation of Gas Flow　气体流量的校正计算
FB53	COR_L	Corrective Calculation of Hydrostatic Level of Boiling Water
FB54	Redundancy Functions	Analog Transmitters of the FUM230 and FUM232　FUM230 和 FUM232 的模拟量传送
FB55	Redundancy Function	Continuous Controller with the FUM280　FUM280 连续控制器
FB56 FB58	Redundancy Functions	Binary Transmitters of the FUM210 and FUM310 FUM210 和 FUM310 二进制传送
FB57	Redundancy Function	Analog Transmitters of the FUM280　FUM280 的模拟量传送
FB59	Redundancy Function	Motor/Solenoid Valve, Actuator, Servo-drive and Reversing Drive of the FUM210　FUM210 的电动机/电磁阀，执行器、伺服驱动和反向驱动
FB60	Redundancy Function	Setpoint Adjuster with the FUM280　FUM280 的给定值调整
FB61 FB62	Redundancy Functions	Continuous Drive of the FUM280 FUM280 的连续驱动

块　号	块　名　称	功　能　概　述
FB64	ROOT	Square—Root Extractor　平方根取出去
FB65	LN	Logarithm Extractor　对数取出器
FB66	EXP	Exponential Function　指数函数
FB67	AV	Absolute Value　绝对值
FB68	MIN	Minimum Value　最小值
FB78	CONV	Conversion　转换
FB79	BTTD	Delta Block for Binary Signals　模块的二进制信号
FB84	PT	Delay Element　迟延元件
FB85	INS	Input Selector　输入选择器
FB86	OUTS	Output Selector　输出选择器
FB87	O—SPC	Setpoint Adjuster/Anal.—value Memory　设定值调节器/模拟量值存储器
FB88	O—SPC—G	Setpoint Adjuster/An.—value Memory　设定点调整/An.—值存贮器
FB89	SCON	Step Controller　步控制器
FB90	SCON	Step Controller　步控制器
FB96	SPC	Setpoint Control　设定值控制
FB104	DIF	Differentiator　微分器
FB112	MAX	Maximum Value　最大值
FB114	LM	Limit Monitor　限值监视器
FB115	ASW	Analog Switch　模拟开关
FB117	PLG	Polygon—based Interpolation　多点插入
FB137	PRES	Preselection　预选择系统
FB138	FGC	Function Group Control　功能组控制级
FB139	GCS	Group Control Selector　组控选择器
FB140	SLC	Subloop Control　子回路控制
FB141	ASO	Aggregate Switchover　单元切换
FB144	ENTHA	Enthalpy Computer　焓计算
FB145	SPEC _ VOL	Specific Volume　比体积
FB158/FB160	HWAS	Hard—wired Annunciation System　硬布线预报信号系统
FB160	DYNOR	Dynamic OR　动态或
FB161	GSB	Group Control Block　成组控制块
FB162	KOB	Command Block　命令块
FB160	AFB1V2	Process Redundancy
FB174	DBA	Dead Band　死区
FB175	NLFILT	Non—linear Filter　非线性过滤器
FB176	CCON	Continuous Controller　连续控制器

块　号	块　名　称	功　能　概　述
FB178	CCON—G	Continuous Controller　连续控制器
FB179	INT	Integrator　积分器
FB180	CCTRL	Compact Control
FB181	CLIMIT	Limit Gradient Monitor　速率限制监视
FB188	DT	Dead Time　失效时间
FB189	MV	Mean Value　平均值
FB200	MITZ	Mean Value over Time　平均值超出时间
FB201	BCO	Code Converter：Floating－Point into BCD　代码转换：浮点到 BCD
FB202	BCI	Code Converter：BCD into Floating－Point　代码转换：BCD 到浮点
FB203	UHRDA	Time/Date Trigger　时间/日期触发
FB204	KTIMER	Constant Timer　定值定时器
FB205	FUNCT	Function Generator　函数发生器
FB206	MINMAX	Minimum/Maximum Value over Time　最小最大值超过时间
FB210	AFB203	Analog Selection FB2—out—of—3 模拟选择，3 选 2
FB214	ATTD	Delta Block for Analog Signals　模拟信号的模块
FB215	PROJ_LTF	Configurable I & C Alarm　组态仪控报警
FB216	PBO	Pulse Duration　脉冲持续时间
FB238	VARTIM	Variable Timer　变量定时器
FB254	XOFY	Binary Selection X－out－of－Y　二进制选择，Y 选 X
FX55	ALARM	I & C Monitoring　I & C 报警识别与控制
	APF 的软件功能模块	
FX01	MFX01	灯制导系统运行与确认
FX51	MFX51	故障安全模拟信号采集
FX52	MFX52	故障安全开关信号采集
FX53	MFX53	故障安全命令输出
FX54	MFX54	在 APF 系统间故障安全数据交换—发送器
FX55	MFX55	在 APF 系统之间故障安全型数据交换—接收器
FX56	MFX56	增加逻辑程序执行计数器

四、XDPS－400 系列软件功能模块一览表

附表 4   XDPS－400 系统软件功能模块表

ID号	功能模块符号	功能模块名称	功　能
1	Add	2 输入加法器	对二个浮点输入变量加或减，输出一个浮点变量
2	Mul	乘法器	对 2 个浮点输入变量乘，输出一个浮点变量
3	Div	除法器	对 2 个浮点输入变量除，输出一个浮点变量
4	Sqrt	开方器	对输入浮点变量开方，输出一个浮点变量
5	Abs	取绝对值	对输入浮点变量取绝对值，输出一个浮点变量
6	Polynom	五次多项式	对输入浮点变量进行五次多项式运算，输出一个浮点变量
7	Sum8	8 输入数学统计器	对 8 个浮点变量加或减，输出一个浮点变量
8	f（x）	12 段函数变换	12 段折线近似
9	保留		
10	Pow/Log	指数/对数函数	对浮点变量进行指数或数值，输出一个浮点变量
11	TriAngle	三角和反三角函数	对输入浮点变量进行三角或反三角运算，输出一个浮点变量
12	PTCal	热力性质计算	用于热力性能计算
13	Fuzz	模糊子集隶属度	计算模拟量输入量的模糊子集隶属度
14	Defuzz	反模糊计算函数	计算模糊计算函数
20	LeadLag	超前滞后模块	对输入变量进行超前滞后运算
21	Delay	滞后模块	对输入进行纯滞运算
22	Diff	微分模块	对输入进行微分运算
23	TSum	时域统计模块	对输入模拟变量在指定的时间内进行累加，平均，或取最大、最小值，并记录前次统计值
24	Filter	数字滤波	对输入模拟变量进行 8 阶数字滤波
25	Rmp	斜坡信号发生器	产生斜坡信号
26	f（t）	段信号发生器	产生按时间顺序程序工作的信号
27	PRBS	伪随机信号发生器	
28	TSumD	时域开关量统计	对输入开关变量的状态进行类计，并记录前次统计值
30	Twosel	二选一选择器	按两个输入信号和一定方式（平均、低选、高选等）运算后输出
31	Thrsel	三选一选择器	按三个输入信号和一定方式（平均、低选、高选等）运算后输出
32	SFT	无扰切换	按输入开关量的值选择二个模拟量之一作为输出
33	HLLmt	高低限幅器	对输入进行上下限的限幅后输出
34	HLAlm	高低限报警	对输入进行高低限检查，超限时报警输出
35	RatLmt	速率限制器	使输出的变化率限制在上下速率限内
36	RatAlm	速率报警器	对输入的变化速率进行高低限检查，超限时报警输出
37	Dev	偏差运算	对两个输入进行增益和偏置的偏差计算并输出
38	Epid	PID 运算	对输入的偏差进行 PID 运算并输出
39		简单 PID 模块	
40	Balan2	2 输出平衡模块	用于 PID 输出的平衡操作

ID 号	功能模块符号	功能模块名称	功　　能
41	Balan8	八输入平衡模块	8 输入的平衡运算
42	DDS	数字驱动伺服模块	根据输入偏差进行增减开关输出
43	FTAB	查表式模糊控制器	根据模糊控制隶属度查表后输出
44	SAIPro	慢信号保护	对慢变化信号的高低限和变化率进行判别，输出判别结果
50	And	2 输入与	对二个输入布尔变量进行"与"操作，输出一个布尔量
51	Or	2 输入或	对二个输入布尔变量进行"或"操作，输出一个布尔量
52	Not	反相器	对输入布尔变量取"反"操作，输出一个布尔量
53	Xor	异或器	对二个输入布尔变量进行"异或"操作，输出一个布尔量
54	Qor8	8 输入数量或	对 8 个布尔变量进行"或"操作，输出一个布尔量
55	RsFlp	RS 触发器	构成一个电平型 RS 触发器，输出 2 个布尔变量
56	Timer	定时器	定时和延时
57	Cnt	计数器	对开关信号的累计
58	Cmp	模拟比较器	对两个输入模拟量进行指定方式的比较运算，输出一个布尔量
59	CycTimer	循环定时器	定时输出单脉冲
60	Step	步序控制器	用于组级或子组级顺序逻辑控制的实现
61	SPO	软件脉冲列输出	随控制输入信号的时间长短改变脉冲宽度
70	S/MA	模拟软手操器	软件实现的模拟量手操器
71	KBML	键盘模拟量增减	输出可接收增减输出的操作指令
72	DEVICE	数字手操器	完成单台设备的基本控制和连锁保护逻辑
73	D/MA	简单数字手操器	输出可被操作的布尔变量，接收操作命令
74	EDEVICE	电气数字手操器	满足电气设备接口控制要求的手操器
80	TQ	品质（状态）测试	测试输入测点状态，转换成布尔变量输出
81	Event	触发执行事件	根据输入布尔变量，按定义触发指定事件
82	B16ToL	16 个布尔变量转换为长整型变量	将 16 个布尔变量转换为长整型变量
83	LtoB16	长整型变量转换为 16 位布尔变量	将长整型变量转换为 16 位布尔变量
84	LTOF	长整型模拟变量含义转换器	以定义方式将长整型变量转换为浮点数
85	TDPU	节点（状态）测试	读取指定节点的状态
86	DisAlm	上网报警闭项模块	禁止上网功能模块的报警
87	ChgAlm	上网报警限修改	对上网报警限进行修改
88	Tcard	I/O 卡件测试模块	对指定的 I/O 站的 I/O 卡件进行测试品质
89	TNode	I/O 站测试模块	测试指定 I/O 站的品质
100	XNETAI	模拟量下网	接收其他 DPU 的上网模拟量
101	XNETDI	开关量下网	接收其他 DPU 的上网开关量

ID 号	功能模块符号	功能模块名称	功　　能
102	XNETAO	模拟量上网	其他功能模块的模拟量广播上网
103	XNETDO	开关量上网	其他功能模块的开关量广播上网
104	XAI	模拟量输入	过程模拟量输入
105	XDI	开关量输入	过程开关量输入
106	XAO	模拟量输出	过程模拟量输出
107	XDO	开关量输出	过程开关量输出
108	XPI	脉冲量输入	过程脉冲量输入
110	XPgAI	页间模拟量输入	本 DPU 其他页模拟量的输入
111	XPgDI	页间开关量输入	本 DPU 其他页开关量的输入
112	XPgAO	页间模拟量输出	本页模拟量供其他页 PgAI 读取
113	XPgDO	页间开关量输出	本页开关量供其他页 PgDI 读取

附录 2

DCS各功能系统功能简介

一、数据采集系统（DAS）

数据采集系统（DAS）主要包括显示、记录报表、历史数据存储和检索以及性能计算等功能。

（1）显示功能。包括系统显示、成组显示、趋势显示、报警显示、操作指导等。

（2）记录功能。包括定期记录、事件顺序记录（SOE）、事故追忆记录、报警记录、操作员记录、设备运行记录等。

（3）历史数据存储和检索。采用历史记录站完成历史数据存储和检索功能。

（4）性能计算等功能。性能计算主要包括以下项目：

1）机组净热耗率。

2）汽轮机效率。

3）锅炉效率。

4）空气预热器的漏风率。

5）给水加热器的效率。

6）凝汽器效率。

7）锅炉给水泵和给水泵汽轮机效率。

8）过热器和再热器效率。

9）发电机有功电度和无功电度（1h、8h、24h、1个月、累计量）。

10）有功电度（1h、8h、24h、1个月、累计量）。

11）发电机功率因数。

12）发电机转子的热效应（发电机不对称运行工况）。

13）汽轮发电机组低频运行积累效应。

二、模拟量控制系统（MCS）

（1）模拟量控制系统能够满足机组安全启动、停机及定压、滑压运行的要求。在自动控制的范围内，控制系统能处于自动方式而不需任何性质的人工干预。模拟量控制系统能够完成所有闭环控制回路及被调量、被控设备运行状态的监视，同时，为了保证机组的安全运行，在负荷变化或危急工况下，模拟量控制系统配合 SCS、BMS、DEH 等各子系统，实现必要的连锁。

（2）MCS 的功能主要包括以下模拟量控制系统：

1）锅炉—汽轮机协调控制。控制系统应能在以下三种方式中任一方式下运行：

①协调控制：锅炉和汽轮机之间有机地建立适当的关系，同时响应机组负荷指令。

②锅炉跟随：汽轮机响应机组负荷指令或运行人员手动指令的变化，锅炉响应蒸汽流量变化及由汽轮机引起的汽压偏差。汽压的偏差可用来校正负荷指令。

③汽轮机跟随：锅炉响应机组负荷指令或运行人员手动指令的变化，汽轮机响应锅炉引起的蒸汽压力变化。

2）汽轮机控制。

3）锅炉控制。

4）二次风量控制。

5）风箱挡板控制。

6）一次风压力控制。

7）炉膛压力控制。

8）主蒸汽温度控制。

9）再热汽温控制。

10）给水控制。

11）燃油控制。

12）除氧器水位和压力控制。

13）凝结水最小流量控制。

14）高低压加热器水位控制。

15）发电机氢温控制。

三、顺序控制系统（SCS）

SCS 是 DCS 的一部分，顺序控制系统设计分为三级：功能组级、子功能组级及执行级控制，由运行人员操作各个功能组实现机组起/停控制。所设计的各子组项的启、停能够独立进行，还可对子组内各执行级进行单独控制。SCS 还能够完成功能组、子功能组、执行级的连锁、保护、程序修改、运行状态监视等功能。SCS 主要包括以下子功能组。

1. 锅炉子功能组控制项目

（1）空预器子组：该子组项包括空预器主、副电机、空预器油泵、烟气侧及空气侧的进出口挡板等。

（2）送风机子组：子组项包括送风机、送风机电机润滑油泵、入口和出口风门挡板、风机动叶等。

（3）引风机子组：该子组项包括引风机、引风机电机润滑油泵、冷却风机、入口和出口风门挡板、除尘器挡板、风机动叶等。

（4）一次风机子组项：该子组项包括一次风机、一次风机润滑油泵、出口风门挡板等。

（5）炉水循环泵子组。

（6）锅炉排污、疏水、放气子组。

2. 汽轮机子功能组控制项目

（1）电动给水泵子组：该子组项包括电动给水泵、电动给水泵润滑油泵、出口阀门、前置泵入口阀门等。

（2）汽动给水泵 A 子组：该子组项包括汽动给水泵油泵（盘车装置）、进汽阀门、进水阀门、出水隔绝阀、前置泵、再循环阀等。

（3）汽动给水泵 B 子组：同汽动给水泵 A 子组。

（4）汽轮机油系统子组：包括轴承油泵、事故油泵、顶轴油泵、排烟风机等。

（5）凝结水子组：包括凝结水泵（凝升泵）、凝结水管路阀门等。

（6）凝汽器子组：包括凝汽器循环水进、出口阀门及反冲洗阀门等。

（7）凝汽器真空系统子组：包括射水泵、射水抽气器、管路有关阀门等。

（8）汽轮机轴封系统子组：包括轴封供汽阀门、汽轮机本体疏水阀门等。

（9）低压加热器子组：包括低压加热器进水阀、低压加热器出水阀、旁路阀、低压加热器疏水阀、抽气管道疏水阀门等。

（10）高压加热器子组：包括高压加热器进水阀、高压加热器出水阀、旁路阀、抽汽隔离阀、抽汽止回阀、高压加热器疏水阀、抽气管道疏水阀门等。

（11）汽轮机蒸汽管道疏水阀子组：包括主蒸汽、再热汽、排汽管道疏水阀门等。

四、锅炉炉膛安全监控系统（FSSS）

FSSS包括燃烧器控制系统（BMS）和炉膛安全系统（FSS）。FSSS的设计符合NFPA8502的规定和锅炉制造厂商提出的有关技术要求。

1. BMS的具体功能

BMS包括锅炉点火准备、点火枪点火、油枪点火、煤燃烧四个功能。

（1）锅炉点火准备。应在炉膛吹扫成功后，由运行人员启动锅炉点火准备功能。

（2）点火枪点火。在锅炉点火准备方式的许可条件成立时，可允许点火枪投入。此外，应证实点火系统的设备可用性和系统条件是否满足。

（3）油枪点火。包括油枪投入许可条件、点火枪自动投入程序、油枪吹扫控制逻辑及闭锁条件等。

（4）煤燃烧。包括磨煤机启动程序、磨煤机停运、给煤机启动程序、给煤机停运等功能。

2. FSS的具体功能

FSS的功能包括炉膛吹扫、油燃料系统泄漏试验、燃料跳闸等功能。

（1）炉膛吹扫。在启动吹扫前，应满足炉膛吹扫许可条件，主要内容如下：

1）应闭锁所有的燃料进入炉膛。

2）停运所有提供燃料的设备。

3）送风机入口至炉膛、烟道尾部及其烟囱的通道应敞开。

4）送、引风机至少应各有1台在运行。

5）空气预热器在运行状态。

6）至少应有30%的风量。

7）炉膛负压在正常范围内。

8）至少有一台炉水循环泵运行，汽包水位满足要求。

（2）油燃料系统泄漏试验。在炉膛吹扫完成前，应成功的完成油系统的泄漏试验。油系统的泄漏试验主要包括下列内容：

1）吹扫期间，对油系统各部分加压。

2）具有检测所有泄漏情况的仪表和逻辑。

3）向运行人员提供泄漏试验过程和结果的相应信息和/或报警。

4）泄漏试验的成功完成是炉膛吹扫成功完成的一个条件。

（3）燃料跳闸。包括总燃料跳闸（MFT）、油燃料跳闸、磨煤机跳闸等功能。其中，当发生下列情况（但不限于这些条件）时，应发出MFT指令：

电厂分散控制系统

1）手动 MFT。

2）所有送风机跳闸。

3）所有引风机跳闸。

4）炉膛内已投入煤粉燃烧时，所有一次风机跳闸。

5）炉膛压力高于或低于设定值。

6）总风量低于设定值。

7）在 MFT 继电器复位后，在规定时间内炉膛点火失败。

8）没有检测到油枪和燃烧器火焰。

9）角火焰丧失（对于四角喷燃炉膛）。

10）燃料丧失。

11）燃烧器停运不成功。

12）过热器或再热器失去保护。

13）汽轮机跳闸。

14）发电机跳闸。

15）汽包水位超限 3s。

16）炉水循环泵差压低或在一定负荷工况下，至少 2 台泵运行。

17）锅炉制造厂提出的其他项目。

五、发电机—变压器组及厂用电控制

发电机—变压器组及厂用电控制是分散控制系统（DCS）的一部分，主要监控以下电气设备：

（1）发电机—变压器组，包括两个 500kV 断路器。

（2）发电机磁场断路器。

（3）发电机励磁电压调节系统。

（4）机组同期及厂用电源切换系统。

（5）中压厂用电源包括两台单元厂用变压器。

（6）低压厂用电源和保安电源系统。

（7）启动/备用电源包括两台启动/备用变压器。

（8）110、220V 直流系统，UPS 系统和柴油发电机组。

参 考 文 献

1   张鑫编著.计算机分散控制系统.北京:水利电力出版社,1993
2   白焰等编著.分散控制系统与现场总线控制系统.北京:中国电力出版社,2001
3   吕震中等编著.计算机控制技术与系统.北京:中国电力出版社,1996
4   卢伯英等译.现代控制工程(第三版).北京:电子工业出版社,2000
5   王常力等编著.分布式控制系统(DCS)设计与应用实例.北京:电子工业出版社,2004
6   王常力,罗安等编著.集散控制系统选型与应用.北京.清华大学出版社,1996
7   阳宪惠编著.工业数据通信与控制网络.北京:清华大学出版社,2003
8   林金栋主编.自动调节原理及系统.北京:中国电力出版社,1996
9   望亭发电厂编著.300MW火力发电机组运行与检修技术培训教材,仪控篇.北京:中国电力出版社,
    2002
10 赵燕平主编.火电厂分散控制系统检修运行维护手册.北京:中国电力出版社,2003
11 华东六省一市电机工程(电力)学会编.热工自动化.北京:中国电力出版社,2000
12 李子连主编.现场总线技术在火电厂应用综论.北京:中国电力出版社,2002
13 刘二雄等编著.热工仪表及自动装置技术问答.北京:中国电力出版社,2005
14 谢希仁编著.计算机网络教程.北京:人民邮电出版社,2002
15 邬宽明主编.现场总线技术应用选编.北京:北京航空航天大学出版社,2003
16 何衍庆等编著.XDPS分散控制系统.北京:化学工业出版社,2002
17 杨惠新.300MW机组热控DCS的基建全过程管理.华东电力,1999年第6期
18 曾华林.DCS、PLC与现场总线系统在电厂的应用发展.湖南电力,1999年第2期
19 孙爱民等.DCS和FCS及其在火电厂中的应用.河北理工学院学报,2004年第5期
20 周双印.DCS集散型控制系统及工业控制技术的最新进展.导弹与航天运载技术,2003年第3期
21 匡杨.DCS数据采集及管控一体化的实现.自动化与仪表,2003年第6期
22 黄天戍.DCS通信网络的研究与分析.计算机工程,2003年第5期
23 陈化民.DCS系统调试的内容和方法.石油化工自动化,2002年第5期
24 姚峻.DCS系统设计思想及组态方法的探讨.华东电力,2002年第1期
25 赵志军等.OVATION控制系统中典型逻辑控制图例的分析.河北电力技术,2004年第1期
26 时维龙等.Symphony分散控制系统在菏泽电厂2X300MW机组中的应用.山东电力技术,2004年第3期
27 田鸿斌等.襄樊电厂热工DCS及远程I/O的设计.电力建设,2003年第5期
28 高启繁.珠江电厂一号机组DCS的改造.自动化仪表,2004年第1期
29 王淼婺.浙江省火电机组自动化技术改造综述.浙江电力,2003年第3期
30 王景华等.聊电600MW机组Symphony分散控制系统及技术特点.山东电力技术,2002年第2期
31 袁任光编著.集散型控制系统应用技术与实例.北京:机械工业出版社,2003
32 何衍庆等编著.集散控制系统原理及应用(第二版).北京:化学工业出版社,2002